国家骨干高职院校建设项目教材

太阳能光伏发电技术

主 编 颜 慧

副主编 吕 军 金 秋

中国水利水电出版社
www.waterpub.com.cn

内 容 提 要

太阳能光伏发电系统的应用正在迅速发展，本书在全面介绍太阳能光伏发电知识的基础上，着重对光伏发电系统实用技术，包括太阳辐射强度的正确测算，光伏方阵的组合设计，各类光伏系统的构成、实际应用、优化设计，以及光伏系统的操作使用及管理维护等方面，进行了比较详细的阐述和分析。本书技术内容先进，实用，可操作性强。

本书可作为高等职业教育技能型人才培养规划教材，不仅适用于高等职业院校电力专业和光伏新能源专业的教学，也可作为太阳能光伏产业人员的上岗培训用书，对太阳能光伏企业的工程技术人员、管理人员、维修服务人员、生产销售人员和科技爱好者均有较好的参考价值。

图书在版编目（CIP）数据

太阳能光伏发电技术/颜慧主编. —北京：中国
水利水电出版社，2014.8（2017.3 重印）
国家骨干高职院校建设项目教材
ISBN 978-7-5170-2369-2

Ⅰ.①太…　Ⅱ.①颜…　Ⅲ.①太阳能发电-高等职业
教育-教材　Ⅳ.①TM615

中国版本图书馆 CIP 数据核字（2014）第 195703 号

书　　名	国家骨干高职院校建设项目教材 **太阳能光伏发电技术**
作　　者	主编 颜慧　副主编 吕军　金秋
出版发行	中国水利水电出版社 （北京市海淀区玉渊潭南路 1 号 D 座　100038） 网址：www.waterpub.com.cn E-mail：sales@waterpub.com.cn 电话：（010）68367658（营销中心）
经　　售	北京科水图书销售中心（零售） 电话：（010）88383994、63202643、68545874 全国各地新华书店和相关出版物销售网点
排　　版	中国水利水电出版社微机排版中心
印　　刷	北京嘉恒彩色印刷有限责任公司
规　　格	184mm×260mm　16 开本　14 印张　332 千字
版　　次	2014 年 8 月第 1 版　2017 年 3 月第 2 次印刷
印　　数	2001—4000 册
定　　价	**35.00 元**

前言

随着人类文明的发展，全球正面临着化石能源短缺和生态环境污染的严重局面，推进可再生能源的发展在世界各国已经达成共识。其中太阳能光伏产业已成为新能源行业中的最大亮点，太阳能光伏发电应用技术得到广泛推广。光伏产业的发展需要大量的技术人员和从业人员。

作为高等职业教育技能型人才培养规划教材，《太阳能光伏发电技术》立足这一基点，从工程实际出发，深入浅出，详细地论述了太阳能光伏发电的基础知识，太阳能光伏系统的组成、设计、安装施工与维护，并详细介绍了太阳能光伏技术的应用。全书共分为7个学习情境：光伏发电技术认知，太阳辐射强度的测算，太阳能电池方阵组合，离网式光伏发电系统，并网式光伏发电系统，光伏发电系统设计及案例分析，光伏发电系统操作使用与管理维护。

本书是依据太阳能光伏系统的组成和应用，循序渐进，由浅入深，项目化地编写教学内容，理论和实训实践有机结合，使得所写内容流畅、实用且贴近企业生产实际。本书紧紧围绕太阳能光伏技术应用能力和基本素质培养这条主线，突出对太阳能光伏发电系统的基本技术和基本技能的培养，注重职业能力和技术应用及管理能力的强化。

本书编写过程中，吕军编写了学习情境7，金秋编写了学习情境5、学习情境6的主要内容，颜慧编写了其余的学习情境，并负责全书统稿。同时，本书编写过程中参考了大量的著作和文献，无法全部列出，谨向有关作者致谢。

由于仓促集结成册，限于我们的学术水平和写作能力，加上掌握的资料有限，错误和遗漏在所难免，敬请读者批评指正。

编者

2014 年 1 月

≶≶≶ 目录

学习情境 1   光伏发电技术认知

【教学目标】

- ◆ 初步了解光伏发电的重要意义。
- ◆ 了解光伏发电的特点。
- ◆ 了解光伏产业的发展现状。
- ◆ 熟悉光伏发电系统的相关标准。

【教学要求】

知识要点	能力要求	相关知识	所占分值 （100 分）	自评 分数
光伏发电的重要意义	加强对世界能源危机的认识	常规电网的局限性认识	20	
光伏发电的特点	掌握光伏发电的优点和缺点	光伏发电的概念	20	
光伏产业发展现状	1. 了解世界光伏产业的发展状况； 2. 了解我国光伏产业的发展现状	光伏电池，光伏应用市场，各国政策支持	30	
光伏发电系统的相关标准	熟悉光伏发电系统设计运行维护的相关标准	系统设计运行维护的操作流程	30	

任务 1   太阳能光伏发电的重要意义

【学习目标】

- ◇ 了解世界能源危机。
- ◇ 了解可再生能源的发展潜力。
- ◇ 了解常规电网的局限性。

1.1.1   世界能源危机局面

近年来，曾支撑 20 世纪人类文明高速发展的以石油、煤炭和天然气为主的化石能源出现了前所未有的危机，除其储藏量不断减少外，更严重的是科学研究发现，化石能源在使用后产生的 CO_2 气体作为温室效应气体排放到大气中后，导致了全球变暖，引发了人们对未来社会发展动力来源的广泛关注和思考。

随着世界经济、社会的发展，未来世界能源需求量将继续增加。预计，2020年达到128.89亿t油当量，2025年达到136.50亿t油当量，年均增长率为1.2%。根据《2004年BP世界能源统计年鉴》，截至2003年年底，全世界剩余石油探明可采储量为1565.8亿t，世界煤炭剩余可采储量为9844.5亿t。然而地球上化石燃料的蕴藏量是有限的，根据已探明的储量，化石能源耗尽时间大约为：石油、天然气50~100年，煤炭200多年。

常规能源的大量利用对人类生存环境也有着日趋严重的破坏作用。到20世纪末人们开始意识到：由于每年燃烧常规能源所产生的CO_2排放量约210亿t左右，已经使地球严重污染，而且目前CO_2的年排放量还在呈上升趋势。CO_2造成了地球的温室效应，使全球气候变暖。经过较为准确的推算，如果全球变暖1.5~4.5℃，最严重的后果是海平面将上升25~145cm，沿海低洼地区将被淹没，这将严重影响到许多国家的经济、社会和政治结构。此外，大量燃烧矿物燃料，会在大范围内形成酸雨，将严重损害森林和农田。目前全球已有数以千计的湖泊酸性度不断提高，并已接近鱼类无法生存的地步；酸雨还损坏石造建筑，破坏古迹，腐蚀金属结构，甚至进入饮用水源，释放出潜在的毒性金属（如镉、铅、汞、锌、铜等），威胁人类健康。因此，人类文明的高度发展与生存环境的极度恶化，形成了强烈的反差。

中国是目前世界上第二能源生产国和消费国，能源资源总量比较丰富。2006年，煤炭保有资源量10345亿t，已探明的石油、天然气资源储量相对不足。但中国人口众多，人均能源资源拥有量在世界上处于较低水平（表1-1）。煤炭和水力资源人均拥有量相当于世界平均水平的50%，石油、天然气人均资源量仅为世界平均水平的1/15左右。仅煤炭资源较为丰富，能源供应形势不容乐观。

表1-1　　　　　　　　　　2007年年底世界及我国主要化石能源可采储量情况

能源类型	世界可采储量	我国可采储量	占世界比例	世界排名
石油	1686.3亿t	21.2亿t	1.3%	14
天然气	177.4万亿m^3	1.9万亿m^3	1.1%	18
煤炭	8474.9亿t	1145.0亿t	13.5%	3

针对以上情况，开发和使用新能源（可再生能源和无污染绿色能源）已是人类目前迫切需要解决的重要问题。虽然目前人类可利用的新能源，如太阳能、风能、地热能、水能、海洋能等能源形式都是可以满足要求的。但从能源的稳定性、可持久性、数量、设备成本、利用条件等诸多因素考虑，太阳能将成为最为理想的可再生能源和无污染能源。

1.1.2　可再生能源的潜力

人与自然应和谐共处。但目前全球已有70亿人口，与过去完全依靠自然能源生活的人口不能相提并论。如果不使用化石能源，很难养活70亿人口。不少国家的能源战略都有一个明显的政策导向——鼓励开发新能源。

新能源又称非常规能源，指传统能源之外的各种能源形式，或刚开始开发利用或正在积极研究、有待推广的能源，如太阳能、地热能、风能、海洋能、生物质能和核聚变能等。联合国开发计划署（UNDP）把新能源分为以下三大类：大中型水电；新可再生能源，包括小水电、太阳能、风能、现代生物质能、地热能、海洋能（潮汐能）；穿透生物质能。其中核能、太阳能即将成为主要能源。

许多国家都在研究能够替代化石燃料的能源，包括太阳能、风能、核能、生物质能和电动汽车等。福岛核事故后，全球对核能的看法急转直下，许多国家的核电建设都处于停滞状态，原本大力发展核电的中国也受到了影响，一年多来中国未再批准新的核电项目。2011—2012 年间，全球对可再生能源的需求持续增长。2012 年全球可再生能源累计装机超过了 1470GW，较上一年增长 8.5%。其中，风能的比例为 39% 左右，水能和太阳能光伏产能各占大约 26%。太阳能光伏装机达到里程碑的 100GW，已超过生物质发电，排在水能和风能之后，成为第三大可再生技术。《2013 年世界 BP 能源统计年鉴》表明，可再生能源在电力行业的利用呈上升趋势（图 1-1）。其中中国位居前列。2012 年，中国巩固了在全球可再生能源市场上的主导地位，增长 22%，即 670 亿美元，这很大程度上归功于对光伏产业的投资。在其他地区，尤其是在南非、摩洛哥、墨西哥、智利及肯尼亚，投资额也实现了飞涨。目前中国太阳能发电成本是 1 元/kWh，风电约为 0.6 元/kWh，核电约为 0.43 元/kWh，煤电成本约为 0.45 元/kWh。太阳能发电成本最高，化石能源发电仍最具有经济性。但化石能源是地球几十亿年来累积起来的深埋在地下的太阳能，总有一天消耗殆尽。因此，我们要充分利用当前的太阳能来满足我们的需要。

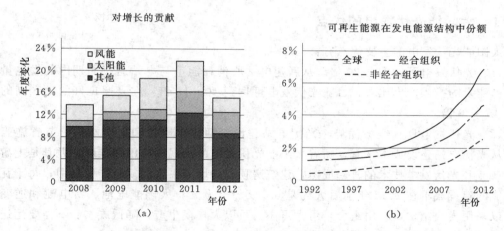

图 1-1　2012 年可再生能源在电力行业的利用

1.1.3　常规电网的局限性

常规电能主要指传统的水力发电和火力发电。

（1）水力发电是再生能源，对环境冲击较小。除可提供廉价电力外，水力发电还有下列优点：①控制洪水泛滥。②提供灌溉用水。③改善河流航运同时改善该地区的交通、电力供应和经济，还可以发展旅游业及水产养殖。其缺点：①因地形上的限制无法建造太大的容量，单机容量为 300MW 左右。②建厂期间长，建造费用高。③因设于天然河川或湖沼地带、易受风、水之灾害，影响其他水利工程的建设。电力输出易受气候旱雨之影响。④建厂后不易增加容量。

（2）火力发电的优点：技术成熟，目前成本最低。其缺点：污染大，可持续发展前景暗淡；耗能大，效率低。

现在全球还有将近 20 亿人口没有用上电，其中相当大部分生活在经济不发达的边远地区。由于居住分散，交通不便，很难通过延伸常规电力来解决生活用电问题。没有电力供应严重制约了当地经济发展。而这些无电地区往往太阳能资源十分丰富，利用太阳能发电是理想的选择。中国太阳能资源非常丰富，理论储量达每年 17000 亿 t 标准煤。充分利用太阳能资源，对解决许多农村学校、医疗所、家庭照明、电视等用电，对发展边远贫困地区的社会经济和文化发挥了十分重要的作用。西藏已有 7 个无电县城采用光伏电站供电，社会经济效益非常显著。

任务 2　太阳能光伏发电的特点

ⅢⅢ 【学习目标】

◇　了解太阳能光伏发电的优点。

◇　了解太阳能光伏发电的缺点。

1.2.1　太阳能光伏发电的优点

太阳能光伏发电的主要优点有：

（1）光伏发电可达 10～20 倍。从新建电站所消耗能量与电站运行周期内的发电量之比，即能量的投入产出比看，目前光伏发电可达到 10～15 倍，在光照良好的地区高的可达到 15～20 倍。

（2）光伏发电具有经济优势。光伏电站建设工期比水电站和火电站短，节省施工费用；从光伏电站建设成本来看，随着太阳能光伏发电的大规模应用和推广，尤其是上游晶体硅产业和光伏发电技术的日趋成熟，建筑房顶、外墙等平台的复合开发利用，每千瓦光伏电能的建设成本在 2013 年前后大约是 0.7 万～1 万元；太阳能电池、蓄电池和逆变器都可以采用模块结构，自由组合，可大可小，可以大规模生产，降低成本。不需要运送燃料，可以放置在边远地区和海岛上。

（3）光电资源蕴含量高达 96.64%。从我国可开发的资源蕴含量来看，学者和专家比较公认的数字，生物质能 1 亿 kW，水电 3.78 亿 kW，风电 2.53 亿 kW，而太阳能是 2.1 万亿 kW，只需开发 1% 即达到 210 亿 kW；从其比例看，生物质能仅占 0.46%，风电占 1.74%，水电 1.16%，而光电为 96.64%。

（4）碳排放量接近零且不污染环境。从目前各种发电方式的碳排放来看，不计算其上游环节：煤电为 275g，油发电为 204g，天然气发电为 181g，风力发电为 20g，而太阳能光伏发电则接近零排放，并且，在发电过程中没有废渣、废料、废水、废气排出，没有噪声，不产生对人体有害物质，不会污染环境。

（5）转换环节最少最直接。从能量转换路线来看，太阳能发电的能量转换路线，是直接将太阳辐射能转换为电能，是所有可再生能源中对太阳能的转换环节最少，利用最直接的方式。一般来说，在整个生态环境的能量流动中，随着转换环节的增加和转换链条的拉长，能量的损失将呈几何级增加，并同时大大增加整个系统的运作成本和不稳定性。目前，晶体硅太阳能电池的转换效率实用水平在15%～20%之间，实验室水平最高已达35%。

（6）容易维护，运行稳定。太阳能发电使用的是静止装置，无可动部分，容易维护。运行可靠稳定，使用寿命长，可达25～30年。

（7）最经济，最清洁，最环保。从资源条件尤其是土地占用来看，生物能、风能是较为苛刻的，而太阳能则很灵活和广泛。如果说太阳能发电要占用土地面积为1的话，风力则是太阳能的8～10倍，生物能则达到100倍。而水电，一个大型水坝的建成往往需要淹没数十到上百平方公里的土地。相比而言，太阳能发电不需要占用更多额外的土地，屋顶、墙面都可成为其应用的场所，还可利用我国广阔的沙漠，通过在沙漠上建造太阳能发电基地，直接降低沙漠地带直射到地表的太阳辐射，有效降低地表温度，减少蒸发量，进而使植物的存活和生长相当程度上成为可能，稳固并减少了沙丘，又向自然索取了我们需要的清洁可再生能源。

1.2.2　太阳能光伏发电的缺点

太阳能光伏发电的主要缺点有：

（1）受环境因素制约。地面应用时有间歇性和随机性，发电量与气候条件有关，正午发电功率最大，在晚上或阴雨天就不能或很少发电。

（2）能量密度较低，占地面积大。标准条件下，地面上接收到的太阳辐射强度为1000W/m²，光伏发电系统的能量密度为800W/m²。大规格使用时，需要占用较大面积。

（3）各地资源分布不均匀，中国太阳能辐射区划见表1-2。

表1-2　　　　　　　　　　　中国太阳能辐射区划表

总辐射量与日平均峰值日照时数间的对应关系								
年总辐射量（kJ/cm²）	420	460	500	540	580	620	660	700	740
日平均峰值日照时数（h）	3.19	3.50	3.82	4.14	4.46	4.78	5.10	5.42	5.75

区域划分	丰富区	较丰富区	可利用区	贫乏区
年总辐射量（kJ/cm²）	≥580	500～580	420～500	≤420
全年日照时数（h）	≥3300	2400～3300	1600～2400	≤1600
地域	内蒙古西部、新疆南部、甘肃西部、青藏高原	新疆北部、东北、内蒙古东部、华北、陕北、宁夏、甘肃部分、青藏高原东侧、海南、台湾	东北北端、内蒙古呼盟、长江下游、两广、福建、贵州部分、云南、河南、陕西	重庆、川、贵、桂、赣部分地区
特征	日照时数≥3300h，年日照百分率≥0.75	日照时数2400～3300h，年日照百分率0.60～0.75	太阳能丰富区到贫乏区的过渡带	日照时数≤1600h，年日照百分率≤0.4，建议不使用太阳能的地区
连续阴雨天	2	3	7	5

（4）目前价格仍比较贵，为常规发电的 2～3 倍，初始投资高。

（5）大规模存储技术尚未解决，大规模应用没有自身调节能力。

任务3　近年来世界光伏产业的发展状况

【学习目标】

◇　了解光伏电池的发展历史。

◇　了解世界及我国光伏产业发展状况及政策支持。

◇　了解光伏产业的前沿动向。

1.3.1　光伏电池的发展历史

自从 1954 年第一块实用电池问世以来，光伏电池便取得了长足的发展，大概经历了以下几个阶段。

第一阶段（1954—1973 年）：1954 年恰宾和皮尔松在美国贝尔实验室首次制成了实用的单晶硅太阳能电池，效率为 6%。同年，威克尔首次发现了砷化镓有光伏效应，并在玻璃上沉积硫化镉薄膜，制成了太阳能电池。太阳能电池开始了缓慢的发展。

第二阶段（1973—1980 年）：1973 年爆发了中东战争，引起了第一次石油危机，从而使许多国家，特别是工业发达国家，加强了对太阳能及其他可再生能源技术发展的支持，在世界上再次兴起了开发利用太阳能热潮。1973 年，美国制定了政府级阳光发电计划，太阳能研究经费大幅度增长，而且成立了太阳能开发银行，促进太阳能产品的商业化。美国于 1978 年建成了 100kW$_p$ 太阳地面光伏电站。日本 1974 年公布了政府制定的"阳光计划"。

第三阶段（1980—1992 年）：进入 20 世纪 80 年代，世界石油价格大幅回落，而太阳能产品价格居高不下，缺乏竞争力，太阳能技术没有重大突破，提高效率和降低成本的目标未能实现，以致动摇了一些人开发利用太阳能的信心。这个时期，太阳能利用进入了低谷，世界上很多国家相继大幅消减太阳能研究经费，其中美国最为突出。

第四阶段（1992—2000 年）：由于大量燃烧矿物能源，造成了全球性的环境污染和生态破坏，对人类的生存和发展构成威胁。在这样的背景下，1992 年联合国在巴西召开"世界环境和发展大会"，会议通过了《里约热内卢环境与发展宣言》《21 世纪议程》和《联合国气候变化框架条约》等一系列重要文件，把环境与发展纳入统一的框架，确立了可持续发展的模式。这次会议之后，世界各国加强了清洁能源技术的开发，将利用太阳能和环境保护结合在一起，国际太阳能领域的合作更加活跃，规模扩大，使世界太阳能技术进入了一个新的发展时期。这个阶段的标志性事件有：1993 年，日本重新制定"阳光计划"；1997 年，美国提出"克林顿总统百万太阳能屋顶计划"；1998 年，澳大利亚新南威尔士大学创造了单晶硅太阳能电池效率 25% 的世界纪录。

第五阶段（2000 年至今）：进入 21 世纪，原油也进入了疯狂上涨的阶段，从 2000 年的不足 30 美元/桶，暴涨到 2008 年 7 月时接近 150 美元/桶，这样世界各国再次认识到不可再生能源的稀缺性，加强了人们发展新能源的欲望。此一阶段，太阳能产业也得到了轰轰烈烈的发展，许多发达国家加强了政府对新能源发展的支持补贴力度，太阳能发电装机容量得到了迅猛的增长。受益于太阳能发电需要的猛烈增长，我国在2007年一跃成为世界第一大太阳能电池生产大国。在光伏电池转换效率方面，多晶硅太阳能电池最高转换效率达到了20.3%。2009年，美国Spectrolab公司最新研制的砷化镓（GaAs）多结聚光太阳能电池转换效率达到了41.6%，这是迄今为止所有类型太阳能电池最高的实验室效率。

1.3.2　世界光伏产业的发展状况

太阳能光伏发电产业是20世纪80年代以后增长最快的产业之一。最近10年的年平均增长率为25%～40%。光伏电池和组件性能不断提高，商业化电池效率由20世纪80年代的10%～12%提高到目前的12%～18%，光伏组件成本不断降低，售价由20世纪80年代初的65～70元/W_p降到目前的约8元/W_p。随着组件成本的不断下降，光伏市场发展迅速。世界光伏发电主要集中在发达国家，特别是日本、德国和美国3个经济强国，约占世界光伏发电市场的80%。发达国家强有力的市场拉动，不仅使光伏电池生产规模不断扩大，技术水平不断提高，而且光伏发电系统的自动化水平也快速发展。特别值得一提的是，并网发电和光伏建筑集成发展迅速，2002年，并网发电占总光伏应用的51%，已成为最大的光伏市场。

2006年世界光伏市场的排序和各国生产量有着很大不同。德国光伏市场占世界市场份额的51%，其余依次为：日本20%，美国10%，欧洲其他国家9%，亚洲其他国家3.63%，中国0.57%，世界其他国家5.8%。从中不难看出光伏产品的主要流向以及世界不同国家和地区光伏市场的启动程度。

根据Solarbuzz LLC.年度PV工业报告的信息，2007年世界光伏市场比2006年增长了62%，统计的安装量为2826MW_p。其中德国的光伏市场在2007年的安装量为1328MW_p，占世界光伏市场总量的47%，已经连续三年为世界之首，西班牙安装了640MW_p，为世界第二，日本安装230MW_p，世界第三，美国市场增加了57%达到220MW_p，为世界第四。表1-3中给出了2006年、2007年世界主要国家和地区太阳能光伏市场及份额。

表1-3　　2006年、2007年世界主要国家和地区太阳能光伏市场及份额

2006年			2007年			
国家和地区	份额（%）	排序	国家和地区	安装量（MW_p）	份额（%）	排序
德国	51	1	德国	1328	46.99	1
欧洲其他国家	9	—	西班牙	640	22.65	2
日本	20	2	日本	230	8.14	3
美国	10	3	美国	220	7.18	4
—	—		意大利	20	0.71	5
中国	0.57		中国	20	0.71	5
—	—		韩国	20	0.71	5

续表

2006 年			2007 年			
国家和地区	份额（%）	排序	国家和地区	安装量（MWp）	份额（%）	排序
—	—	—	法国	15	0.53	6
世界其他国家	9.43	—	世界其他国家	333	11.78	
总计	100	—	总计	2826	100	

2011 年，全球光伏新增装机容量约为 27.5GW，较上年的 18.1GW 相比，涨幅高达52%，全球累计安装量超过 67GW（图 1-2）。全球近 28GW 的总装机量中，有将近20GW 的系统安装于欧洲，但增速相对放缓，其中意大利和德国市场占全球装机增长量的55%，分别为 7.6GW 和 7.5GW。2011 年以中国、日本、印度为代表的亚太地区光伏产业市场需求同比增长 129%，其装机量分别为 2.2GW、1.1GW 和 350MW。此外，在日趋成熟的北美市场，2010 年新增安装量约 2.1GW，增幅高达 84%。

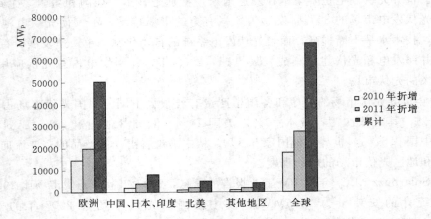

图 1-2　2011 年全球新增光伏系统安装量和累计安装量

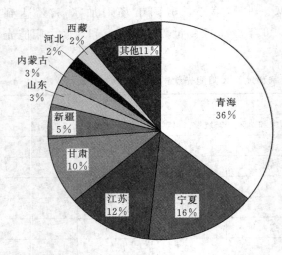

图 1-3　2011 年我国光伏新增装机量按省分布

中国是全球光伏发电安装量增长最快的国家。2010 年年底，我国光伏发电装机规模达到 60 万 kW，光伏新增并网容量为21.16 万 kW，累计并网容量为 24 万 kW，较上年的 2.5 万 kW，增长了 960%。2011年中国新增光伏装机达到 2.2GW，成为全球第三大光伏市场。其中以青海省的安装量最多，占全部安装量的 36%，其后为宁夏、江苏、甘肃、新疆、山东、内蒙古、河北、西藏和山西，这 10 个省份的安装量占到全国的 92%（图 1-3）。

欧洲光伏发电产业协会（EPIA）日前发布的数据显示，截至 2012 年年底，全球光伏发电累积装机容量达到 1.02 亿 kW，比上年增长 44%。除了最大市场德国表现坚挺之外，中国、美国和日本市场也迅速扩大。中国已超过美国，在累积数据方面跃居世界第三位。全球市场今后有望以年均 3000 万 kW 左右的规模持续扩大。

在截至 2012 年年底的全球累积装机容量中，欧洲占 70%，德国（31%）和意大利（16%）合计占全球的接近一半，其次是中国（8%）、美国（7%）和日本（7%）。

据统计，2012 年全球光伏发电新装机容量为 3110 万 kW。虽然同比增长率仅为 2%，但持续保持较高水平。在政府的鼓励措施下，中国新装机容量达到 500 万 kW，增长 1 倍，净增加容量仅次于德国，跃居全球第二位。美国增长 80%，日本增长 50%。在一直拉动市场增长的欧洲，由于鼓励政策被取消，新装机容量下降 20% 以上。

欧洲光伏发电产业协会（EPIA）预测称，考虑到欧洲增长将放缓，2013 年全球光伏发电新装机容量将减至 2780 万 kW。但 2014 年有望恢复至 2012 年的水平，到 2017 年有望扩大至 4800 万 kW。

1.3.3　中国光伏产业的发展状况

中国于 1958 年开始对光伏技术研发并应用于空间技术。1971 年中国首次成功地将太阳能电池应用于东方红二号卫星上。1980 年前中国光伏产业发展缓慢，主要应用于高端领域。此后，光伏产业发展纳入国家计划，加大对光伏应用示范项目支持，促进光伏产业发展。但因技术缺乏，市场发展缓慢，太阳能光伏产业处于萌芽阶段，至 2001 年前中国光伏电池组件产能不超过 2MW$_p$。

2004 年德国"上网电价法"的实施，促进了世界光伏产业的大发展，也催生了一批中国光伏企业。随着大量民间资本进入光伏产业，在中国政府大力支持下，中国光伏产业取得了快速发展。2007年中国光伏电池产量突破 1000MW$_p$，占世界总产量的 27.2%，超过日本和欧洲，跃居世界第一大生产国。到 2008 年我国太阳能电池产量约占到世界产量的 33.1%，加台湾地区约占到 45%（图 1-4）。

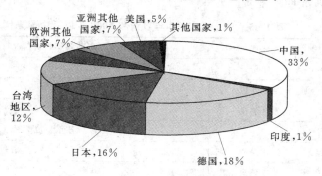

图 1-4　2008 年全球太阳能电池产量份额

由 2003—2008 年中国太阳能电池产量图（图 1-5），可以了解到这 6 年中国太阳能电池产量呈飞速增长趋势（表 1-4）。

表 1-4　　　　2003—2008 年中国太阳能电池生产总量及增长数据

年　份	2003	2004	2005	2006	2007	2008
太阳能电池总产量（MW$_p$）	12	50	146	438	1088	2634
比上年增长（%）		317	192	200	148	142

2009 年中国太阳能电池产量突破 4GW，占全球总产量的 40%；2010 年约 8GW，占全球产量的 50%，居世界首位；2011 年达到 20GW，约占全球的 65%；2012 年，光伏电池组件出货量约 23GW。欧洲光伏产业协会（EPIA）分析报道，全球光伏产能达 60GW，

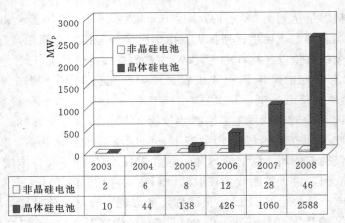

	2003	2004	2005	2006	2007	2008
□非晶硅电池	2	6	8	12	28	46
■晶体硅电池	10	44	138	426	1060	2588

图 1-5　2003—2008 年中国太阳能电池产量

而需求只有 30GW，产能严重过剩，所以产值同比将大幅下降。

　　与快速发展的太阳能电池生产力相反的是，中国国内光伏市场发展缓慢，大部分产品出口到欧洲等发达地区。2007 年中国国内光伏系统累计安装 100MW$_p$，约占世界累计安装量的 1%；2008 年约达 40.3MW$_p$，比上年增长了 102%（表 1-5、图 1-6）。针对光伏产业与国内市场之间发展的不平衡，2009 年 3 月 23 日，财政部、住房和城乡建设部出台《关于加快推进太阳能光电建筑应用的实施意见》，并出台了《太阳能光电建筑应用财政补助资金管理暂行办法》，决定有条件地对部分光伏建筑进行每瓦最多 20 元人民币的补贴。这两个文件的出台，对光伏市场的拓展有巨大的促进作用，让国内太阳能光伏企业看到了光明的前景。

表 1-5　　　　2000 年以前和 2000 年以后中国光伏发电历年装机情况对照

2000 年以前各年装机情况（单位：kW$_p$）						
年份	1976	1980	1985	1990	1995	2000
当年装机	5	8	70	500	1550	3300
累计装机	5	16.5	200	1780	6630	19000
2000 年以后各年装机情况（单位：MW$_p$）						
年份	2002	2004	2005	2006	2007	2008
当年装机	20.3	10	5	10	20	40.3
累计装机	45	65	70	80	100	140.3

　　2010 年年底，我国光伏发电装机规模达到 60 万 kW，光伏新增并网容量为 21.16 万 kW；2011 年中国新增光伏发电装机达到 2.2GW，新增量位居世界第三，占全球太阳能发电新增装机的 7%。；2012 年我国新增光伏装机量约为 4.5GW，同比增长 66%，约占全球市场份额的 14%。

1.3.4　部分国家对光伏产业的政策支持

1.3.4.1　德国

　　2004 年德国政府启动上网电价法，即著名的 EEG 法案，导致德国光伏安装量激增，

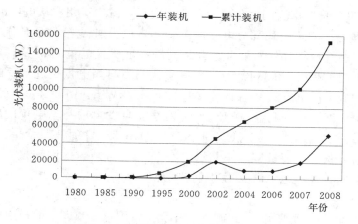

图1-6　中国历年装机和累计装机情况

最初的上网电价为零售电价的3倍或者工业电价的8倍。光伏系统在安装后的20年内固定价格，每推迟一年，固定价格下调一定的比率。2008年受金融危机的影响，德国修订了太阳能补助案并由下议院正式宣读后定案。根据新的法案太阳能年度收购电价税率（Feed—in Tariffs）由2008年以前年降幅5%，改成2009年、2010年降8%，2011年降9%；地面装配系统（Ground—mounted system）从2008年降6.5%，改成2009—2010年降10%。新法规已在2009年1月1日生效。

经过6年的发展，一般认为德国太阳能市场已经在2010年进入成熟阶段。自从2010年以来，德国每年的安装容量稳定在7~8GW。2013年装机容量大幅下降，全年新装光伏系统3.3GW，增长速度同比下降55%。然后从2014年开始回升，即使没有补贴政策也会回升，因为届时投资将见到效果。

作为开发利用可再生能源的标杆国家，德国于2012年1月1日实施的《可再生能源法2012》（EEG2012）中修订的光伏上网电价新政。根据EEG2012，光伏上网电价调整幅度取决于每年新增光伏安装量，基准下调率为9%。如果光伏系统安装量超过350万kW的年度限额，每超出100万kW将使上网电价进一步下调3%，最高下调24%。如果光伏系统安装量不足250万kW，每减少50万kW将减少2.5%的电价下调。每年新增光伏安装量的计算日期为前一年的10月1日至本年的9月30日，并在下一年的1月1日执行下调。

另外，EEG2012还规定，如果在前一年的10月1日至本年的4月30日期间新增光伏安装量除以7乘以12后的值超过350万kW，上网电价将下调3%，每超出100万kW将使上网电价进一步下调3%，最高下调15%，并在本年的7月1日执行下调。鼓励用户自发自用减小对电网的影响。

EEG2012提出了鼓励光伏发电自发自用的"双价制"。德国光伏发电自发自用采用多表计量，"双价制"即上网电量给定上网电价，电网企业按照确定的价格支付给开发商，价格超出常规上网电价的部分在全国范围内分摊，而用户用电量则按照常规电价支付电费，卖电和用电是分开的。

"双价制"与美国等国实行的"净电量计量"政策是管理自发自用并网发电的两种不

同方法。"净电量计量"即上网电量抵消用户用电量，减少了用户从电网的购电量。

EEG2012 规定，自发自用部分电量可享受一定电价补贴，上网部分电量仍按照上述上网电价计算方法进行结算。如果自发自用电量不足所发电量的 30%，电价补贴将在相应上网电价的基础上减少 16.38 欧分/kWh。如果自发自用电量超过所发电量的 30%，则电价补贴将在相应上网电价的基础上仅减少 12 欧分/kWh。

为了不损害电网企业的利益，EEG2012 对享受自发自用补贴电价的用户有严格的规定，自发自用并网发电形式必须满足以下条件：①2012 年 1 月 1 日至 2013 年 12 月 31 日期间建设的建筑光伏；②装机容量不超过 500kW；③必须与电网连接。其中第二条相当于限制了用户范围，基本把工商业用户排除在外。

1.3.4.2　西班牙

西班牙是一个太阳能资源十分丰富的国家。该国政府 2004 年开始实施的"皇家太阳能计划"，在 2006 年进行了修改。该计划提出了购电补偿法，对发电量小于 100kW$_p$（千瓦能）的光伏系统，实行 0.44 欧元/kWh 的价格（为平均电价的 5.75 倍），有效期为 25 年，25 年后购电价格变为平均电价的 4.6 倍。对大于 100kW$_p$ 的光伏发电系统则采用 0.23 欧元/kWh 的价格（平均电价的 3 倍）。以上政策对西班牙的光伏产业发展起到了至关重要的作用。2006 年太阳能光伏的装机容量仅为 88MW，到 2008 年这个数字就蹿升到 2511MW。随着严重经济危机的到来，西班牙政府在 2008 年又出台了一个新的命令：上网补贴减少到 0.32 欧元/kWh。2009 年的装机容量骤降为 69MW，下降约 97%。

西班牙光伏系统的发展目标是到 2010 年总装机量达到 400MW。实际上，西班牙市场受到 2008 年 9 月 29 日首轮光伏补贴政策到期的影响，装机容量大增，与 2007 年相比增长超过 300%，全年达到 2511MW。为了控制装机规模，2008 年 9 月 23 日，西班牙政府宣布 2009 年补贴规模仅为 500MW。因此 2009 年需求出现负增长不足为奇。西班牙政府刚出台的新补贴政策中，考虑到西班牙政府从目前应对经济危机，保护产业发展及控制失业人口的角度出发，新的补贴政策还算是温和的。可以说，西班牙受到政府补助上限的影响，成长速度将比预期慢，而新的补贴政策将是观望的焦点。

尽管发展道路坎坷，但西班牙在世界太阳能发电领域仍位居世界前列，成为光伏太阳能电池板工业的中心。西班牙不仅拥有制造和出口光伏电池及太阳能板的基地，而且拥有出口换流器和太阳能发电设备部件的基地。欧洲最大太阳能应用工业技术的实验中心——空间能源研究中心"ALMER IA 太阳能平台"就建在西班牙。负责认证在太空中使用的光伏太阳能电池的欧洲实验室也设在了西班牙的国家航空航天技术研究院。主要的公司有西班牙埃索菲通有限公司，其研发能力处于国际领先地位。

1.3.4.3　日本

1994—2005 年，日本政府对住宅用的光伏发电实施了补贴，累计补贴总额达到了 1322 亿日元，有效地刺激了光伏发电的市场需求，与补贴前相比光伏发电的利用量增长了 6 倍，而光伏发电系统的安装成本由 1992 年的 370 日元/W 降到了 2007 年的 70 日元/W。

2007 年，日本光伏发电的利用量是 1920MW，其中住宅用量占比为 80% 左右，达到了 1550MW。2008 年，日本政府为光伏发电设定了一个长远目标，到 2020 年日本光伏发电的利用量要达到 2005 年的 10 倍，到 2030 年要达到 2005 年的 40 倍。此后，日本政府又对这个目标进行了调整，并制定了到 2020 年要达到 2005 年 20 倍的新目标。

为了达到这个目标，日本不仅要继续推动住宅用的太阳能发电，还要推动光伏发电在非住宅领域的应用。为了推动这个产业，日本政府在 2008 年 11 月推出"太阳能发电普及行动计划"，确定太阳能发电量到 2030 年的发展目标是要达到 2005 年的 40 倍，并在 3～5 年后，将太阳能电池系统的价格降至目前的一半左右。2009 年还专门安排 30 亿日元的补助金，专项鼓励太阳能蓄电池的技术开发。

根据日本的光伏发电扶持政策，用户在住宅和非住宅两方面都可以享受到补贴和税收的优惠。根据用途不同所获得的补贴金额也是不同的，针对住宅应用，每个家庭可以按照 7 万日元/kW 获得补贴，大概一个家庭能获得的补贴是 21 万～25 万日元；针对企业则是按照光伏发电成本的 1/3 进行补贴；如果企业与地方政府合作，实施一些太阳能发电项目，则可以获得相当于发电成本 1/2 的补贴。

日本政府在 2009 年 2 月颁布了一项新的买电制度，对太阳能发电带来的一些剩余电力可以由电力公司进行回收。按照原价成本 2 倍的价格由电力单位进行回收，这个措施将会实施 10 年。关于买电制度的详细措施，政府现在还在策划中，希望能够尽快推行下去。该购买制度回收剩余电力产生的成本将不使用国家的税收，而是平摊以后由国民负担，由此建立一个全民参与的能源使用推广体系。

日本还推出了绿色电力证书制度，这个制度要求电力用户根据所用电力购买这种绿色电力证书。政府把出售绿色电力证书获取的部分资金提供给发电单位，用于可再生能源的扩大再生产。

受到"七万屋顶"计划的利好刺激，最近几年日本太阳能市场迅速发展。这项包括了针对 3～4kW 并网民用系统项目的最初 50% 的现金补助计划，全部由日本政府资助。计划的实施期使得太阳能产品价格降低幅度超过 50%，并在过去 10 年时间内，新增系统安装数量从 500 个上升为 10 万个，并逐步消除了原先存在的折扣现象。政府的投资还为该国培育了最具有国际竞争力的太阳能大规模制造能力。到 2020 年日本要使 70% 以上的新建住宅安装太阳能电池板，2009 年一季度拨款 90 亿日元，用于太阳能电池家用普及。对安装太阳能设备的用户发放 7 万日元/kW 的补贴。在政府 2010 年 4 月份财政年度预算提案中，有 200 亿日元是太阳能补贴资金，4 月 1 日开始实施，下半年可能推出 FIT 法案，补贴 50 日元/kWh，预计日本国内需求将大幅增长。

1.3.4.4　美国

美国是最早进行光伏并网发电的国家，自 1974 年开始陆续颁布推动能源可持续发展的相关法令，光伏产业被列入发展优先领域，先后出台《太阳能研发法令》《太阳能光伏研发示范法令》《能源税法》《税收改革法》《能源政策法令》等法令，从发展目标、资金、研发等各个方面支持光伏技术及产业的商业化发展。美国能源部提出逐步提高绿色电力的发展计划等，制定了太阳能发电的技术发展路线图，其中太阳能光伏发电预计到 2020 年将占美国发电装机增量的 15% 左右，累计安装量达到 2000 万 kW，保持美国在光伏发电技术开发、制造水平等方面的世界领先地位。

20 世纪 80 年代初开始实施 PVUSA 计划，即光伏发电公共电力规模的应用计划；1996 年，在美国能源部的支持下，又开始了一项称为"光伏建筑物计划"，投资 20 亿美元。同年，美国加利福尼亚州创立 5.4 亿美元的公共收益基金以支持可更新能源（renewables）的发展。这一可更新能源最低成本计划（Renewables Buy－Down Program）为具有安装能力的太阳能系统提供 3 美元/W 的资金补贴，这样每半年，折扣水平下降 20 美分/W。

1997 年 6 月，克林顿总统宣布实施"百万太阳能屋顶"计划和"净流量表"体制：每个光伏屋顶将有 3～5kW 光伏并网发电系统，有太阳时，屋内向电网供电，电表倒转；无太阳时，电网向家庭供电，电表正转，每月只需交"净电费"。计划到 2010 年安装 100 万套太阳能屋顶，主要是太阳能光伏发电系统和太阳能热利用系统，进一步将光伏发电建筑一体化推向高潮。这项计划的提出，是由社会发展的趋势所决定的，也是美国致力于太阳能开发、研究的工作人员长期努力的结果。

2006 年加利福尼亚州政府投入 30 亿美元支持光伏产业的发展，实施 50 美分的固定上网电价。该支持性电价每年降低 20％等措施，都极大地推动了光伏发电的产业化。

2008 年 9 月 16 日，美国参议院通过了一揽子减税计划，其中将光伏行业的减税政策（ITC）续延 2～6 年。2009 年之后规划：①商用项目的投资税收减免延长 8 年，住宅光伏项目的投资税减免延长 2 年；②取消每户居民光伏项目 2000 美元的减税上限，2009 年 2 月 17 日提出新的补贴政策，约 800 亿美元政府支出、贷款担保及税收激励用于能源领域。

1.3.5　中国对光伏产业的政策支持

我国在 2007 年以前光伏产业的政策基本上是空白。2007 年国家发改委发布（发改价格〔2007〕44 号）《可再生能源电价附加收入调配暂行办法》提出配额交易机制，指出可再生能源电价补贴的钱从可再生能源电价附加中出，2008 年 6 月以后全国每千瓦时电附加再加征 2 厘，全年大约有 40 亿～50 亿元；明确风力发电招标电价或政府指导价目前大约为 0.4～0.6 元/kWh；生物质能的标杆电价比风电略高，为 0.5～0.7 元/kWh，唯独光伏发电未明确电价；其中还指出国家投资建设的离网发电系统的后期运营维护费用也从可再生能源电价附加中支出，标准为每年按照装机 3000 元/kW。该政策出台作用相当有限。

2009 年 3 月财政部和住建部出台《太阳能光电建筑应用财政补助资金管理暂行办法》。《暂行办法》第二条补助资金使用范围是：①城市光电建筑一体化应用，农村及偏远地区建筑光电利用；②太阳能光电产品建筑安装技术标准规程的编制；③太阳能光电建筑应用共性关键技术的集成与推广。第三条补助资金支持项目应满足以下条件规定：①单项工程应用太阳能光电产品装机容量应不小于 50kW$_p$；②应用的太阳能光电产品发电效率应达到国际先进水平，其中单晶硅光电产品转换效率应超过 16％，多晶硅光电产品效率应超过 14％，非晶硅光电产品效率应超过 6％；③优先支持太阳能光伏组件与建筑物实现构件化、一体化项目；④优先支持并网式太阳能光电建筑应用项目；⑤优先支持学校、医院、政府机关等公共建筑应用光电项目。第五条为本通知发出之日前已完成的项目不予支持。该暂行办法中 2009 年补助标准原则上定为 20 元/W。申请补助资金的单位应为太阳能光电项目业主单位或太阳能光电产品生产企业。

2009 年 7 月财政部、科技部和国家能源局联合发文《关于实施金太阳示范工程的通知》。"金太阳工程"中规定全国在 3 年时间里，光伏系统安装总量达 642MW（平均每个省 20MW），总金额约 100 亿～120 亿元。补贴范围覆盖了光伏建筑一体化、离网光伏系统和大型并网电站；设置的申报条件为注册资金不低于 1 亿元，项目规模不小于 300kW，项目资本金不少于 30％；项目的关键设备必须通过国家认可的认证机构的认证（太阳能电池、逆变器、蓄电池、控制器），还要满足"电网接入相关技术标准和要求"；同时强调用户侧并网原则上"自发自用"，富余电量和大型电站电量按当地脱硫燃煤机组标杆电价结算，不再享受特殊电价；规定并网系统补贴 50％，离网系统补贴 70％（将根据技术先进程度和市场发展状况确定补贴上限）；鼓励有条件的地方政府安排一定支持资金；申报补贴的项目，须先向省级政府申报。

"金太阳工程"的补贴范围也扩展到了原材料、光伏系统辅助设施等多个层面，其中第四条明确了财政补助资金支持范围：①利用大型工矿、商业企业以及公益性事业单位现有条件建设的用户侧并网光伏发电示范项目；②提高偏远地区供电能力和解决无电人口用电问题的光伏、风光互补、水光互补发电示范项目；③在太阳能资源丰富地区建设的大型并网光伏发电示范项目；④光伏发电关键技术产业化示范项目，包括硅材料提纯、控制逆变器、并网运行等关键技术产业化；⑤光伏发电基础能力建设，包括太阳能资源评价，光伏发电产品及并网技术标准、规范制定和检测认证体系建设等；⑥太阳能光电建筑应用示范推广按照《太阳能光电建筑应用财政补助资金管理暂行办法》（财建〔2009〕129 号）执行，享受该项财政补贴的项目不在本办法支持范围，但要纳入金太阳示范工程实施方案汇总上报；⑦已享受国家可再生能源电价分摊政策支持的光伏发电应用项目不纳入本办法支持范围。

对比以往国家项目光伏电站初始投资和上网电价（表 1-6），可以看出我国光伏政策的支持力度中央没有地方积极，并且以初始投资补贴为主的政府支持方式，虽强调自发自用和脱硫机组标杆电价（用电电价 0.33～0.36 元/kWh），不同于"净电表法"，具有本国特色，但因初投资补贴未考虑各地太阳资源差异、项目运营主体、项目监督与维护等诸多问题，缺乏长效机制，使光伏政策的实用性大打折扣。事实上，光伏政策的长效机制仍应是发布我国的"上网电价法"。

表 1-6　以往国家项目光伏电站初始投资和上网电价

项目名称	招标或确定时间	实施地点	电站性质	初始投资或中标价（万元/kWp）	上网电价
国家"送电到乡"	2002 年 4—7 月	西部 8 省区	10～150kWp 独立电站	8～10	部分地区后期运行费 3000 元/(kWp·a)
国家"送电到乡"	2002 年 4—7 月	西藏	10～100kWp 独立电站	10～12	
崇明岛等 4 个项目	2008 年 5 月	上海、鄂尔多斯、宁夏	100～1000kWp 并网	不详	4 元/kWh
敦煌特许权招标	2009 年 3—5 月	甘肃敦煌	10MWp 荒漠并网电站	1.9～2.0	1.0928 元/kWh

1.3.6　2013 年部分国家光伏发电的发展规划和展望

1.3.6.1　希腊

据希腊输电系统运营商 SA（HTSO）的消息，截至 2013 年 8 月底，希腊大陆有 2363MW 的光伏装机容量，已安装 2021MW 的并网光伏系统超过 10kW，342MW 的屋顶光伏系统达 10kW。据统计，8 月在希腊大陆安装的 3MW 的光伏系统超过 10kW，2MW 的光伏系统低于 10kW。

1.3.6.2　英国

早在 2012 年年底，部分国内专家就认为，英国太阳能产业稳定性较高，政府补贴促进屋顶及地面光伏系统的增长，预计 2013 年第一季度该国装机量或达 800MW～1GW，全年新增 2GW。但实际情况是，第一季度英国光伏装机量仅有 520MW，比预期低很多，根据装机情况看，英国全年光伏装机量不会超过 1.5GW。

1.3.6.3　美国

美国太阳能行业协会与 GTM 研究公司 2013 年 9 月 12 日联合发布报告称，第二季度美国太阳能发电装机容量新增 832MW，环比增加 15%。报告预计 2013 年美国太阳能发电装机容量将增加 4372MW，比 2012 年增长 33%。

1.3.6.4　日本

日本 2013 年第二季度光伏装机量近 2GW，两年内光伏需求至少 10GW。商业装机容量增长迅速，实现 1.416GW 并网，而同时期居民光伏发电并网仅为 410MW，这代表着日本国家光伏重心平衡完全转移。2012 年 7 月到 2013 年 3 月，居民光伏装机容量一直超过商业电站装机容量，两部分分别增加了 969MW 和 704MW。

1.3.6.5　德国

2013 年前 8 个月德国累计光伏装机 2402MW。在柏林召开的一个可再生能源会议上，德国环境部长彼得·阿特迈尔（Peter Altmaier）预计，2013 年新增太阳能装机容量为 4GW，而 2012 年为 7.6GW。

1.3.6.6　菲律宾

菲律宾太阳能联盟作出预测，到 2013 年年底该国光伏系统装机总量有望达到 5MW，而目前该国装机总量为 2MW，翻了一倍之多。

1.3.6.7　捷克

根据捷克能源管理办公室（ERU）的最新数据，截至 2013 年 7 月底，捷克光伏装机容量达到 2124MW。

1.3.6.8　印度

Solarzoom 首席分析师 Jaso Tsai 预计 2013 年印度市场的装机量在 800MW 左右，略逊于去年。而从 2013 年年底开始，印度市场将迎来大规模的市场需求。

1.3.6.9　中国

2012 年中国新增光伏装机量达到创纪录的 4.5GW，但增幅同比 2011 年显著下滑。2013 年，中国光伏应用市场有望再次爆发，新增光伏装机容量 8～10GW，一举成为全球最大的光伏应用市场。

根据中国政府网 2013 年 7 月 15 日发布的《国务院关于促进光伏产业健康发展的若干意见》，2013—2015 年，中国将年均新增光伏发电装机容量 1000 万 kW 左右，到 2015 年总装机容量达到 3500 万 kW 以上。

任务 4　太阳能光伏发电设计标准、规范应用规定

【学习目标】

　　◇　认知太阳能光伏发电设计标准的基本内容。

　　◇　掌握标准的应用范围。

　　◇　培养严格执行标准的良好职业道德。

1.4.1　国内标准简介

1.4.1.1　《光伏系统并网技术要求》（GB/T 19939—2005）

该标准由国家标准化管理委员会提出，由全国太阳光伏能源系统标准化技术委员会归口。

该标准规定了光伏系统的并网方式（可逆流和不可逆流）、电能质量（电压偏压、频率偏差、谐波限值、功率因素、电压不平衡度、直流分量）、安全与保护和安装要求（过/欠压、过/欠频、防孤岛效应、恢复并网、防雷和接地、短路保护、隔离和开关、逆向功率流保护）。

该标准适用于通过静态变换器（逆变器）以低压方式与电网连接的光伏系统。

光伏系统以中压或高压方式并网的相关部分，也可参照该标准。

1.4.1.2　《独立光伏系统技术规范》（GB/T 29196—2012）

该标准由中华人民共和国工业和信息化部提出，由全国太阳能光伏能源系统标准化技术委员会归口。

该标准规定了独立光伏系统要求、子系统规格和要求、现场检测及系统评价技术。

该标准适用于功率不小于 1kW 地面独立光伏系统。聚光光伏系统、其他互补独立供电系统与光伏相关的部分可参照本标准。

1.4.2　太阳能光伏发电相关规范、标准

目前，我国执行的太阳能光伏发电相关规范、标准如下：

《地面用晶体硅光伏组件设计鉴定和定型》（GB/T 9535—1998）；

《太阳光伏电源系统安装工程施工及验收技术规范》（CECS 85—96）；

《太阳光伏电源系统安装工程设计规范》（CECS 84—96）；

《地面用光伏（PV）发电系统概述和导则》（GB/T 18479—2001）；

《独立光伏系统设计验证标准》（IEC 62124—2004）；

《光伏（PV）系统电网接口特性》（GB/T 20046—2006）；

《光伏建筑一体化系统运行与维护规范》(JGJT 264—2012);

《家用太阳能光伏电源系统技术条件和试验方法》(GB 19064—2003);

《低压配电设计规范》(GB 50054—95);

《低压直流电源设备的特性和安全要求》(GB 17478—1998);

《电气装置安装工程盘、柜及二次回路结线施工及验收规范》(GB 50171—92);

《固定型防酸式铅酸蓄电池技术条件》(GB 13337.1—91);

《通信用阀控式密封铅酸电池》(YD 799—2010);

《交流电气装置的过电压保护和绝缘配合》(DL/T 620—1997);

《交流电气装置的接地》(DL/T 621—1997);

《建筑物防雷设计规范》(GB 50057—2010);

《包装贮运标志》(GB 191—2008);

《电气装置安装工程施工及验收规范》(GBJ 232—82);

《钢结构工程施工及验收规范》(GB 50205—2002);

《钢结构技术规范》(GBJ 17—88);

《热喷涂金属件表面处理通则》(GB/T 11373—1989)。

随着我国太阳能光伏发电技术发展,关于光伏组件、光伏工程的各种标准、规范相继出现,为太阳能光伏发电的规范发展打下了良好的基础,从业人员必须严格遵照执行。

本 章 小 结

　　本学习情境从太阳能光伏发电技术的重要意义入手,对光伏发电技术的特点、世界各国及我国太阳能光伏发电发展现状及政策支持、最新动向进行了详细介绍和分析,充分展示了太阳能光伏发电技术的前景及对全球能源持续发展的有力支持。最后对太阳能光伏发电技术的标准、规范进行了说明,强调了标准、规范对从业人员的重要性。

　　要求学生熟悉太阳能光伏发电技术的发展历史,掌握光伏发电技术的优缺点,并熟读光伏发电技术的标准、规范,为从事光伏发电行业打下坚实的基础。

习 题 1

1-1 简述太阳能光伏发电技术的重要意义。

1-2 太阳能光伏发电技术的优缺点有哪些?

1-3 描述世界太阳能光伏发电技术的发展现状及政策。

1-4 描述我国太阳能光伏发电技术的发展现状及政策。

1-5 太阳能光伏发电技术的相关标准、规范有哪些?

实 训 项 目 1

题目：太阳能光伏发电系统认识实训

1. 实训目的

（1）认识太阳能光伏发电系统；

（2）了解系统包含的内容及基本作用。

2. 实训内容及设备

（1）实训内容。

1）观察地面太阳能光伏发电系统的设备；

2）熟悉各设备的作用。

（2）实训设备。

地面太阳能光伏发电离网系统及并网系统各设备。

3. 实训步骤

（1）编写实训任务书；

（2）准备实训工具；

（3）熟悉系统各设备；

（4）对系统进行监控操作训练。

4. 实训报告

（1）实训任务书；

（2）实训报告书。

5. 实训记录与分析（表1－7）

表1－7　　　　　　　　　　　光伏发电系统设备组成认知表

系统名称	设备名称	在系统中起到的作用	系统简图
离网式光伏发电系统			
并网式光伏发电系统			

6. 问题讨论

（1）什么是离网式光伏发电系统？

（2）什么是并网式光伏发电系统？

（3）如何对偏远的无人值守的独立光伏电站进行远程监测？

技能考核（参考表1-8）

（1）观察事物的能力；

（2）操作演示能力。

表 1-8 考 核 记 录 表

考 核 要 求	考 核 等 级	评 语
熟悉系统构成，准确描述	优	
熟悉系统构成，描述不充分	良	
了解系统构成，能够描述	中	
了解系统构成，不能描述	及格	
不了解系统构成，不能描述	不及格	

学习情境 2　太阳辐射强度的测算

〰〰 【教学目标】

◆ 初步了解太阳及地球的相关地理知识。
◆ 掌握太阳高度角的定义及影响可照时间的因素。
◆ 掌握太阳辐射强度、太阳辐射光谱、太阳常数的概念及大气对太阳辐射强度的影响。
◆ 掌握太阳辐射强度的计算方法及正午太阳高度角的测算。

〰〰 【教学要求】

知识要点	能力要求	相关知识	所占分值 (100分)	自评分数
四季及昼夜的形成	太阳能辐射强度和四季及昼夜关系的认识	地球及太阳相关地理知识	20	
太阳高度角及可照时间	1. 掌握太阳高度角的定义； 2. 掌握影响可照时间的因素	时角、赤纬角、方位角的概念	25	
太阳辐射强度	1. 掌握太阳辐射强度、太阳常数的概念； 2. 掌握大气对太阳辐射强度的影响	辐射的相关知识	25	
太阳辐射强度的计算及测算	1. 掌握太阳辐射强度的计算方法； 2. 正午太阳高度角的测算	太阳辐射强度计算的相关公式涉及的函数知识	30	

任务 1　太阳高度角、方位角的确定

〰〰 【学习目标】

◇ 能够清楚地了解太阳及地球的相关知识。
◇ 了解昼夜和四季产生的原因。
◇ 掌握太阳高度角的定义及影响可照时间的因素。

2.1.1　太阳概况

在人类生殖繁衍的历史活动中，太阳一直是人类关注的焦点。太阳是位于太阳系中心的恒星，能够自己发光发热，每时每刻都在稳定地向宇宙空间发射能量。其直径大约是1392000km，相当于地球直径的109倍；质量大约是2×10^{30}kg（地球的330000倍），约占太阳系总质量的99.86%。从化学组成来看，太阳质量的大约3/4是氢，剩下的几乎都是氦，包括氧、碳、氖、铁和其他的重元素质量少于2%。太阳的核心不停地发生着氢核聚变成氦核的热核反应，每秒烧掉6亿多吨氢核燃料，而该反应足以维持100亿年，因此太阳目前正处于中年期。太阳99%的能量就是由中心核反应区的热核反应产生的。

太阳从中心向外可分为核反应区、辐射区和对流区、太阳大气。太阳的大气层，像地球的大气层一样，可按不同的高度和不同的性质分成各个圈层，即从内向外分为光球、色球和日冕三层。我们平常看到的太阳表面，是太阳大气的最底层，温度约是6000℃。它是不透明的，因此我们不能直接看见太阳内部的结构。但是，天文学家根据物理理论和对太阳表面各种现象的研究，建立了太阳内部结构和物理状态的模型（图2-1）。

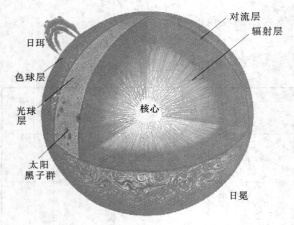

图 2-1　太阳的构造

太阳的内部主要可以分为三层：核心区、辐射区和对流区。太阳的核心区域半径是太阳半径的1/4，约为整个太阳质量的一半以上。太阳核心的温度极高，达1500万℃，压力也极大，使得由氢聚变为氦的热核反应得以发生，从而释放出极大的能量。这些能量再通过辐射层和对流层中物质的传递，才得以传送到达太阳光球的底部，并通过光球向外辐射出去。光球层厚约5000km，太阳的可见光几乎全是由光球发出的。光球表面有颗粒状结构——米粒结构。光球上亮的区域叫光斑，暗的黑斑叫太阳黑子，太阳黑子的活动周期平均为11.2年。

太阳每秒放出的能量是3.865×10^{26}J，相当于每秒燃烧1.32×10^{16}t标准煤所产生的能量。太阳与地球的平均距离约1.5亿km，太阳辐射的能量大约只有1/22亿到达地球大气层，大约为173×10^4亿kW。到达陆地表面的太阳辐射能大约17×10^4亿kW，只占到达地球范围内太阳辐射能的1/10。即使如此，17×10^4亿kW的能量相当于全球一年内消耗总能量的3.5万倍，由此可见太阳能利用的巨大潜力。

2.1.2　地球概况

地球是人类所知宇宙中唯一存在生命的天体。地球的质量约为5.96×10^{24}kg，地球的赤道半径$r_a=6378137$m≈6378km，极半径$r_b=6356752$m≈6357km。所以地球并不是一个规则球体，而是一个两极部位略扁、赤道稍鼓的不规则椭圆球体。

2.1.2.1　地球的运动

地球的运动由自转与公转合成，自西向东自转，同时又围绕太阳公转。由于受太阳、月球和附近行星的引力作用以及地球大气、海洋和地球内部物质的各种因素的影响，地球自转轴在空间和地球本体内的方向都要产生变化。

1．地球自转

如图 2-2 所示，地球绕自转轴自西向东地转动，从北极点上空看呈逆时针旋转，从南极点上空看呈顺时针旋转。地球自转一周的时间是 1 日，如果以距离地球遥远的同一恒星为参照点，则 1 日时间的长度为 23h56min4s，叫做恒星日，这是地球自转的真正周期。如果以太阳为参照点，则 1 日的时间长度为 24h，叫作太阳日，这是我们通常使用的地球自转周期。

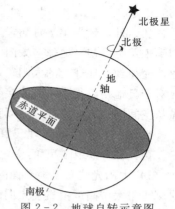

图 2-2　地球自转示意图

地球自转产生的地理现象：

（1）南、北半球发生昼夜交替。

（2）不同地方的时间差异：

1）经度不同，地方时不同，经度相差 15°，时间相差 1h。

2）全球被划分为 24 个时区。

3）各时区区时采用本时区中央经线（时区数乘以 15°）的地方时。

4）时差：相差几个时区，区时就相差几个小时。

5）日界线：国际日期变更线，180°经线。

6）北京时间：东八区区时（120°E 的地方时）。

（3）物体偏向。

（4）日月星辰的东升西落。

2．地球公转

地球公转就是地球按一定轨道围绕太阳转动。地球在其公转轨道上的每一

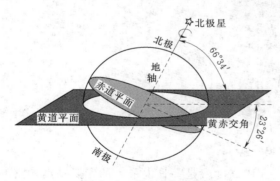

图 2-3　黄赤交角示意图

点都在相同的平面上，这个平面就是地球轨道面。地球轨道面在天球上表现为黄道面，同太阳周年视运动路线所在的平面在同一个平面上。

地球的自转和公转是同时进行的，在天球上，自转表现为天轴和天赤道，公转表现为黄轴和黄道。天赤道在一个平面上，黄道在另外一个平面上，这两个同心的大圆所在的平面构成一个 23°26′ 的夹角，这个夹角叫做黄赤交角（图 2-3）。黄赤交角的存在，实际上意味着，地球在绕太阳公转过程中，自转轴对地球轨道面是倾斜的。由于地轴与天赤道平面是垂直的，地轴与地球轨道面交角应是 90°−23°26′，即 66°34′。地球无论公转到什么位置，这个倾角是保持不变的。

地球沿着一个偏心率很小的椭圆绕着太阳公转。走完大约 9.4 亿 km 的一圈路程要花

365天又5h48min46s，即大约一年。地球于每年1月初经过近日点，7月初经过远日点，因此，从1月初到当年7月初，地球与太阳的距离逐渐加大，地球公转速度逐渐减慢；从7月初到来年1月初，地球与太阳的距离逐渐缩小，地球公转速度逐渐加快。由于日地距离的变化，使得到达地球上的太阳辐射能在一年中也发生变化，其变化范围平均为7%。地球直径相对于日地距离很小，只能接受到极窄的一束太阳光，投射到地球任何一处的太阳光都可看做从空间同一方向来的，所以投射到整个地球上的太阳辐射可以近似作为平行光。

地球公转产生的地理现象如下。

（1）正午太阳高度的变化。

1）太阳光线对于地平面的交角，叫做太阳高度角，简称太阳高度（用H表示）。同一时刻正午太阳高度由直射点向南北两侧递减。因此，太阳直射点的位置决定着一个地方的正午太阳高度的大小。在太阳直射点上，太阳高度为90°，在晨昏线上，太阳高度是0°。

2）正午太阳高度变化的原因：由于黄赤交角的存在，太阳直射点的南北移动（图2-4），引起正午太阳高度的变化。

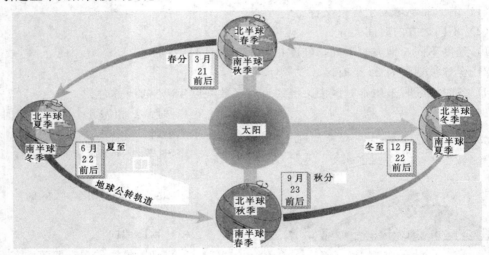

图2-4　日地运动示意图

3）正午太阳高度的纬度变化规律：正午太阳高度就是一日内最大的太阳高度，它的大小随纬度的不同和季节的变化而有规律地变化（图2-5）。

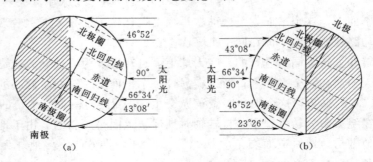

图2-5　6月22日和12月22日不同纬度太阳高度
(a) 6月22日；(b) 12月22日

（2）昼夜长短的变化（表2-1）。

表2-1　　　　　　　　　　　　昼夜长短随纬度和季节变化规律

3月21日至9月23日		9月23日至次年3月21日	
太阳直射北半球		太阳直射南半球	
北半球夏半年	南半球冬半年	北半球冬半年	南半球夏半年
各纬度昼弧＞夜弧，昼长夜短。纬度越高，昼越长，夜越短，6月22日夏至日，昼最长，夜最短，在北极圈以北，出现极昼	与北半球夏半年相反，冬半年相同	各纬度夜弧＞昼弧，昼短夜长。纬度越高，夜越长，昼越短，12月22日冬至日，夜最长，昼最短，在北极圈以北，出现极夜	与北半球冬半年相反，夏半年相同

注　春分日、秋分日，全球各地昼夜等长，各12h。

　　赤道上：全年昼夜等长。

（3）四季更替。

当太阳直射赤道时，地球上各纬度均昼夜等长。地球上所获得的太阳辐射能在一年中的变化范围是很小的，但就南北半球而言，随着地球在公转轨道上位置的不同，所得的太阳辐射能却有着显著的变化，这就是形成一年中有四季的原因。

2.1.2.2　日地运动对太阳辐射的影响

1. 四季更替对太阳辐射的影响

四季更替，引起太阳直射点的变化，南北半球各自所得太阳的热能，最大可相差到57%。当地球过近日点时，太阳直射南半球，南半球所获得的太阳热能超过北半球，因此，南半球正值夏季，北半球自然是处于冬季了。同样道理，地球过远日点时，太阳直射北半球，北半球所获得的太阳热量超过南半球，所以北半球为夏季，南半球处于冬季（见图2-4）。

2. 太阳高度角变化对太阳辐射的影响

一日当中正午太阳高度角最大，所获得的太阳的热能最多。每天太阳高度的变化从正午时间向早晚递减。

3. 日地距离对太阳辐射的影响

由于日地距离的变化，使得到达地球上的太阳辐射能在一年中也发生变化，其变化范围平均为7%。

2.1.3　太阳高度角、方位角的计算

2.1.3.1　天球坐标

人们把天球凭想象划分成经纬网，建立起天球坐标系。把地球赤道无限扩大投射在天球上，形成天赤道；地球两极投射到天球上形成北天极和南天极。天球上和天赤道平行的圆圈，叫做赤纬圈；通过天球两极并与赤纬圈垂直的大圆叫做赤经圈。常用的天球坐标有赤道坐标系和地平坐标系两种。

1. 赤道坐标系

赤道坐标系以天赤道QQ'为基本圈，以天子午圈的交点Q为原点的天球坐标系，PP'分别为北天极和南天极。由图2-6可见，通过PP'的大圆都垂直于天赤道。显然，通过

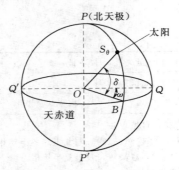

图 2-6 赤道坐标

P 和球面上的太阳（S_θ）的半圆也垂直于天赤道，两者相交于 B 点（图 2-6）。

在赤道坐标系中，太阳的位置 S_θ 由时角 ω 和赤纬角 δ 两个坐标决定。

（1）时角 ω。相对于圆弧 QB，从天子午圈上的 Q 点算起（即从太阳的正午起算），顺时针方向为正，逆时针方向为负，即上午为负，下午为正。通常以 ω 表示，它的数值等于离正午的时间（h）乘以 $15°$。

（2）赤纬角 δ。是地球赤道平面与太阳和地球中心的连线之间的夹角。赤纬角是由于地球绕太阳运行造成的现象，它随时间而变，因为地轴方向不变，所以赤纬角随地球在运行轨道上的不同点具有不同的数值。赤纬角以年为周期，在 $+23°27'$ 与 $-23°27'$ 的范围内移动，成为季节的标志。每年 6 月 21 日或 22 日赤纬角达到最大值 $+23°27'$ 称为夏至，该日中午太阳位于地球北回归线正上空，是北半球日照时间最长，南半球日照时间最短的一天。在南极圈中整天见不到太阳，而在北极圈内整天太阳不落，这样北半球就出现相对较热的天气，而南半球出现较冷的气候。随后赤纬角逐渐减少至 9 月 21 日或 22 日等于 $0°$ 时全球的昼夜时间均相等为秋分。至 12 月 21 日或 22 日赤纬角减至最小值 $-23°27'$ 为冬至，此时阳光斜射北半球昼短夜长而南半球则相反。当赤纬角又回到 $0°$ 时为春分即 3 月 21 日或 22 日，如此周而复始形成四季（图 2-7）。

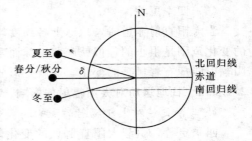

图 2-7 地球上太阳赤纬角的变化

赤纬角可用 Cooper 方程近似计算，即

$$\delta = 23.45\sin\left[\frac{2\pi(284+n)}{365}\right] \tag{2-1}$$

其中 n 为日期序号，例如，当日期为 1 月 1 日时，$n=1$，当日期为 3 月 22 日时，$n=81$。

【例 2-1】 计算 9 月 22 日的赤纬角。

解：9 月 22 日，$n=265$，代入式（2-1）得

$$\delta = -0.6°$$

一年中不同日期的赤纬角见表 2-2。

表 2-2 太 阳 赤 纬 角 δ（°）

日期	1 月	2 月	3 月	4 月	5 月	6 月	7 月	8 月	9 月	10 月	11 月	12 月
1	-23.1	-17.3	-7.9	4.2	14.8	21.9	23.2	18.2	8.6	-2.9	-14.2	-21.7
5	-22.7	-16.2	-6.4	5.8	16.0	22.5	22.9	17.2	7.1	-4.4	-15.4	-22.3
9	-22.2	-14.9	-4.8	7.3	17.1	22.9	22.5	16.1	5.6	-5.9	-16.6	-22.7

续表

日期	1 月	2 月	3 月	4 月	5 月	6 月	7 月	8 月	9 月	10 月	11 月	12 月
13	−21.6	−13.6	−3.3	8.7	18.2	23.2	21.9	14.9	4.1	−7.5	−17.7	−23.1
17	−20.9	−12.3	−1.7	10.2	18.1	23.4	21.7	13.7	2.6	−8.9	−18.8	−23.3
21	−20.1	−10.9	−0.1	11.6	20.0	23.4	20.6	12.4	1.0	−10.4	−19.7	−23.4
25	−19.2	−9.4	1.5	12.9	20.8	23.4	19.8	11.1	−0.5	−11.8	−20.6	−23.4
29	−13.2		3.0	14.2	21.5	23.3	19.0	9.7	−2.1	−13.2	−21.3	−23.3

2. 地平坐标系

人在地球上观看空中的太阳相对于地平面的位置时，太阳相对地球的位置是相对于地平面而言的，通常用高度角和方位角两个坐标决定，如图 2-8 所示。

在某个时刻，由于地球上各处的位置不同，因而各处的高度角和方位角也不同。

（1）天顶角 θ_S。

天顶角就是太阳光线 OP 与地平面法线 QP 的夹角。

（2）高度角 α_S。

高度角就是太阳光线 OP 与其在地平面上的投影 Pg 之间的夹角，它表示太阳高出水平面的角度。

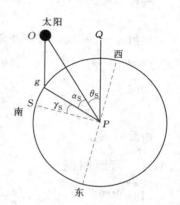

图 2-8　地平坐标系

高度角与天顶角的关系为

$$\theta_S + \alpha_S = 90° \qquad (2-2)$$

（3）方位角 γ_S。

方位角就是太阳光线在地平面上投影和地平面上的正南方向线之间的夹角。它表示太阳光线的水平投影偏离正南方向的夹角，取正南方向为起始点（即 0°），向西（顺时针方向）为正，向东为负。

2.1.3.2　太阳高度角的计算

高度角、天顶角和纬度、赤纬角及时角的关系为

$$\sin\alpha_S = \cos\theta_S = \sin\varphi\sin\delta + \cos\varphi\cos\delta\cos\omega \qquad (2-3a)$$

当 $\omega = 0$ 时，即正午太阳高度角 H 为：

$$H = 90° \pm (\varphi - \delta) \qquad (2-3b)$$

其中 φ 表示纬度，北半球取正值，南半球取负值；$\pm$ 表示 $\varphi > \delta$ 时取 $-$，$\varphi < \delta$ 时取 $+$。

【例 2-2】 计算上海地区 9 月 22 日中午 12 时和下午 3 时的太阳高度角。

解： 上海地区的纬度是 $\varphi = 31.12°$，由［例 2-1］得到 $\delta = -0.6°$

正午时的时角 $\omega = 0$，下午 3 时的时角 $\omega = 3 \times 15 = 45°$

正午太阳高度角由式（2-3b）得：

$$H = 90° \pm (\varphi - \delta) = 90° - (\varphi - \delta) = 90° - (31.12° + 0.6°) = 58.28°$$

下午 3 时的太阳高度角，根据式（2-3a）可得

$$\sin\alpha_S = \sin 31.12°\sin(-0.6°) + \cos 31.12°\cos(-0.6°)\cos 45° = 0.5998$$

由此可得 $\alpha_S = 36.86°$。

2.1.3.3　方位角 γ_S 的计算

方位角与赤纬角、高度角、纬度及时角的关系为

$$\sin\gamma = \frac{\cos\delta\sin\omega}{\cos\alpha_S} \tag{2-4}$$

【例 2-3】　计算上海地区 9 月 22 日 14 时的太阳方位角 γ_S。

解：由[例 2-1]可知，上海地区 9 月 22 日的 $\delta = -0.6°$，$\varphi = 31.12°$，$\omega = 2 \times 15 = 30°$

先由式（2-3a）求高度角

$$\sin\alpha_S = \sin 31.12°\sin(-0.6°) + \cos 31.12°\cos(-0.6°)\cos 30° = 0.7359$$

因此 $\alpha_S = 47.38°$，代入式（2-4）得到

$$\sin\gamma = \frac{\cos\delta\sin\omega}{\cos\alpha_S} = \frac{\cos(-0.6°)\sin 30°}{\cos 47.38°} = 0.738$$

由此可得 $\gamma_S = 47.6°$。

2.1.4　可照时间

（1）实照时间：太阳在一地实际照射的时数，也称日照。

（2）可照时间：测站在无任何遮蔽的条件下，太阳中心从某地的东方地平线到进入西方地平线其光线照射到地面所经历的时间，单位：h。

$$\cos\omega_S = -\tan\varphi\tan\delta \tag{2-5}$$

其中，ω_S 为日出、日落时角，由于 $\cos\omega_S = \cos(-\omega_S)$，所以对于某个地点，太阳的日出和日落时角相对于太阳正午是对称的。

$$可照时间 = 2\left|\frac{\omega_S}{15°}\right|$$

（3）在一般情况下测站地平线上均有高度不同的障碍物围绕，以及日出、日落时受大气层的影响，太阳直接辐照度小等原因，实照时数总是小于可照时数。

任务 2　太阳辐射量的计算

》》》【学习目标】

◇　掌握太阳辐射强度、太阳辐射光谱、太阳常数的概念。

◇　了解大气对辐射的吸收、辐射在大气中的减弱规律。

◇　理解太阳辐射强度随纬度和季节的变化规律。

◇　掌握到达地面的太阳辐射强度在水平面和倾斜面上的计算方法。

2.2.1　辐射和太阳辐射量的定义

（1）辐射的定义：物体以电磁波及粒子的形式放射或输送能量的过程。

（2）辐射的波动性：电磁波按照波长的不同顺序排列，称为电磁波谱。

（3）太阳辐射量：单位时间内，太阳以辐射形式发射的能量称为太阳辐射功率或辐射通量，单位是瓦（W）。太阳投射到单位面积上的辐射功率（辐射通量）称为辐射度或辐照度，单位是瓦/平方米（W/m^2）。在一段时间内（如每小时、每日、每月、每年等）太阳投射到单位面积上的辐射能量称为辐射量，单位是千瓦时/（平方米·日）[$kWh/(m^2 \cdot d)$]。由于历史的原因，有时还用到不同的单位制，需要进行单位换算，一般有以下几种：

1kWh=3.6MJ

1cal=4.1868J=1.16278mWh

$1MJ/m^2=23.889cal/cm^2=27.8Wh/cm^2$

$1kWh/m^2=85.98cal/cm^2=3.6MJ/m^2=100mWh/cm^2$

2.2.2 太阳辐射光谱和太阳常数

（1）太阳辐射光谱的定义：太阳辐射能量随波长的分布称为太阳辐射光谱。

（2）太阳辐射的波长范围：太阳辐射的波长范围很广，但其能量的绝大部分集中在0.17~4μm之间，其中可见光区占50%，红外区占43%，紫外区仅占7%（图2-9）。太阳最大辐射能力所对应的波长为0.475μm（相当于青光部分）。因此，一般称太阳辐射为短波辐射。观测表明，太阳辐射光谱不是严格连续光谱，其中有两万多条吸收暗线。当太阳辐射经过地球

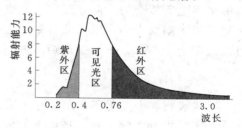

图2-9 太阳辐射的波长范围

大气时，由于地球大气的吸收作用，使太阳光谱发生很大变化。非晶硅具有较高的太阳吸收系数。特别是在0.3~0.75μm的可见波段，它的吸收系数比单晶硅要高出一个数量级。因此它比单晶硅对太阳辐射能的吸收率要高出40倍左右。

（3）太阳常数：考虑大气上界的太阳辐射照度随日地距离的变化有所不同，规定当日地间处于平均距离时，大气上界垂直于太阳光线的平面上单位面积单位时间内接受的太阳辐射能量（辐射通量密度）作为标准值，称为太阳常数（S_0），或称大气质量0（AM0）的辐射。为了得到大气外界的太阳辐射光谱，在20世纪60年代以后，采用了多种高空观测手段，如用气球、飞机、火箭等进行观测，70年代以后，借助卫星观测，可以直接得到没有地球大气影响的太阳辐射光谱。对于S_0的测量和计算，因观测方法、观测地点的不同以及太阳活动的变化，世界各地区曾采用不同的数值。1981年，世界气象组织公布了太阳常数的最佳值是

$$S_0=1367\pm7W/m^2$$

常取$S_0=1367W/m^2$。根据太阳常数，可以求得太阳的有效温度$T_0=5777K$，T_0和太阳色温T_C不一致，这说明太阳并非严格的绝对黑体。

2.2.3　到达大气上界的太阳辐照度

1. 大气上界的太阳辐射强度取决于太阳的高度角、日地距离和日照时间

（1）太阳高度角愈大，太阳辐射强度愈大。因为同一束光线，直射时，照射面积最小，单位面积获得的太阳辐射最多；反之，斜射时，照射面积大，单位面积获得的太阳辐射少。太阳高度角因时因地而异。一日之中，太阳高度角正午大于早晚，夏季大于冬季，低纬地区大于高纬度地区。

（2）日地距离是指地球环绕太阳公转时，由于公转轨道呈椭圆形，日地之间的距离不断变化。地球上获得的太阳辐射强度与日地距离的平方成反比。地球位于近日点时，获得的太阳辐射大于远日点。据研究，1月初地球通过近日点时，地表单位面积上获得的太阳辐射比7月初通过远日点时多7%。

（3）太阳辐射强度与日照时间成正比。日照时间的长短，随纬度和季节变化。

2. 太阳辐射日总量

一年中，地球位于日地平均距离的时间是很少的，要应用大气上界的太阳辐照度，可以根据太阳常数来求得。若 S_0 为太阳常数，以 S' 表示任意时刻大气上界与阳光相垂直的平面上所接受的太阳辐照度。r_0 表示日地平均距离，r 为任意时刻的日地距离。因为通过以太阳为中心，以任意时刻的日地距离 r 为半径的球面的太阳辐射总通量是与通过以太阳为中心，以日地平均距离 r_0 为半径的球面的太阳辐射总通量是相等的。

$$S' = S_0 \left(\frac{r_0}{r} \right)^2 \tag{2-6}$$

上式表明，大气上界与阳光相垂直的表面上的太阳辐照度是与日地距离的平方成反比。对于投射到大气上界水平面上的太阳辐照度（S'），它不仅与日地距离有关，而且还取决于太阳高度角（h）。

太阳辐射日总量是地理纬度、太阳赤纬角和日出（或日落）的时角的函数，计算公式如下：

$$H_0 = \frac{24 \times 3600}{\pi} \gamma S_0 \left(\frac{\pi \omega_s}{180°} \sin\varphi \sin\delta + \cos\varphi \cos\delta \cos\omega_s \right) \tag{2-7}$$

式中　ω_s——日出、日落时角，可根据公式（2-5）计算；

　　　γ——日地距离变化引起大气层上界的太阳辐射通量的修正值，由公式（2-8）计算。

$$\gamma = 1 + 0.033 \cos\frac{360° n}{365} \tag{2-8}$$

式中　n——一年中的日期序号。

上式表明日总量取决于水平面上的太阳辐照度和可照时间的长短（若给出地理位置和日期），其变化规律总结如下：

（1）北回归线以北的任一纬度上，一年中太阳辐射日总量夏至日最大，冬至日最小，这是因为北半球那些地区夏至日太阳高度角最大，白昼也最长，冬至日太阳高度角最小，白昼也最短的缘故。而在南回归线以南的南半球各纬度上，一年中太阳辐射日总量冬至日最大，夏至日最小。

（2）北极地区（66°33′N以北），夏季有极昼，冬季有极夜；南半球相反。这是由于地球公转时，地轴倾斜方向不变，而且与公转轨道面始终为66°33′夹角之故，所以北极地区太阳辐射日总量夏季最大，冬季为零；而南极地区相反。

（3）在南北回归线之间的地区，一年中太阳高度角相差不大，所以太阳辐射日总量一年中差异不大。但在极地附近，因有极昼和极夜出现，因此太阳辐射日总量的差异较大。

（4）南北半球接受的太阳辐射日总量的分布是不对称的。例如南半球 $40MJ/(m^2 \cdot d)$ 的等值线伸展到的纬度比北半球低，这是因为当太阳直射南半球时，日地距离较近，而太阳直射北半球时，日地距离较远的缘故。也就是说，南半球的夏季日地距离比北半球的夏季日地距离要近。

太阳辐射日总量随时间的变化和地理分布的特点是决定气温的日、年变化及纬度变化的主要因子。

【例 2－4】　试计算北纬43°处4月15日大气层上界水平面上的太阳辐射日总量 H_0。

解：由表2-2可知，4月15日的 $n=105$，$\delta=9.41°$

$$\cos\omega_s = -\tan43°\tan9.41° = -0.9325 \times 0.1657 = -0.1545$$

由此可得 $\omega_s = 98.9°$

$$\gamma = 1 + 0.033\cos\frac{360° \times 105}{365} = 0.9923$$

$$H_0 = \frac{24 \times 3600}{\pi} \times 0.9923 \times 1367\left(\frac{\pi \times 98.9°}{180°}\sin43°\sin9.4° + \cos43°\cos9.4°\cos98.9°\right)$$
$$= 33.8 \ (MJ/m^2)$$

2.2.4　太阳辐射在大气中的削减

太阳辐射在通过大气到达地面的过程中，要受到削弱。这种削弱，主要是大气对太阳辐射的吸收、散射及云层的反射作用所造成的（图2-10）。

1. 大气对太阳辐射的吸收

大气对太阳辐射的吸收带均位于太阳光谱两端能量较小的区。臭氧能强烈吸收波长较短的紫外辐射，水汽和 CO_2 主要吸收波长较长的红外辐射。由此可见，大气吸收作用对太阳辐射减弱不大。大气因吸收太阳辐射而增温也不显著。

2. 大气对太阳辐射的散射

太阳辐射通过大气遇到空气分子、微尘、云滴等质点时，以质点为中心向四周传播，称为散射。散射可以改变辐射的方向，从而使到达地表的太阳辐射减弱。散射也有选择性，当

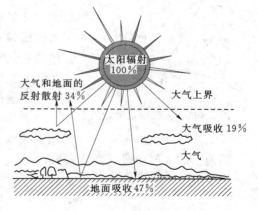

图 2-10　到达地面的太阳辐射

散射质点的直径小于辐射波长时，太阳辐射波长愈短，散射愈强。可见光中蓝光、紫光的波长最短，最容易被空气分子散射。雨过天晴，天空呈蔚蓝色，就是这个原因。当散射质

点的直径大于辐射波长时，各种波长同时被散射，则天空呈灰白色（混合光）。

3. 大气对太阳辐射的反射

太阳辐射穿越大气层，遇到云层或较大颗粒尘埃时，使其一部分反射回空间，从而使太阳辐射被削弱。云层对太阳辐射有强烈的反射作用，其反射能力决定于云的厚薄。薄云的反射率为10%～20%，厚云的反射率可达90%，平均反射率为50%～55%（表2-3）。

表2-3　　　　　　　　　　　　不 同 云 的 反 射 率

云	高云	中云	低云	厚云
反射率	25%	50%	65%	90%

以上三种作用以反射最重要，散射次之，吸收作用最小。由于大气对太阳辐射的吸收、散射、反射作用，使得到达地表的太阳辐射明显减弱。若以到达大气上界的太阳辐射为100%，其中约有34%因反射、散射而返回宇宙空间，19%被大气吸收，仅有47%到达地表。其次，由于大气对太阳辐射的吸收和散射具有选择性，所以通过大气层之后，太阳辐射能随波长的分布变得不规则了。

4. 太阳辐射穿过大气时的减弱规律

太阳辐射通过大气时所产生的削弱作用，通常都是散射和吸收综合作用的结果。

（1）单色辐射的削弱。

削弱能力可以用削弱系数来表示。削弱系数越大，说明气层吸收和散射的能力越强。削弱系数的大小和很多因子有关，一般来说，它正比于空气密度。单色辐射透过大气的减弱规律称为皮尔定律。根据皮尔定律，太阳辐射在穿过大气的过程中，其减弱是遵循指数变化规律的，所穿过的大气量愈大，则减弱愈多。同时与大气透明度有关，大气透明度愈小，则减弱得愈多。

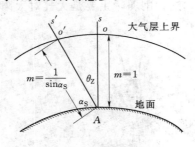

图2-11　大气质量示意图

大气质量 m：太阳与天顶轴重合时，太阳光线穿过一个地球大气层的厚度，路程最短。太阳光线的实际路程与此最短路程之比称为大气质量，并假定在1个标准大气压和0℃时，海平面上的太阳光线垂直入射时 $m=1$。因此，大气上界的大气质量 $m=0$。太阳在其他位置时，大气质量都大于1，如 $m=1.5$ 时，通常写为 AM1.5。大气质量如图2-11所示。

大气质量越大，说明光线经过大气的路程越长，受到衰减越多，到达地面的能量就越少。

地面上的大气质量计算公式为：

$$m = \frac{1}{\sin\alpha_S} \times \frac{P}{P_0} \tag{2-9}$$

$$\frac{P}{P_0} = (1 - 2.26 \times 10^{-5} \times \tau)^{5.25} \tag{2-10}$$

式中　P_0——标准大气压；

　　　P——所在地大气压；

τ——当地海拔，m。

大气透明系数 F：表征大气对太阳光线透过程度的一个参数。定义为：当 $m=1$ 时，到达地面与太阳光垂直面上的太阳辐射通量密度 S 与大气上界太阳常数 S_0 之比，即：

$$F = \frac{S}{S_0} \qquad\qquad (2-11)$$

（2）总辐射的削弱。

太阳辐射穿过大气的过程中，其波谱成分在不断地变化，即短波成分不断地因散射而相对地减少，也就是说对全辐射的透明系数将不断地增大。

2.2.5　到达地面的太阳辐射

到达地面的太阳辐射包括了直接投射到地面上的直接辐射和以散射的形式到达地面的散射辐射两部分。

1. 直接辐射

太阳以平行光线的形式，投射到地面上的那一部分辐射能，称为直接辐射。通常以到达水平面上的太阳直接辐射的辐照度来表示直接辐射的大小。

由于太阳常数的变化很小，即日地距离的变化影响不大，所以太阳直接辐射的大小主要由太阳高度角和大气透明度所决定。

直接辐射随太阳高度角的加大而增加。一方面是由于太阳高度角愈小时，等量的太阳辐射能散布的面积愈大，则单位面积上接受的能量就愈少；另一方面，因为太阳高度角愈小时，太阳光穿过的大气层就愈厚，大气对太阳辐射的减弱作用就愈强，所以到达地面的辐射能就愈少。

直接辐射随着大气透明系数的改变而改变，当大气中的杂质、水汽等含量愈多时，太阳辐射被削弱得愈多，最明显的是它影响直接辐射的日变化。在无云的天气条件下，一天中直接辐射一般是中午最大，最小值是在日出日落时刻。但有时午后对流的发展，把水汽和灰尘带到上空，使大气透明系数变小，导致直接辐射对正午而言不对称，午后小于午前。另外，云与雾的反射作用，也使直接辐射减少。

直接辐射也有显著的年变化，这种变化主要取决于太阳高度角的年变化。对一个地区来说，一年中直接辐射夏季最大，冬季最小。但由于盛夏时，大气中的水汽含量增加，云量增多，也能使直接辐射减弱得较多，使得直接辐射的月平均值的最大值不出现在盛夏，而出现在春末夏初的季节。

直接辐射还随纬度而改变。冬半年北半球由于太阳高度和太阳可照时间随纬度的增高而减少。夏半年，虽然每天太阳的可照时间随纬度的增高而增长，在极地地区还有永昼现象，但高纬地区由于太阳高度角比较小，所以直接辐射量仍然不大，加上云和透明系数的影响，全年直接辐射的最大值出现在北回归线附近。

2. 散射辐射

太阳辐射在通过大气时受到散射，其中散射向地面的那一部分能量以及云层等向地面反射的一部分太阳辐射，统称为太阳漫射辐射，习惯上称散射辐射。所以散射辐射可以说是地平面上每单位时间在单位面积上接受到的来自天空一切方向的散射辐射及反射的短波辐射量（S_n）。

散射辐射是一种短波辐射，其能量的分布，比直接辐射更集中于短波较短的光谱区。散射辐射的大小也与太阳高度角、大气透明程度有关，当太阳高度角增大时，直接辐射增加，散射辐射也增大。在太阳高度角一定的情况下，大气透明度小时，散射质点多，散射辐射增强；反之，大气透明度大时，散射辐射减弱。散射辐射还与云量、云状有关。一般散射辐射随卷云、卷积云及高积云的增多而增强。但当云层很厚时，由于直接辐射被削弱得太多，而且被云层上部散射的辐射又不能通过云层到达地面，所以散射辐射可能比晴天小。另外，积雪也能使散射辐射增强，因为投射到雪面上的太阳辐射，平均有 60% 被反射回大气，这一部分太阳辐射可再次受到散射，使散射辐射增大。

散射辐射的日、年变化也主要决定于太阳高度角的变化。所以一天中散射辐射的最大值出现在中午前后，一年中散射辐射的最大值出现在夏季。

3. 总辐射

同时到达地面（水平面）的太阳直接辐射和散射辐射之和，称为总辐射。

显然，总辐射量的大小取取决于直接辐射和散射辐射。也就是说它与太阳高度角、大气透明系数、云量等因素有关，但主要决定于直接辐射。

在晴朗的日子，总辐射的日变化与太阳直接辐射的日变化基本一致。在一天中，总辐射在夜间为零，天亮后逐渐增加，正午达最大，午后又逐渐减小。在有云时总辐射可能加大，也可能减小。如果云量不多，并且太阳又不为云所遮蔽时，总辐射都大于碧空时的值。但当全部天空都有云时，总辐射比碧空时值小得多。平均来说，云量总是使总辐射减小，当然，云量、云状和云厚不同时，总辐射减小的程度是不一样的。

总辐射的年变化情况与太阳直接辐射的年变化基本一致，中高纬度地区最大值出现在夏季月份，最小值出现在冬季月份；赤道地区，一年中有两个最大值分别出现在春分和秋分。

总辐射的日总量随纬度的分布，一般由高纬向低纬增加，在春分日（或秋分日），最大值出现在赤道，由赤道向两极减小。在夏至日和冬至日，最大值分别出现在北纬和南纬30°附近。而且夏至日北半球各纬度上的值比冬至日南半球对应纬度上的值略小。这是由于地球在夏至日接近远日点，冬至日接近近日点的缘故。总辐射的年总量随纬度的降低而增大，但由于赤道附近云多，对太阳辐射削弱得多，因此总辐射年总量最大值并不出现在赤道，而是出现在纬度 20°附近。

4. 地面对太阳辐射的反射

直接辐射和散射辐射到达地面时，将要受到地面的反射。对于研究地面的辐射能收入来说，必须知道地面的反射辐射的能力。地面的反射辐射能力可以用反射率来表示。对于不同性质的下垫面，其反射率的大小是不一样的。

反射率与地面状况、颜色、粗糙度、不同的植被和土壤性质等因素有关。雪面是强烈的反射体，反射率的变化很大，清洁、紧密的新雪面反射率最大可达 95%。水面的反射率与太阳光线的入射角有很大关系，入射角越大（太阳高度角越小），水面的反射率就越大。裸地的反射率最小，植物的覆盖可使反射率减小。另外土壤表面的反射率随土壤湿度的增大而减小。

地面的反射率一般来说，是有日、年变化的。反射率的日变化主要与太阳高度角有关，在大多数情况下，反射率随太阳高度角的减小而增大，故一天中，中午前后的反射率最小。反射率的年变化，主要与下垫层的覆盖物性质的变化有关。不同地面状况的反射率见表2-4。

表2-4 不同地面状况的反射率（%）

地面类型	反射率	地面类型	反射率	地面类型	反射率
积雪	70~85	浅色草地	25	浅色硬土	35
沙地	25~40	落叶地面	33~38	深色硬土	15
绿草地	16~27	松软地面	12~20	水泥地面	30~40

2.2.6 地面倾斜面上的太阳辐射

太阳辐射的直散分离原理、布格-朗伯定律和余弦定律是三条最基本的定律。

1. 直散分离原理

大地表面（即水平面）和方阵面（即倾斜面）上所接收到的辐射量均符合直散分离原理，只不过大地表面所接收到的辐射量没有地面反射分量，而太阳能电池方阵面上所接收到的辐射量包括地面反射分量：

$$Q_p = S_p + D_p$$
$$Q_T = S_T + D_T + R_T \tag{2-12}$$

式中　Q_p——水平面总辐射；

　　　S_p——水平面直接辐射；

　　　D_p——水平面散射辐射；

　　　Q_T——倾斜面总辐射；

　　　S_T——倾斜面直接辐射；

　　　D_T——倾斜面散射反射；

　　　R_T——倾斜面地面反射。

2. 布格-朗伯定律

当大气透明系数为F，太阳辐射穿过m个大气质量后，到达地表垂直于太阳光线平面上的太阳辐射通量密度为

$$S'_D = S_0 F^m \tag{2-13}$$

式中　S_0——太阳常数，取$1367W/m^2$；

　　　S'_D——直接辐射强度；

　　　F——大气透明系数［见式（2-11）］；

　　　m——大气质量［见式（2-10）］。

3. 余弦定律

$$S'_P = S'_D \sin\alpha_S \tag{2-14}$$
$$S'_T = S'_D \cos\theta_T \tag{2-15}$$

式中　S'_P——水平面上的直接辐照度；

S'_T——倾斜方阵面上的直接辐照度；

θ_T——直射太阳光入射角，根据下列公式计算：

$$\cos\theta_T = \sin\delta\sin\varphi\cos Z - \sin\delta\cos\varphi\sin Z\cos\gamma \qquad (2-16)$$

式中　Z——太阳能电池方阵倾角；

γ——太阳能电池方阵的方位角。

$$D'_T = D'_P \frac{1+\cos Z}{2} \qquad (2-17)$$

$$R'_T = \rho Q'_P \frac{1-\cos Z}{2} \qquad (2-18)$$

式中　D'_T——倾斜面上的散射辐照度；

D'_P——水平面上的散射辐照度；

R'_T——倾斜面上的反射辐照度；

ρ——地面反射率（见表2-4）；

Q'_P——水平面上的总辐照度。

倾斜方阵面上的各种辐照度Q'_T可计算为

$$Q'_T = S'_T + D'_T + R'_T \qquad (2-19)$$

在实际的设计方案中，在倾角确定后可以使用专用计算机辅助设计软件进行倾斜面太阳辐射的计算，如 PVCAD 软件或 RETScreen 设计软件等。

如果手头没有计算机软件，可以由水平面辐射量估算太阳能电池方阵面上的辐射量。一般来讲，固定倾角太阳能电池方阵面上的辐射量要比水平面辐射量高 5%～15%。直射分量越大，纬度越高，倾斜面比水平面增加的辐射量越大。

本　章　小　结

　　本学习情境从太阳辐射强度和日地关系入手，分析了日地运动引起的昼夜及四季变化对太阳辐射强度的变化。引入了太阳高度角、太阳常数的概念，分析了太阳辐射在大气中的削减规律和到达地面的太阳辐射强度在水平面和倾斜面上的计算方法。

　　要求学生熟悉太阳高度角、太阳常数的概念，掌握到达地面的太阳辐射强度在水平和倾斜面上的计算方法。

习　题　2

2-1　什么是太阳高度角，一天当中什么时间太阳高度角最大，最大是多少？

2-2 什么是太阳常数，世界气象组织推行的太阳常数取值为多少？

2-3 太阳辐射在大气中削减的规律是什么？

2-4 太阳辐射最基本的三条定律是什么？

实 训 项 目 2

题目：太阳辐射的测算

1. 实训目的

（1）掌握太阳辐射强度的计算方法。

（2）了解什么是太阳高度角以及如何测量。

（3）通过观测太阳在天空的运动轨迹，地面影子长短的变化，培养学生的观察能力。

2. 实训内容及设备

（1）实训内容：

1）太阳高度角的测量与计算——立杆测影法。

2）太阳辐射强度的计算。

（2）实训设备：手表、标杆、圆规、记号笔、记录纸。

3. 实训步骤

（1）编写实训任务书。

（2）准备实训工具。

（3）用立竿测影法测量当地正午太阳高度角：

1）测定前，将时间工具校准为北京时间。

2）在晴天正午前30～60min立杆，杆要垂直于地面，立于平坦开阔的地面，立杆处标记为 O。

3）硬纸板上杆影顶点记为 A。

4）以 O 为圆心，OA 为半径作半圆。

5）正午后30～60min，记录下日影刚好落在所画半圆瞬间位置 B。

6）作 $\angle AOB$ 的平分线 OC，OC 为当地经线，保持装置不受移动。

7）第二日，记录日影刚好与 OC 重合的时刻 t，为当地正午地方时。

8）标记 t 时杆影顶点 P，并测量 OP 的长度。

9）应用三角函数计算杆所在直线与杆影之间的夹角，该夹角为该地次日正午太阳高度角（图2-12）。

（4）根据公式计算当地太阳辐射强度。

$$S'_P = S'_D \sin\alpha_S$$

5. 实训报告

（1）实训任务书。

（2）实训报告书。

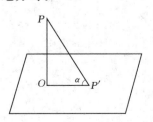

图2-12 正午太阳高度角
测算示意图

5. 实训记录与分析（表2－5）

表2－5 实验记录分析表

日　期			
时间 t			
OP'（cm）			
α_S（°）			
α_S（°）理论值			
S'_P（W/m²）			

6. 问题讨论

（1）理论值和测量值误差原因分析。

（2）纬度对太阳高度角的影响是什么？

（3）如何安装太阳能电池方阵可以提高方阵面上的太阳辐射强度？

技能考核（参考表2－6）

（1）观察事物的能力。

（2）操作演示能力。

表2－6 考核记录表

考核要求	考核等级	评语
熟悉系统构成，准确描述	优	
熟悉系统构成，描述不充分	良	
了解系统构成，能够描述	中	
了解系统构成，不能描述	及格	
不了解系统构成，不能描述	不及格	

学习情境 3　太阳能电池方阵组合

◆ 掌握太阳能电池的相关知识。
◆ 掌握太阳能电池方阵的相关知识。
◆ 掌握屋顶式太阳能电池方阵的组合。
◆ 掌握地面式太阳能电池方阵的组合。

【教学要求】

知识要点	能力要求	相关知识	所占分值（100分）	自评分数
太阳能电池的工作原理、主要性能参数	掌握太阳能电池主要性能参数的测试方法	半导体基础知识、光伏学知识	20	
太阳能电池方阵的构成	掌握太阳能电池方阵组合的基本方法	电气测量及安全的相关知识	20	
屋顶太阳能电池方阵的组合	掌握屋顶太阳能电池方阵设计安装的方法	建筑材料、建筑结构的相关知识	30	
地面太阳能电池方阵组合	掌握地面太阳能电池方阵设计安装的方法	支架材料的相关知识	30	

任务 1　太阳能电池的认知

【学习目标】

◇ 熟悉太阳能电池的分类及各自特点。
◇ 掌握太阳能电池的工作原理、电气特性。
◇ 掌握太阳能电池组件的结构。
◇ 了解太阳能电池组件的封装工艺。

3.1.1　太阳能电池的分类

太阳能电池又称为"太阳能芯片"或"光电池",是一种利用太阳光直接发电的光电半导体薄片。它只要被光照到,瞬间就可输出电压及电流。在物理学上称为太阳能光伏(Photovoltaic,缩写为 PV),简称光伏。迄今为止,人们已研究了 100 多种不同材料、不同结构、不同用途和不同形式的太阳能电池,由于种类繁多,可以有多种分类方法。

3.1.1.1　按材料分类

根据所用材料的不同,可分为硅太阳能电池和化合物太阳能电池。

1. 硅太阳能电池

硅太阳能电池分为单晶硅太阳能电池、多晶硅薄膜太阳能电池和非晶硅薄膜太阳能电池三种。

(1) 单晶硅太阳能电池。

转换效率最高,技术也最为成熟。在实验室里最高的转换效率为 24.7%,规模生产时的效率为 15%(截至 2011 年,为 18%)。在大规模应用和工业生产中仍占据主导地位,但由于单晶硅成本价格高,大幅度降低其成本很困难,为了节省硅材料,发展了多晶硅薄膜和非晶硅薄膜作为单晶硅太阳能电池的替代产品。

(2) 多晶硅薄膜太阳能电池。

与单晶硅比较,成本低廉,而效率高于非晶硅薄膜电池,其实验室最高转换效率为18%,工业规模生产的转换效率为 10%(截至 2011 年,为 17%)。因此,多晶硅薄膜电池不久将会在太阳能电池市场上占据主导地位。

(3) 非晶硅薄膜太阳能电池。

成本低重量轻,转换效率较高,便于大规模生产,有极大的潜力。但受制于其材料引发的光电效率衰退效应,稳定性不高,直接影响了它的实际应用。目前规模化生产的商品非晶硅电池转换效率多在 5%～8%左右。如果能进一步解决稳定性问题及提高转换率问题,那么,非晶硅太阳能电池无疑是太阳能电池的主要发展产品之一。

(4) 微晶硅薄膜电池。

微晶硅薄膜是介于非晶硅和单晶硅之间的一种混合相无序半导体材料,是由几十到几百纳米晶硅颗粒镶嵌在非晶硅薄膜中所组成,它兼备了非晶硅和单晶硅的优点,被认为是制作太阳能电池的优良材料。目前微晶硅和非晶硅的叠层太阳能电池转换效率已经达到14%。然而由于微晶硅薄膜中含有大量的非晶硅,所以不能像单晶硅那样直接形成 PN结,而必须做成 PIN 结。因此,如何制备获得缺陷密度很低的本征层,以及在温度比较低的工艺条件下制备非晶硅含量很少的微晶硅薄膜,是今后进一步提高微晶硅太阳能电池转换效率的关键。

2. 多元化合物太阳能电池

多元化合物太阳能电池不是用单一元素半导体材料制成的太阳能电池。常见的在薄膜太阳能电池材料中加入了无机盐,其主要包括砷化镓Ⅲ-Ⅴ族化合物、碲化镉、硫化镉及铜铟硒薄膜电池等。

硫化镉、碲化镉多晶薄膜电池的效率较非晶硅薄膜太阳能电池效率高,成本较单晶硅电池低，并且也易于大规模生产，但由于镉有剧毒，会对环境造成严重的污染，因此，并不是晶体硅太阳能电池最理想的替代产品。

砷化镓（GaAs）Ⅲ-Ⅴ化合物电池的转换效率可达28%，GaAs化合物材料具有十分理想的光学带隙以及较高的吸收效率，抗辐照能力强，对热不敏感，适合于制造高效单结电池。但是GaAs材料的价格不菲，因而在很大程度上限制了GaAs电池的普及。

铜铟硒薄膜电池（简称CIS）适合光电转换，不存在光致衰退问题，转换效率和多晶硅一样。具有价格低廉、性能良好和工艺简单等优点，将成为今后发展太阳能电池的一个重要方向。唯一的问题是材料的来源，由于铟和硒都是比较稀有的元素，因此，这类电池的发展又必然受到限制。

有机化合物太阳能电池以有光敏性质的有机物作为半导体材料，以光伏效应而产生电压形成电流。有机太阳能电池按照半导体的材料可以分为单质结构、PN异质结构和染料敏化纳米晶结构。根据有关调查数据，有机太阳能电池的成本平均只有硅太阳能电池的10%～20%；然而，目前市场上的有机太阳能电池的光电转换效率最高只有10%，这是制约其全面推广的主要问题。因此，如何提高光电转换率是今后应该解决的重点问题。

3.1.1.2　按工作方式分类

1. 平板太阳能电池

通常的单晶硅和多晶硅太阳能电池都是平板太阳能电池（图3-1）。

2. 聚光太阳能电池

聚光型太阳能电池可通过使用透镜将光聚集到狭小的面积上来提高发电效率（图3-2）。不过因聚光引起的温度上升会损伤太阳能电池单元及发电系统，因此往往必须要抑制聚光率才可以。聚光型太阳能电池假如使用聚光倍率为1000倍的透镜时，单位模块的太阳能电池单元的成本可降至结晶硅类电池

图3-1　平板太阳能电池

单元的1/10左右，而所需的面积仅硅晶圆的1/2.5。另外，聚光型太阳能电池必须要在位于透镜焦点附近时才能发挥功能，因此为使模块总是朝向太阳的方位，必须搭配使用太阳追踪系统，此设计虽然可以提高转换效率，但却存在透镜、聚光发热释放槽以及太阳光追踪系统的重量及体积较大等问题。

图3-2　聚光太阳能电池

3. 分光太阳能电池

某种四结分光太阳能电池就是利用分光装置将太阳光谱分为高能区和低能区，在高能区用一个单结电池匹配高能段光谱，而低能区通过三结级联结构匹配低能段光谱，实现对太阳光全光谱光能量的吸收转换。通过采用分光装置和三加一结的太阳能电池结构，吸收利用与材料带隙宽度相匹配的太阳光谱波段，减小光电转换中的热能损耗，更大限度地实现太阳光全光谱的吸收和能量转换，从而提高光电转换效率。

3.1.1.3 按用途分类

1. 空间太阳能电池

空间太阳能电池是指在人造卫星、宇宙飞船等航天器上应用的太阳能电池。由于使用环境特殊，要求太阳能电池具有效率高、重量轻、耐高低温冲击、抗高能粒子辐射强等性能，而且制作精细，价格也较高。

2. 地面太阳能电池

地面太阳能电池是指用于地面光伏发电系统的太阳能电池。这是目前应用最为广泛的太阳能电池，要求其耐风霜雪雨的侵袭，有较高的功率性价比，具有大规模生产的工艺可行性和充裕的原材料来源。

3. 光敏传感器

光照射在太阳能电池上时，太阳能电池两极之间就能直接产生电压，连成回路，就有电流流过，光照强度不同，电流大小也不一样，因此可以作为光敏传感器使用。

3.1.2 太阳能电池的工作原理

太阳能发电有两种方式，一种是光—热—电转换方式，另一种是光—电直接转换方式。

1. 光—热—电转换

光—热—电转换方式通过利用太阳辐射产生的热能发电，一般是由太阳能集热器将所吸收的热能转换成工质的蒸汽，再驱动汽轮机发电。前一个过程是光—热转换过程；后一个过程是热—电转换过程，与普通的火力发电一样。太阳能热发电的缺点是效率很低而成本很高，估计它的投资至少要比普通火电站贵 5~10 倍。一座 1000MW 的太阳能热电站需要投资 20 亿~25 亿美元，平均 1kW 的投资为 2000 亿~2500 亿美元。因此，只能小规模地应用于特殊的场合，而大规模利用在经济上很不合算，还不能与普通的火电站或核电站相竞争。

2. 光—电直接转换

太阳能电池发电是根据特定材料的光电性质制成的。黑体（如太阳）辐射出不同波长（对应于不同频率）的电磁波，如红外线、紫外线、可见光等。当这些射线照射在不同导体或半导体上，光子与导体或半导体中的自由电子作用产生电流。射线的波长越短，频率越高，所具有的能量就越高，例如紫外线所具有的能量要远远高于红外线。但是并非所有波长的射线的能量都能转化为电能，值得注意的是光电效应与射线的强度大小无关，只有频率达到或超越可产生光电效应的阈值时，电流才能产生。能够使半导体产生光电效应的光的最大波长同该半导体的禁带宽度相关，譬如晶体硅的禁带宽度在室温下约为

1.155eV，因此只有波长小于 1100nm 的光线才可以使晶体硅产生光电效应。

    3. 晶体硅太阳能电池的结构

通常我们所讲的光伏发电就是指光—电直接转换型。下面以典型的晶体硅太阳能电池的结构为例（图 3-3），进一步说明太阳能电池的基本工作原理。

太阳能电池的基本构造是运用 P 型与 N 型半导体结合而成的，这种结构称为一个 PN 结。

当太阳光照射到一般的半导体（例如硅）时，会产生电子与空穴对，但它们很快地便会结合，并且将能量转换成光子或声子（热），因此电子与空穴的生命期甚短；在 P 型中，由于具有较高的空穴密度，光产生的空穴具有较长的生命期，同理，在 N 型半导体中，电子有较长的生命期。

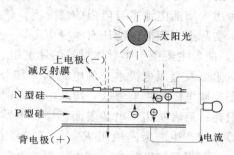

图 3-3　典型的晶体硅太阳能电池的结构图

在 PN 半导体结合处，由于有效载流子浓度不同而造成的扩散，将会产生一个由 N 指向 P 的电场，因此当光子被结合处的半导体吸收时，所产生的电子将会受电场作用而移动至 N 型半导体处，空穴则移动至 P 型半导体处，因此便能在两侧累积电荷，若以导线连接，则可产生电流，这就是太阳能电池发电的原理。简单地说，太阳光电的发电原理，是利用太阳能电池吸收 $0.4 \sim 1.1\mu m$ 波长（针对硅晶）的太阳光，将光能直接转变成电能输出的一种发电方式。

硅太阳能电池的一般制成 P^+/N 型结构或 N^+/P 型结构，P^+ 和 N^+，表示太阳能电池正面光照层半导体材料的导电类型；N 和 P，表示太阳能电池背面衬底半导体材料的导电类型。在太阳光照射时，太阳能电池输出电压的极性以 P 型侧电极为正，N 型侧电极为负。

3.1.3　太阳能电池的电学特性

3.1.3.1　标准测试条件

    1. 国际上统一规定地面太阳能电池标准

    （1）AM1.5 地面太阳光谱辐照度分布。

    （2）光源光谱辐照度：$1000W/m^2$。

    （3）测试温度：$25 \pm 2℃$。

    （4）输出功率误差：$\pm 5\%$。

    2. 航天用太阳能电池的标准测试条件

    （1）AM0 标准的太阳光谱辐照度分布。

    （2）光源的光谱辐照度：$1367W/m^2$。

    （3）测试温度：$25 \pm 1℃$。

3.1.3.2　太阳能电池的等效电路

为了描述电池的工作状态，往往将电池及负载系统用一个等效电路来模拟。

    （1）恒流源：在恒定光照下，一个处于工作状态的太阳能电池，其光电流不随工作状态而变化，在等效电路中可把它看做是恒流源，产生的光生电流为 I_L。

（2）暗电流 I_{bk}：光电流一部分流经负载 R_L，在负载两端建立起端电压 U，反过来，它又正向偏置于 PN 结，引起一股与光电流方向相反的暗电流 I_{bk}。

这样，一个理想的 PN 同质结太阳能电池的等效电路就被绘制成如图 3－4 所示。在不考虑太阳能电池本身电阻的情况下，该等效电路如图 3－4（a）所示。

实际上太阳能电池还有本身电阻，一类是串联电阻，另一类是并联电阻（又称旁路电阻），前者主要由于半导体材料的体电阻、金属电极与半导体材料的接触电阻、扩散层横向电阻以及金属电极本身的电阻四个部分产生，描述为串联电阻 R_s，其中扩散层横向电阻是串联电阻的主要形式，串联电阻通常小于 1Ω，流经负载的电流经过它们时，必然引起损耗；后者是由于电池表面污染、半导体晶体缺陷引起的边缘漏电或耗尽区内的复合电流等原因产生的旁路电阻 R_{sh}，一般为几千欧，该电阻使一部分本应通过负载的电流短路。于是得到实际的太阳能电池等效电路图 3－4（b）。

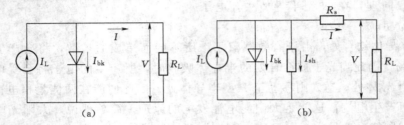

图 3－4 太阳能电池等效电路图

当流进负载 R_L 的电流为 I，负载 R_L 的端电压为 U 时，可得：

$$I = I_L - I_{bk} - I_{sh} = I_L - I_0 \left(e^{q(U-IR_s)/AkT} - 1 \right) - \frac{I(R_s + R_L)}{R_{sh}} \tag{3-1}$$

$$U = IR_L$$

$$P = IU = \left[I_L - I_0 (e^{q(U-IR_s)/AkT} - 1) - \frac{I(R_s + R_L)}{R_{sh}} \right] U$$

$$= \left[I_L - I_0 (e^{q(U-IR_s)/AkT} - 1) - \frac{I(R_s + R_L)}{R_{sh}} \right]^2 R_L \tag{3-2}$$

3.1.3.3 太阳能电池的主要技术参数

1. 伏安特性曲线

组件的伏安特性主要是指电流-电压输出特性，也称为 $V-I$ 特性曲线，如图 3－5 所示。$V-I$ 特性曲线可根据图 3－4 所示的电池结构图加入仪表进行测量。$V-I$ 特性曲线显示了通过太阳能电池组件传送的电流 I_m 与电压 V_m 在特定的太阳辐照度下的关系。如果太阳能电池组件电路短路即 $V=0$，此时的电流称为短路电流 I_{sc}；如果电路开路即 $I=0$，此时的电压称为开路电压 V_{oc}。太阳能电池组件的输出功率等于流经该组件的电流与电压的乘积，即 $P = V \times I$。

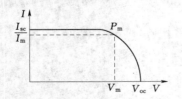

图 3－5 太阳能电池的伏安特性曲线

I—电流；I_{sc}—短路电流；I_m—最大工作电流；
V—电压；V_{oc}—开路电压；V_m—最大工作电压

2. 最大功率点

当太阳能电池组件的电压上升时，例如通过增加负载的电阻值或组件的电压从零（短路条件下）开始增加时，组件的输出功率亦从 0 开始增加；当电压达到一定值时，功率可达到最大，这时当阻值继续增加时，功率将跃过最大点，并逐渐减少至零，即电压达到开路电压 V_{oc}。太阳能电池的内阻呈现出强烈的非线性。组件输出功率的最大点，称为最大功率点；该点所对应的电压，称为最大功率点电压 V_m（又称为最佳工作电压）；该点所对应的电流，称为最大功率点电流 I_m（又称为最佳工作电流）；该点的功率，称为最大功率 P_m。

$$P_m = I_m \times U_m = P_{max} \tag{3-3}$$

随着太阳能电池温度的增加，开路电压减少，大约每升高 1℃ 每片电池的电压减少 5mV，相当于在最大功率点的典型温度系数为 $-0.4\%/℃$。也就是说，如果太阳能电池温度每升高 1℃，则最大功率减少 0.4%。所以，太阳直射的夏天，尽管太阳辐射量比较大，如果通风不好，导致太阳能电池温升过高，也可能不会输出很大功率。

在标准条件下，太阳能电池组件所输出的最大功率被称为峰值功率，用符号 W_p 表示。在很多情况下，组件的峰值功率通常用太阳模拟仪测定并和国际认证机构标准化的太阳能电池进行比较。

通过户外测量太阳能电池组件的峰值功率是很困难的，因为太阳能电池组件所接受到的太阳光的实际光谱取决于大气条件及太阳的位置；此外，在测量的过程中，太阳能电池的温度也是不断变化的。在户外测量的误差很容易达到 10% 或更大。

连接盒是一个很重要的元件：它保护电池与外界的交界面及各组件内部连接的导线和其他系统元件。它包含一个接线盒和 1 只或 2 只旁通二极管。

3. 开路电压

将太阳能电池置于 $1000W/m^2$ 的光源照射下，在两端开路时，太阳能电池的输出电压值，用 U_{oc} 表示。该值与电池面积大小无关，一般单晶硅太阳能电池的开路电压约为 $450\sim600mV$，最高可达 700mV。

4. 短路电流

将太阳能电池置于标准光源的照射下，在输出端短路时，流过太阳能电池两端的电流，用 I_{sc} 表示。该值与电池面积大小有关，面积越大，I_{sc} 越大，一般 $1cm^2$ 的单晶硅太阳能电池 $I_{sc}=16\sim30mA$。

5. 填充因子

太阳能电池的另一个重要参数是填充因子 FF，它是最大输出功率与开路电压和短路电流乘积之比，是用以衡量太阳能电池输出特性好坏的重要指标之一。

$$FF = \frac{P_m}{U_{oc}I_{sc}} = \frac{U_m I_m}{U_{oc}I_{sc}} \tag{3-4}$$

FF 是代表太阳能电池在带最佳负载时，能输出的最大功率的特性，其值越大表示太阳能电池的输出功率越大。FF 的值始终小于 1。实际上，由于受串联电阻和并联电阻的影响，实际太阳能电池填充因子的值要低于上式所给出的理想值。串、并联电阻对填充因子有较大影响。串联电阻越大，短路电流下降越多，填充因子也随之减少得越多，并联电阻越小，这部分电流就越大，开路电压就下降得越多，填充因子随之也下降得越多。

6. 转换效率

太阳能电池的转换效率指在外部回路上连接最佳负载电阻时的最大能量转换效率，等于太阳能电池的输出功率与入射到太阳能电池表面的能量之比。太阳能电池的光电转换效率是衡量电池质量和技术水平的重要参数，它与电池的结构、结特性、材料性质、工作温度、放射性粒子辐射损伤和环境变化等有关。

$$\eta = \frac{P_m}{A_t P_{in}} = \frac{I_m U_m}{A_t P_{in}} = \frac{(FF) I_{sc} U_{oc}}{A_t P_{in}} = \frac{(FF) I_{sc} U_{oc}}{A_t \int_0^\infty \Phi(\lambda) \frac{hc}{\lambda} d\lambda} \qquad (3-5)$$

式中　A_t——包括栅线图形面积在内的太阳能电池总面积。

单位面积入射光功率：

$$P_{in} = \int_0^\infty \Phi(\lambda) \frac{hc}{\lambda} d\lambda$$

在上式中，如果把 A_t 换为有效面积 A_a（也称活性面积），即从总面积中扣除栅线图形面积，从而算出的效率要高一些。

估计太阳能电池的理论效率，必须把从入射光能到输出电能之间所有可能发生的损耗都计算在内。其中有些是与材料及工艺有关的损耗，而另一些则是由基本物理原理所决定的。

综上所述，提高太阳能电池效率，必须提高开路电压 U_{oc}、短路电流 I_{sc} 和填充因子 FF 这三个基本参量。而这三个参量之间往往是互相牵制的，如果单方面提高其中一个，可能会因此而降低另一个，以至于总效率不仅没提高反而有所下降。因而在选择材料、设计工艺时必须全盘考虑，力求使三个参量的乘积最大。

3.1.3.4　温度对太阳能电池输出性能的影响

温度对太阳能电池的影响主要体现在太阳能电池的开路电压、短路电流、峰值功率随温度的变化而变化。

（1）温度越高开路电压越小。决定开路电压大小的是半导体的禁带宽度和费米能级，由于温度越高，其费米能级越靠近价带，所以温度越高开路电压越小，也就是说，温度—开路电压二者的曲线大概是一个斜率为负值的直线，这个在太阳能组件认证的过程中叫做检测太阳能组件的电压温度系数。

（2）温度越高短路电流越大。但是需要注意的是这里短路电流升高的趋势要小于上面第一条中开路电压下降的趋势，也就是说温度—短路电流二者的曲线是一个斜率略微为正值的直线，在太阳能组件认证的检测中这个叫做检测太阳能电池的电流温度系数。

（3）因为温度升高的时候开路电压下降很厉害，其幅度比短路电流升高的幅度要大，所以在温度升高的时候其总输出功率是下降的，因为 $P = UI$，U 下降得厉害，而 I 上升的幅度很小。

总的来说，温度升高太阳能电池的功率下降，典型功率温度系数为 $-0.35\%/℃$，即太阳能电池温度每升高 $1℃$，功率减少 0.35%。

3.1.3.5　太阳能电池组件的"热斑效应"

如果太阳能电池组件被其他物体（如鸟粪、树荫等）长时间遮挡时，被遮挡的太阳能电池组件此时将会严重发热，这就是"热斑效应"。这种效应对太阳能电池会造成很严重的破坏作用。有光照的电池所产生的部分能量或所有的能量，都可能被遮蔽的电池所消耗（图 3-6）。为了防止太阳能电池由于热斑效应而被破坏，需要在太阳能电池组件的正负极间并联一个旁通二极管，以避免串联回路中光照组件所产生的能量被遮蔽的组件所消耗。同样，对于每一个并联支路，需要串联一只二极管，以避免并联回路中光照组件所产生的能量被遮蔽的组件所吸收，串联二极管在独立光伏发电系统中可同时起到防止蓄电池在夜间反充电的作用（图 3-7）。

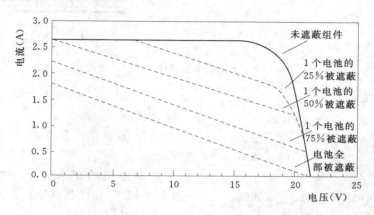

图 3-6 电池被遮蔽的情况下对整个电池组件性能的影响

3.1.4 太阳能电池组件

光伏组件（俗称太阳能电池板）由太阳能电池片（整片的两种规格 125mm×125mm、156mm×156mm）或由激光机切割开的不同规格的太阳能电池组合在一起构成。由于单片太阳能电池片的电流和电压都很小，输出电压只有 0.5V 左右，输出功率只有 1～4W，不能满足作为电源应用的要求。为提高输出功率，需要将多个单体电池合理地连接起来。先串联获得高电压，再并联获得高电流后，通过一个二极管（防止电流回输）输出，并且封装在一个不锈钢金属体壳上，安装好上面的玻璃，

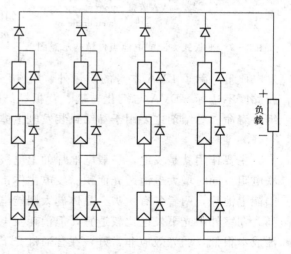

图 3-7 太阳能电池组件"热斑效应"的防护

充入氮气密封。一个组件上电池单体的标准数量是 36 个或 72 个。在需要更多功率的场合，则需要将多个组件连接成为方阵，以向负载提供数值更大的电流、电压输出（图 3-8）。

3.1.4.1 太阳能电池组件构成及各部分功能

平板式太阳能电池组件结构如图 3-9 所示，主要由上盖板、黏结剂、电池片、底板、

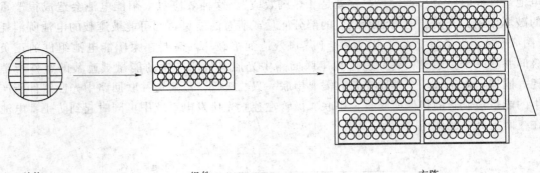

单体　　　　　　　　　　　　组件　　　　　　　　　　　　方阵

图 3-8　太阳能电池单体、组件、方阵

接线盒、边框组成。

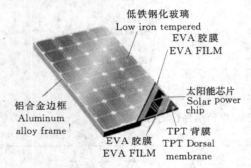

图 3-9　平板式太阳能电池组件结构示意图

1. 上盖板

采用钢化玻璃，其作用为保护发电主体（如电池片）。

透光率选用的要求是：①透光率必须高（一般 91% 以上）；②超白钢化处理。

2. 黏结剂

采用 EVA 黏结固定钢化玻璃和发电主体（如电池片），透明 EVA 材质的优劣直接影响到组件的寿命，暴露在空气中的 EVA 易老化发黄，从而影响组件的透光率，进而影响组件的发电质量。除了 EVA 本身的质量外，组件厂家的层压工艺影响也是非常大的，如 EVA 胶黏度不达标，EVA 与钢化玻璃、背板黏结强度不够，都会引起 EVA 提早老化，影响组件寿命。黏结剂主要用于黏结封装发电主体和背板。

3. 电池片

主要作用就是发电，一般电池片的上电极做成又密又细金属栅线的形状，可以减少串联电阻，同时增大电池透光面积。发电主体市场上主流的是晶体硅太阳能电池片、薄膜太阳能电池片，两者各有优劣。晶体硅太阳能电池片，设备成本相对较低，光电转换效率也高，在室外阳光下发电比较适宜，但消耗及电池片成本很高；薄膜太阳能电池，消耗和电池成本很低，弱光效应非常好，在普通灯光下也能发电，但相对设备成本较高，光电转化效率是晶体硅电池片一半多点，如计算器上的太阳能电池。

4. 底板

又称背板，作用是密封、绝缘、防水（一般都用 TPT、TPE 等材质必须耐老化，大部分组件厂家都是质保 25 年，钢化玻璃、铝合金一般都没问题，关键就在于背板和硅胶是否能达到要求）。

5. 保护层压件

采用铝合金，起一定的密封、支撑作用。

6. 接线盒

保护整个发电系统，起到电流中转站的作用，如果组件短路接线盒自动断开短路电池串，防止烧坏整个系统。接线盒中最关键的是二极管的选用，根据组件内电池片的类型不同，对应的二极管也不相同。

7. 硅胶

用来密封组件与铝合金边框。组件与接线盒交界处有些公司使用双面胶条、泡棉来替代硅胶，国内普遍使用硅胶，工艺简单，方便，易操作，而且成本很低。

3.1.4.2　太阳能电池组件的封装工艺

太阳能电池组件的封装根据组件结构的不同有所不同。平板式硅太阳能电池封装工艺流程大致如图 3-10 所示。

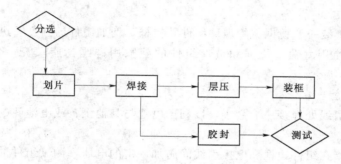

图 3-10　太阳能电池组件封装流程

1. 电池测试

由于电池片制作条件的随机性，生产出来的电池性能不尽相同，为了有效地将性能一致或相近的电池组合在一起，应根据其性能参数进行分类；电池测试即通过测试电池的输出参数（电流和电压）的大小对其进行分类，以提高电池的利用率，做出质量合格的电池组件。

2. 正面焊接

是将汇流带焊接到电池正面（负极）的主栅线上，汇流带为镀锡的铜带，使用焊接机可以将焊带以多点的形式点焊在主栅线上。焊接用的热源为一个红外灯（利用红外线的热效应）。焊带的长度约为电池边长的 2 倍。多出的焊带在背面焊接时与后面的电池片的背面电极相连。

3. 背面串接

背面焊接是将 36 片电池串接在一起形成一个组件串，采用的工艺是手动的，电池的定位主要靠一个模具板，上面有 36 个放置电池片的凹槽，槽的大小和电池的大小相对应，槽的位置已经设计好，不同规格的组件使用不同的模板，操作者使用电烙铁和焊锡丝将"前面电池"的正面电极（负极）焊接到"后面电池"的背面电极（正极）上，这样依次将 36 片串接在一起并在组件串太阳能电池板的正负极焊接出引线。

4. 层压敷设

背面串接好且经过检验合格后，将组件串、玻璃和切割好的 EVA、玻璃纤维、背板按照一定的层次敷设好，准备层压。玻璃事先涂一层试剂（primer）以增加玻璃和 EVA

的黏结强度。敷设时保证电池串与玻璃等材料的相对位置，调整好电池间的距离，为层压打好基础。

敷设层次（由下向上）：钢化玻璃、EVA、电池片、EVA、玻璃纤维、背板。

5. 组件层压

将敷设好的电池放入层压机内，通过抽真空将组件内的空气抽出，然后加热使 EVA 熔化将电池、玻璃和背板黏结在一起；最后冷却取出组件。层压工艺是组件生产的关键一步，层压温度、层压时间根据 EVA 的性质决定。使用快速固化 EVA 时，层压循环时间约为 25min，固化温度为 150℃。

6. 修边

层压时 EVA 熔化后由于压力而向外延伸固化形成毛边，所以层压完毕应将其切除。

7. 装框

类似于给玻璃装一个镜框。给玻璃组件装铝框，增加组件的强度，进一步密封电池组件，延长电池的使用寿命。边框和玻璃组件的缝隙用硅酮树脂填充。各边框间用角键连接。

8. 焊接接线盒

在组件背面引线处焊接一个盒子，以利于电池与其他设备或电池间的连接。

9. 高压测试

高压测试是指在组件边框和电极引线间施加一定的电压，测试组件的耐压性和绝缘强度，以保证组件在恶劣的自然条件（雷击等）下不被损坏。

10. 组件测试

测试的目的是对电池的输出功率进行标定，测试其输出特性，确定组件的质量等级。主要就是模拟太阳光的标准测试条件（Standard Test Condition，简称 STC），一般一块电池板所需的测试时间在 7~8s 左右。

3.1.5　其他的太阳能电池

1. 纳米晶电池

纳米 TiO_2 晶体化学能太阳能电池是新近发展的，优点在于它廉价的成本和简单的工艺及稳定的性能。其光电效率稳定在 10% 以上，制作成本仅为硅太阳能电池的 1/5~1/10，寿命能达到 20 年以上。此类电池的研究和开发刚刚起步，不久的将来会逐步走上市场。

2. 有机薄膜电池

有机薄膜太阳能电池，就是由有机材料构成核心部分的太阳能电池。如今量产的太阳能电池里，95% 以上是硅基的，而剩下的不到 5% 也是由其他无机材料制成的。

3. 染料敏化电池

染料敏化太阳能电池，是将一种色素附着在 TiO_2 粒子上，然后浸泡在一种电解液中。色素受到光的照射，生成自由电子和空穴。自由电子被 TiO_2 吸收，从电极流出进入外电路，再经过用电器，流入电解液，最后回到色素。染料敏化太阳能电池的制造成本很低，这使它具有很强的竞争力。它的能量转换效率为 12% 左右。

4. 塑料电池

塑料太阳能电池以可循环使用的塑料薄膜为原料，能通过"卷对卷印刷"技术大规模生产，其成本低廉、环保。但塑料太阳能电池尚不成熟，预计在未来 5～10 年，基于塑料等有机材料的太阳能电池制造技术将走向成熟并大规模投入使用。

5. 串叠型电池

串叠型电池（Tandem Cell）属于一种运用新颖原件结构的电池，借由设计多层不同能隙的太阳能电池来达到吸收效率最佳化的结构设计。由理论计算可知，如果在结构中放入越多层数的电池，将可把电池效率逐步提升，甚至可达到 50% 的转换效率。

6. 光纤太阳能电池

光纤太阳能电池（Fiber—based solar cell 或者 Fiber cell）由美国维克弗里斯特大学（Wake Forest University）纳米与分子研究中心首先提出，并在美国《应用物理学快报》（Applied Physics Letters）和《物理评论 B》（Physical Review B）上报道了这种电池的最新成果。它利用特有的光纤结构，并结合有机吸收层，达到了超出平面电池的吸收效率，并已被证明能够很好地应用到超光强的聚光型电站中。

7. 透明电池

美国能源部布鲁克海文国家实验室和洛斯阿拉莫斯国家实验室的科学家们研发出了一种可吸收光线并将其大面积转化成为电能的新型透明薄膜。这种薄膜以半导体和富勒烯为原料，具有微蜂窝结构。相关研究发表在《材料化学》杂志上，论文称该技术可被用于开发透明的太阳能电池板，甚至还可以用这种材料制成可以发电的窗户。这种材料由掺杂碳富勒烯的半导体聚合物组成。在严格控制的条件下，该材料可通过自组装方式由一个微米尺度的六边形结构展开为一个数毫米大小布满微蜂窝结构的平面。

任务 2　提高太阳能电池效率的一些方法

【学习目标】

◇　了解影响太阳能电池方阵效率的主要因素。

◇　掌握提高太阳能电池效率的一些方法。

3.2.1　影响太阳能电池方阵效率的主要因素

1. 光照强度

太阳能电池方阵的效率和日照强度关系近似于对数关系。

2. 方位角

太阳能电池方阵的方位角是方阵的垂直面与正南方向的夹角（向东偏设定为负角度，向西偏设定为正角度）。一般情况下，电池方阵朝向正南（即方阵垂直面与正南夹角为 $0°$）时，太阳能电池发电量最大。在偏离正南（北半球）$30°$ 时，方阵的发电量将减少约 10%～15%；在偏离正南（北半球）$60°$ 时，方阵的发电量将减少约 20%～30%。只要在正南 $±20°$ 之内，都不会对发电量有太大影响，条件允许的话，应尽可能偏西南 $20°$ 之内，使太阳能发电量的峰值出现在中午稍过后某时，这样有利冬季多发电。有些太阳能光伏建筑一体化发电系统设计时，当正南方向太阳能电池铺设面积不够大时，也可将太阳能电池铺设在正东、正西方向。

3. 倾斜角

一般取当地纬度或当地纬度加上几度作为当地太阳能电池组件安装的倾斜角。

根据当地纬度粗略确定太阳能电池的倾斜角：

纬度 0°～25°时，倾斜角＝纬度。

纬度 26°～40°时，倾斜角＝纬度＋5°～10°。

纬度 41°～55°时，倾斜角＝纬度＋10°～15°。

纬度 55°以上时，倾斜角＝纬度＋15°～20°。

但不同类型的太阳能光伏发电系统，其最佳安装倾斜角是有所不同的。例如光控太阳能路灯照明系统等季节性负载供电的光伏发电系统，这类负载的工作时间随着季节而变化，其特点是以自然光线的来决定负载每天工作时间的长短。冬天时日照时间短，太阳能辐射能量小，而夜间负载工作时间长，耗电量大。因此系统设计时要考虑照顾冬天，按冬天时能得到最大发电量的倾斜角确定，其倾斜角应该比当地纬度角度大一些。而对于主要为光伏水泵、制冷空调等夏季负载供电的光伏系统，则应考虑为夏季负载提供最大发电量，其倾斜角应该比当地纬度的角度小一些。

4. 温度

转换效率随温度的增加而降低。对于硅（Si），温度每增加 1℃，η 降低约 0.4%。

5. 组件失配

太阳能电池方阵由一个或多个太阳能电池组件构成。如果组件不止一个，组件的电流和电压应基本一致，以免发生组件失配。由于串联电路的电流相等，因此要求串联电路中每块组件的工作电流要相同；在并联电路中，要求每个组件串的电压要相同。否则会出现失配，从而使串并联后太阳能电池输出的总功率小于各个单体电池输出功率的和。

6. 阴影

由于太阳能电池方阵一般安装在室外，由于飞鸟、建筑物等的遮挡会在电池上造成阴影，其结果是太阳能电池组件局部电流与电压的乘积增大，从而在这些电池组件上产生局部温升。太阳能电池组件中某些电池单片本身设计缺陷也可能使组件在工作时局部发热，这就是热斑现象。

一个单电池被完全遮挡时，太阳能电池组件可减少输出 75%。所以阴影是场地评价中非常重要的部分。

3.2.2　提高太阳能电池效率的一些方法

影响太阳能电池效率主要有电学损失和光学损失。光学损失主要是表面反射、遮挡损失和电池材料本身的光谱效应特性。电量转换损失来源包括载流子损失和欧姆损失。太阳光之所以只有很少的百分比转换为电能，原因归结于不管是哪一种材料的太阳能电池都不能将全部的太阳光转换为电流。晶体硅太阳能电池的光谱敏感最大值没有与太阳辐射强度的最大值完全重合。在光能临界值之上一个光量子只产生一个电子—空穴对，余下的能量又被转换为未利用的热量。由于光的反射，阳光中的一部分不能进入电池中。随温度升高，在 PN 结附近的厚度减少，从而电池的转换效率就会下降，所以电池的转换效率在冬季要高于炎热的夏天。目前提高太阳能电池效率的措施如下。

1. 寻找光电转换新材料

研究人员发现，像氮化铟这类半导体的禁带比原先认为的明显要小，低于 0.7eV。这一发现表明，以含有铟、镓和氮的合金（In1－xGaxN）为基础的光电池将对所有太阳光谱的辐射——从近红外线一直到紫外线都灵敏。利用这种合金可以研制比较廉价的太阳能电池板，而且新型太阳能电池板将比现有的更结实和更高效。用氮化铟和氮化镓双层制成的多级太阳能电池可以达到理论极限最大效率的 50%，如果能制成层数很多的太阳能电池，在每层中都具有自己的禁带，则太阳能电池的最大理论效率可达到 70% 以上。

2. 太阳能电池加工工艺革新

一般工业晶体硅太阳能电池的光电转换效率为 14%～16%，而采用新的激光加工技术能提高太阳能电池的光电转换效率。德国哈默尔恩太阳能研究所（Institut für Solarenergieforschung Hameln，简称 ISFH）研究所的研究人员已经研制出一种制造太阳能电池的加工工艺，即背交叉单次蒸发（RISE）工艺，辅以激光加工技术，用该工艺制造的背接触式硅太阳能电池的光电转换效率达到 22%。

3. 最大功率点跟踪

最大功率跟踪（Maximum Power Point Tracking，简称 MPPT）是并网发电中的一项重要的关键技术，它是指控制改变太阳能电池阵列的输出电压或电流的方法使阵列始终工作在最大功率点上。根据太阳能电池的特性，目前实现的跟踪方法主要有以下三种：

（1）恒电压法：因为太阳能电池在不同光照条件下的最大功率点的电压相差不大，近似为恒定。这种方法的误差很大，但是容易实现，成本较低。控制器确定 MPPT 的最常用算法是干扰电池板的工作电压，并检测输出。算法要在 MPP 点周围留出一个足够大的振荡范围，避免当天空掠过云彩时控制器对本地电源发出错误的扰动。扰动和检测算法的效率并不高，这是由于在每个周期内输出点都会偏离 MPP。可以采用增量感应算法作为替代，这种方法可以很好地解决由于振荡导致的低效率，但又会设定一个本地峰值而不是真实的 MPPT，从而引发其他问题。将这两种算法结合起来，可以保持增量感应算法的高效率，同时又可以以一定间隔在很大范围内扫描，避免选择本地的峰值。

（2）爬山法：通过周期性不断地给太阳能电池阵列的输出电压施加扰动，并观察其功率输出的改变，然后决定下一次扰动的方向。这种方法的追踪速度较慢，只适合于光强变化较小的环境。

（3）导纳微分法（又称增量电导法）：通过调整工作点的电压，使之逐步接近最大功率点电压来实现最大功率点的跟踪，该方法能够判断工作电压与最大功率点电压的相对位置，能够快速地跟踪光强迅速变化引起的最大功率点变化，相对于恒电压法和爬山法有高速稳定的跟踪特性，但是该控制算法较复杂，对控制系统性能和传感器精度要求较高，硬件实现难。

上述三种方法各有特点，但是都不同时具有低成本、高稳定性、快速追踪的特性。第一种方法只是粗略估计了最大功率点的位置，在光强变化到很大或较小时都会产生很大的误差。后两种方法本质上都是通过判断当前工作点是否处于最大工作点来决定是否继续调整及调整的方向，因此最终的结果是逆变器始终工作在最大功率点的左右，来回振荡，而不是真正工作在最大功率点处，导致太阳能电池阵列的输出电压或电流总是以一个直流电平为中心上下跳跃，波形很不稳定，而且在光强变化速度较快时，不能及时反应。

4. 聚光技术

使用聚光光学元件形成聚光光伏电池，能极大提高光电转换效率，减小电池使用面积，同时由于小尺寸电池可以利用现有集成电路制作工艺来进行加工，从而使太阳能光伏发电总体成本大幅度降低。聚光是降低光伏电池利用总成本的一种措施。通过聚光器使较大面积的阳光聚在一个较小的范围内形成"焦斑"或"焦带"，并将光伏电池置于"焦斑"或"焦带"上，以增加光强，克服太阳辐射能流密度低的缺陷，从而获得更多的电能输出。

(1) 聚光太阳能电池。

聚光电池的种类很多，而且器件理论、制造和应用都与常规电池有很大不同。下面仅简单介绍平面结聚光硅太阳能电池。

一般说来，硅太阳能电池的输出功率基本上与光强成比例增加。一个直径为 3cm 的圆形常规电池，在 1 个太阳辐照度（系指光强为 $1000W/m^2$ 的阳光，下同）下输出功率约为 70mW。同样面积的聚光电池，如在 100 个太阳辐照度（指光强为 $100kW/m^2$ 的阳光）下工作，则可输出约 7W。聚光电池的短路电流基本上与光强成比例增加。处于高光强下工作的电池，开路电压也有提高。填充因子同样取决于电池的串联电阻，聚光电池的串联电阻与光强的大小及光的均匀性密切相关。聚光电池对其串联电阻的要求很高，一般要求特殊的密栅线设计和制造工艺，以减少串联电阻的影响。高光强可以提高填充因子，但电池上各处光强不均匀也会降低填充因子。

(2) 聚光器。

聚光器是利用透镜或反射镜将太阳光聚集到太阳能电池上。根据光学原理，聚光器可以分为折射聚光器、反射聚光器、混合聚光器、荧光聚光器、热光伏聚光器和全息聚光器等，其中，折射聚光器和反射聚光器是应用最广泛的两种聚光器。

折射聚光器包括菲涅尔透镜和普通透镜，其中菲涅尔透镜是平面化的聚光镜，与普通透镜相比，菲涅尔透镜具有质量轻，成本低，应用结构简单等优点。菲涅尔透镜没有光学元件所定义的焦平面，可以产生远好于传统成像光学的光强度增益。菲涅尔透镜包括弓形和平面形两种，其中弓形菲涅尔透镜具有更好的光学性能，但是加工难度相对较高。折射聚光器的透光效率受到透镜材料、加工工艺、厚度以及太阳照射时间的影响，一般在 80%～93% 之间。另外，使用折射聚光器存在不同程度的色散现象，即波长不同，光的聚焦位置不同。

反射聚光器包括抛面镜、平板、抛物槽、组合抛物面（CPC）等几种类型。反射材料主要是镀银或镀铝玻璃，或在高分子材料的表面制备高反射率薄膜作为反射面。反射式聚光器不存在色散现象，光斑辐照分布均匀，反射效率可以接近 100%。但是，太阳能电池要安装在反射面的上方，因此太阳能电池及其固定装置会在反射面上产生投影，进而在太阳能电池表面产生投影。此外，如果反射面受到污损，反射率会急剧下降，从而导致光伏系统的输出下降。

很多聚光系统采用二级聚光设计，例如先使用折射聚光镜将光线会聚于电池上方，再利用安装于电池边沿的反射镜将光线会聚于电池表面，这样到达电池表面的光更均匀。有的聚光系统利用色散现象，将不同波长的光会聚于不同的电池上，例如卡塞格林透镜可以在相对较小的尺寸实现较大的聚光比，通过二次反射透镜提高聚光率，然后以光谱分离装置实现对太阳辐射的分光，最后投射在不同禁带宽度的太阳能电池上，提高整个系统的光电转换效率，但其缺点是结构相对复杂，对跟踪精度要求较高。

根据聚光形式，聚光器可分为线聚光器和点聚光器。线聚光器通常包括条形透镜、抛物槽或线聚光组合抛物面，聚光倍数通常较低。也有的线聚光器采用二级聚光器设计，可以达到较高（＞300）的聚光率。线聚光器采用单轴跟踪器即可满足对太阳跟踪的要求。点聚光器也叫轴向聚光器，在点聚光器中，用以聚光的透镜或反射镜和太阳能电池处于同一条光学轴线上，聚光倍数通常比较高。点聚光器通常采用双轴跟踪器对太阳进行跟踪。

根据几何聚光率，聚光器可以分为低倍聚光（1.5～10）、中倍聚光（10～100）和高倍聚光（＞100）器。低于 10 倍的聚光器可以不需跟踪太阳或者对跟踪精度要求相对较低，而且可以在一定程度上利用太阳辐射中的散射光，适用于太阳直射辐射条件不太好的地区。大于 10 倍的聚光器可以节约 90％面积的电池，能更好地降低成本，但是只能利用太阳辐射中的直射光部分，而且聚光倍数越高，对太阳跟踪精度的要求也越高。

5. 跟踪装置

随着聚光比的提高，聚光光伏系统所接收到光线的角度范围就会变小，为了更加充分地利用太阳光，使太阳总是能够精确地垂直入射在聚光电池上，尤其是对于高倍聚光系统，必须配备跟踪装置。

太阳每天从东向西运动，高度角和方位角在不断改变，同时在一年中，太阳赤纬角还在－23.45°～＋23.45°之间来回变化。当然，太阳位置在东西方向的变化是主要的，在地平坐标系中，太阳的方位角每天差不多都要改变 180°，而太阳赤纬角在一年中的变化也只有 46.90°。所以跟踪方法又有单轴跟踪和双轴跟踪之分，单轴跟踪只在东西方向跟踪太阳，双轴跟踪则除东西方向外，同时还在南北方向跟踪。显然，双轴跟踪的效果要比单轴跟踪好，当然双轴跟踪的结构比较复杂，价格也较高。太阳能自动跟踪聚焦式光伏系统的关键技术是精确跟踪太阳，其聚光比越大，跟踪精度要求就越高，聚光比为 400 时跟踪精度要求小于 0.2°。在一般情况下，跟踪精度越高，跟踪装置的结构就越复杂，控制要求也越高，造价也就越贵，有的甚至要高于光伏系统中太阳能电池的造价。

点聚焦型聚光器一般要求双轴跟踪，线聚焦型聚光器仅需单轴跟踪，有些简单的低倍聚光系统也可不用跟踪装置。

跟踪装置主要包括机械结构和控制部分，有多种形式。例如，有的采取用以石英晶体为振荡源，驱动步进机构，每隔 4min 驱动 1 次，每次立轴旋转 1°，每昼夜旋转 360°的时钟运动方式，进行单轴、间歇式主动跟踪。比较普遍的是采用光敏差动控制方式，主要由传感器、方位角跟踪机构、高度角跟踪机构和自动控制装置等组成。当太阳光辐照度达到工作照度时自动开机，在太阳光线发生倾斜时，高灵敏探头将检测到的"光差变化"信号转换成电信号，并传给自动跟踪太阳控制器，自动跟踪控制器驱使电动机开始工作，通过机械减速及传动机构，使太阳能电池板旋转，直到正对太阳的位置时，光差变化为零，高灵敏探头给自动跟踪控制器发出停止信号，自动跟踪控制器停止输出高电平，使其主光轴始终与太阳光线相平行。当太阳西下且亮度低于工作照度时，自动跟踪系统停止工作。第二天早晨，太阳从东方升起，跟踪系统转向东方，再自东向西转动，实现自动跟踪太阳的目的。常见的三种跟踪系统如下（图3-11）：

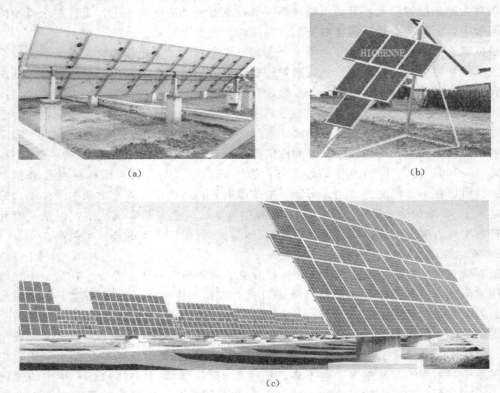

(a)   (b)

(c)

图3-11 三种常见的跟踪系统

(a) 水平单轴跟踪系统；(b) 极轴式单轴跟踪系统；(c) 阵列式极轴跟踪系统

(1) 水平单轴跟踪系统：是指光伏方阵可以绕一根水平轴东西方向跟踪太阳。跟踪系统主要由太阳能电池组件安装支架、水平转轴、转动驱动机构、风速检测装置和跟踪控制器组成。

特点及应用：这种跟踪装置结构特点是结构简单，成本较低，更适合于纬度较低的地区，发电效率比固定纬角的固定式结构高30％左右。可以安装在地面也可以安装在屋顶。

(2) 极轴式单轴跟踪系统：具有一根固定纬角的转轴，光伏方阵可以绕该转轴东西向旋转跟踪太阳。跟踪系统主要由光伏组件安装支架、转轴、支架、电动推杆、风速探头及跟踪控制器组成。

特点及应用：这种跟踪系统的特点是结构最简单，造价最低。比较适合纬度较高的地区使用，发电效率比固定纬角的固定式系统高30％以上。可以安装在地面也可以安装在屋顶。

（3）阵列式极轴跟踪系统：这种系统具有一根南北方向的纵向转轴和固定在纵向轴上的多根横向转轴组成，每块太阳能组件小方阵既可绕纵向轴东西向转动又可绕横向转轴上下旋转。跟踪系统主要由纵向转轴、横向转轴、东西向推杆、高度角推杆、连杆、支架、组件安装支架、向日跟踪探头、风速探头及跟踪控制器组成。

特点及应用：与水平单轴跟踪相比，实现了双轴跟踪，发电效率更高，比固定纬角的固定结构高45％以上，与立柱式跟踪相比，系统的高度更低，抗风性能更好，单位面积的安装功率更高。既可安装在地面也可安装在屋顶。

6.冷却器

在高光强下工作时，电池的温度会上升很多，此时必须使太阳能电池强制降温，并且由于需要对太阳进行跟踪，需要额外的动力、控制装置和严格的抗风措施。一般可采用自然冷却或通水冷却等方法，在低倍聚光时，也可以不配备专门的冷却器。对于硅太阳能电池，聚光比在100以下时，可采用在组件背面安装适当大小的散热片的方法，在太阳能电池工作时，产生的热量通过铜散热器传到壳体，再通过辐射和对流方式将热量散掉，使电池温度保持在100℃以下。

7.聚光光伏发电系统的最新发展状况

进入20世纪90年代后，聚光光伏发电系统开始慢慢被商业应用，并出现了一些有影响力的公司，如Entech、Amonix、Concentrix Solar GmbH等。美国Amonix公司研发的集成高效率聚光硅光伏电池发电系统（IHCPV），已经应用到很多场所。该系统的核心技术是：10mm点接触绒面硅光伏电池的光电转换效率高达25％～27％；所使用的聚光式菲涅耳透镜由普通丙烯酸塑料模压制而成，制造简单，价格便宜。因此，集成高聚光光伏技术是现有实用的各种光伏技术中发电成本最低的一种。

德国Concentrix Solar GmbH公司于2008年进行聚光光伏系统模型试验，其聚光系统采用的是FLATCON聚光模块，实质上就是由玻璃注塑成型的菲涅尔透镜，聚光比为500，电池集成封装基底上的精度为25m，采用了电路板工艺和绝缘玻璃技术，使成本效益相对合算并且使用多年后系统仍可保持性能稳定可靠，示范模型的效率高于27％。

中国自主研发了一种先进技术——"4倍聚光＋跟踪"的光伏发电技术。已有测量数据证明：在4倍光强的条件下，光电池的输出量是平均电池输出量的3.3倍。如果再加上跟踪装置，可比平板电池提高30％，也就是说一块光电池能产生4.3倍的电力。"4倍聚光＋跟踪"光伏发电系统的成本已降到0.8元/kWh。

为什么这一4倍聚光技术能在短期内获得成功？原因在于以下四个方面：①仅要求"4倍"而不是"高倍"聚光，可用目前市场上供应充分的光伏电池，不必要求有能承受10～20倍聚光的"特殊"电池；②这一光漏斗能保证太阳光在光电池表面有均匀的光强分布，这就极大地减少了由于热应力的不均匀和受热量的不均匀而带来的"光漏斗"在制作和散热方面的困难。事实上，如果选择市场上随便买来的劣质光电池，4倍聚光会扭曲成"碗"；③由于这是光的均匀"折叠"，仅要求太阳光的垂直输入，使"光漏斗"成为"向日葵"；④只需将地球绕太阳公转和自转的高精密的运行公式输入芯片，就能将阳光垂直送进光漏斗，不必采用"测量"和"反馈"等复杂而又不甚精密的控制方案，也大幅度降低了跟踪成本。

任务3　屋顶太阳能电池方阵组合

【学习目标】

◇　掌握屋顶太阳能电池方阵的设计方法。
◇　掌握太阳能光伏建筑一体化的概念和设计要求。
◇　掌握光伏建筑中光伏方阵的安装要求。

由于目前实际应用的光伏组件效率不到20%，特别在大量应用时，需要占用大量土地。随着城市的发展，土地资源越来越稀缺。为了推进城市化的光伏发电应用，引入了光伏建筑的概念。

3.3.1　光伏建筑一体化的定义及原则

1. 定义

光伏建筑一体化即 BIPV （Building Integrated PV， PV 即 Photovoltaic）。光伏建筑一体化（BIPV）技术是将太阳能发电（光伏）产品集成到建筑上的技术（图 3-12），有别于光伏系统附着在建筑上（Building Attached PV，简称 BAPV）的形式。

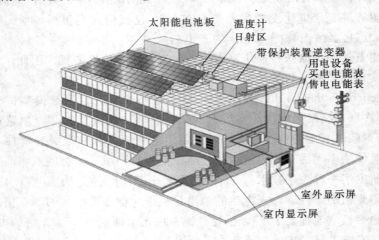

图 3-12　光伏建筑一体化的系统结构图

2. 原则

（1）不损害和影响建筑的效果、结构安全、功能和使用寿命。

（2）使太阳能系统成为建筑不可分割的一部分，达到与建筑物完美的结合。

（3）PV 板的比例与尺度必须与建筑整体的比例和尺度吻合，与建筑物的功能相吻合。

（4）PV 板要从一个单纯的建筑技术产品很好地融合到建筑设计和建筑艺术中去。

（5）光伏制作者必须与建筑材料、建筑设计、建筑施工等方面紧密配合，共同努力。

（6）建筑的初始投资应与生命周期内光伏工程投资平衡。

3.3.2　光伏与建筑结合的方式

光伏建筑一体化，是应用太阳能发电的一种新概念，简单地讲就是将太阳能光伏发电方阵安装在建筑的围护结构外表面来提供电力。根据光伏方阵与建筑结合的方式不同，光伏建筑一体化可分为两大类：一类是光伏方阵与建筑的结合，建筑物作为光伏方阵载体，起支承作用。另一类是光伏方阵与建筑的集成，光伏组件以建筑材料的形式出现，如光电瓦屋顶、光电幕墙和光电采光顶等。

在这两种方式中，光伏方阵与建筑的结合是一种常用的形式，特别是与建筑屋面的结合。由于光伏方阵与建筑的结合不占用额外的地面空间，是光伏发电系统在城市中广泛应用的最佳安装方式，因而备受关注。光伏方阵与建筑的集成是 BIPV 的一种高级形式，它对光伏组件的要求较高。光伏组件不仅要满足光伏发电的功能要求同时还要兼顾建筑的基本功能要求。

3.3.3　光伏建筑的优缺点

1. 优点

（1）绿色能源。太阳能光伏建筑一体化产生的是绿色能源，是应用太阳能发电，不会污染环境。太阳能是最清洁并且是免费的，开发利用过程中不会产生任何生态方面的副作用。它又是一种再生能源，取之不尽，用之不竭。

（2）不占用土地。光伏阵列一般安装在闲置的屋顶或外墙上，无需额外占用土地，这对于土地昂贵的城市建筑尤其重要；夏天是用电高峰的季节，也正好是日照量最大、光伏系统发电量最多的时期，对电网可以起到调峰作用。

（3）太阳能光伏建筑一体技术采用并网光伏系统，不需要配备蓄电池，既节省投资，又不受蓄电池荷电状态的限制，可以充分利用光伏系统所发出的电力。

（4）起到建筑节能作用。光伏阵列吸收太阳能转化为电能，大大降低了室外综合温度，减少了墙体得热和室内空调冷负荷，所以也可以起到建筑节能作用。因此，发展太阳能光伏建筑一体化，可以"节能减排"。

2. 缺点

虽然太阳能光伏建筑一体化有高效、经济、环保等诸多优点，并已在世博场馆和示范工程上得以运用，但光伏建筑还未进入寻常百姓家，成片使用该技术的民宅社区并未出现。这是由于太阳能光伏建筑一体化存在几大问题：

（1）造价较高。

太阳能光伏建筑一体化建筑物造价较高。一体化设计建造的带有光伏发电系统的建筑物造价较高，在科研技术方面还有待提升。

（2）成本高。

太阳能发电的成本高。太阳能发电的成本是 2.5 元/kWh，而常规发电成本仅为 1 元/kWh。

（3）不稳定。

太阳能光伏发电不稳定，受天气影响大，有波动性。这是由于太阳并不是一天 24h 都有，因此如何解决太阳能光伏发电的波动性，如何储电也是亟待解决的问题。

3.3.4　建筑形式

光伏建筑一体化适合大多数建筑，如平屋顶、斜屋顶、幕墙、天棚等形式都可以安装（图 3-13）。

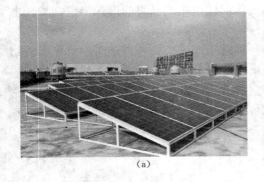
(a)

(b)

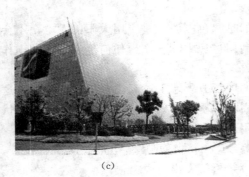
(c)

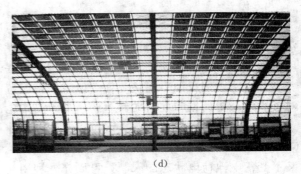
(d)

图 3-13　光伏建筑的形式
(a) 平屋顶；(b) 斜屋顶；(c) 光伏幕墙；(d) 光伏天棚

1. 平屋顶

从发电角度看，平屋顶经济性是最好的：①可以按照最佳角度安装，获得最大发电量；②可以采用标准光伏组件，具有最佳性能；③与建筑物功能不发生冲突；④光伏发电成本最低，从发电经济性考虑是最佳选择。

2. 斜屋顶

南向斜屋顶具有较好经济性：①可以按照最佳角度或接近最佳角度安装，因此可以获得最大或者较大发电量；②可以采用标准光伏组件，性能好，成本低；③与建筑物功能不发生冲突；④光伏发电成本最低或者较低，是光伏系统优选安装方案之一。其他方向次之。

3. 光伏幕墙

光伏幕墙要符合 BIPV 要求，除发电功能外，要满足幕墙所有功能要求：包括外部维护、透明度、力学、美学、安全等。主要特点是：组件成本高，光伏性能偏低；要与建筑物同时设计，同时施工和安装，光伏系统工程进度受建筑总体进度制约；光伏阵列偏离最佳安装角度，输出功率偏低；发电成本高；为建筑提升社会价值，带来绿色概念的效果。

4. 光伏天棚

光伏天棚要求透明组件，组件效率较低；除发电和透明外，天棚构件要满足一定的力学、美学、结构连接等建筑方面要求。主要特点是：组件成本高；发电成本高；为建筑提升社会价值，带来绿色概念的效果。

3.3.5　建筑设计

1. 光伏组件的设计要求

作为普通光伏组件，只要通过 IEC61215 的检测，满足抗 130km/h（2400Pa）风压和抗 25mm 直径冰雹 23m/s 的冲击的要求。用作幕墙面板和采光顶面板的光伏组件，不仅需要满足光伏组件的性能要求，同时要满足幕墙的三性实验要求和建筑物安全性能要求，因此需要有更高的力学性能和采用不同的结构方式。例如尺寸为 1200mm×530mm 的普通光伏组件一般采用 3.2mm 厚的钢化超白玻璃加铝合金边框就能达到使用要求。但同样尺寸的组件用在 BIPV 建筑中，在不同的地点，不同的楼层高度，以及不同的安装方式，对它的玻璃力学性能要求就可能是完全不同的。南玻大厦外循环式双层幕墙采用的组件就是两块 6mm 厚的钢化超白玻璃夹胶而成的光伏组件（图 3-14），这是通过严格的力学计算得到的结果。

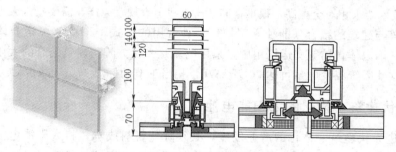

图 3-14　双层玻璃幕墙结构图

2. 建筑的美学设计要求

BIPV 建筑首先是一个建筑，它是建筑师的艺术品，就相当于音乐家的音乐，画家的一幅名画，而对于建筑物来说光线就是它的灵魂，因此建筑物对光影要求甚高。但普通光伏组件所用的玻璃大多为布纹超白钢化玻璃，其布纹具有磨砂玻璃阻挡视线的作用。如果 BIPV 组件安装在大楼的观光处，这个位置需要光线通透，这时就要采用光面超白钢化玻璃制作双面玻璃组件，用来满足建筑物的功能。同时为了节约成本，电池板背面的玻璃可以采用普通光面钢化玻璃。

一个建筑物的成功与否，关键一点就是建筑物的外观效果，有时候细微的不协调都是不能容忍的。但普通光伏组件的接线盒一般粘在电池板背面，接线盒较大，很容易破坏建筑物的整体协调感，通常不为建筑师所接受，因此 BIPV 建筑中要求将接线盒省去或隐藏起来，这时的旁路二极管没有了接线盒的保护，要考虑采用其他方法来保护它，需要将旁路二极管和连接线隐藏在幕墙结构中。比如将旁路二极管放在幕墙骨架结构中，以防阳光直射和雨水侵蚀。

普通光伏组件的连接线一般外露在组件下方，BIPV 建筑中光伏组件的连接线要求全部隐藏在幕墙结构中。

3. 结构性能设计要求

在设计 BIPV 建筑时要考虑电池板本身的电压、电流是否方便光伏系统设备选型，但是建筑物的外立面有可能是一些大小、形式不一的几何图形组成，这会造成组件间的电压、电流不同，这个时候可以考虑对建筑立面进行分区及调整分格，使 BIPV 组件接近标准组件电学性能，也可以采用不同尺寸的电池片来满足分格的要求，以最大限度地满足建筑物外立面效果。另外，还可以将少数边角上的电池片不连接入电路，以满足电学要求。

3.3.6　光伏建筑一体化的主要安装类型

光伏建筑一体化的主要安装类型有建材型和独立型。其中建材型又分屋顶一体化，墙面一体化，建筑构件一体化，建筑立面 LED 一体化。

两种类型的优缺点：

(1) 独立型：优点是生产成本低，价格便宜，既能安装在建筑结构体上，又能单独安装。缺点是无法直接替代建筑材料使用，PV 板与建材重叠使用造成浪费，施工成本高。

(2) 建材型：优点是施工时可按模块方式拼装，集发电功能与建筑功能一体，施工成本低。缺点是技术要求相对会更高，很难在同一流水线上大规模生产，需要投入人力手工操作。

光伏方阵与建筑的结合（即独立型）是一种常用的形式。2008 年奥运会体育赛事的国家游泳中心和国家体育馆等奥运场馆中，采用的就是光伏方阵与建筑结合的太阳能光伏并网发电系统，这些系统年发电量可达 70 万 kWh，相当于节约标煤 170t，减少 CO_2 排放 570t。

3.3.7　光伏建筑一体化的太阳能电池组件

为了促进光伏建筑一体化的产业发展，必须降低材料成本，将太阳能电池组件和建筑材料有机结合，可以降低整个系统的安装成本。近年来常用的光伏建材见表 3-1。

表 3-1　　　　　　　　　　　光伏建筑一体化的十种形式及材料

序号	形　式	光伏组件要求	建筑要求	类　型
1	光伏屋顶	透明光伏组件	有采光要求	集成
2	光伏屋顶	光伏屋面瓦	无采光要求	集成
3	光伏幕墙	透明光伏组件	透明幕墙	集成
4	光伏幕墙	非透明光伏组件	非透明幕墙	集成
5	光伏遮阳板	透明光伏组件	有采光要求	集成
6	光伏遮阳板	非透明光伏组件	无采光要求	集成
7	屋顶光伏电站	普通光伏组件	无	结合
8	墙面光伏电站	普通光伏组件	无	结合
9	光伏 LED 幕墙	LED 光伏组件	有无采光均可	结合或集成
10	光伏 LED 天幕	LED 光伏组件	有无采光均可	结合或集成

1. 透光型太阳能电池组件

该组件是采光型的太阳能电池组件，安装在窗户和天窗等部位，是采光和发电同时进行的新型电池组件。外观和内观都可采用过去没有的新设计。主要特征：①高楼的窗户、墙面、屋顶、集中住宅的阳台等处可以安装，室内能够采光。另外，能保证大的安装面积。②即使在室内，因为采用了强化玻璃，所以在室内与其接触的机会多也不用担心安全性。③利用原来窗户的零件就可以施工。

2. 玻璃幕墙

该组件可以在超过 200m 的超高层大楼中使用，有较好的创意性和耐候性。主要特征：①由于在铝制幕墙内镶入电池组件，因此不需要专用支架。②为了防止组件表面的反射光，采用了进行过防止反射处理的玻璃。③为使因自身阴影造成的输出功率降低控制在最低限度，每块组件由多个回路组成。

3. 光伏屋面瓦

光伏屋面瓦敷设在建筑物顶端，必须承受外力冲击，一般采用钢化玻璃。主要有薄膜电池屋面瓦、晶体硅太阳能屋面瓦和弧形晶体硅太阳能屋面瓦。主要特征：①采用钢化玻璃，能承受外力冲击；采用 PVB 胶，具有吸收冲击作用，防止瓦破碎时四散伤人，具有较好的安全性。②和建筑物外观保持一致性，不会影响建筑物整体效果。根据需要，有多种颜色和外观的屋面瓦可选。③除了发电，屋面瓦还具有普通瓦的防雨防漏、隔热保温的效果。

3.3.8 太阳能建筑的应用举例

太阳能为保护环境创造了有利条件，于是许多建筑学家巧妙利用太阳能建造太阳能建筑。

1. 太阳能墙

美国建筑专家发明太阳能墙，是在建筑物的墙体外侧装一层薄薄的黑色打孔铝板，能吸收照射到墙体上的 80% 的太阳能量。被吸入铝板的空气经预热后，通过墙体内的泵抽到建筑物内，就能节约中央空调的能耗。

2. 太阳能窗

德国科学家发明了两种采用光热调节的玻璃窗。一种是太阳能温度调节系统，白天采集建筑物窗玻璃表面的暖气，然后把这种太阳能传递到墙和地板的空间存储，到了晚上再放出来；另一种是自动调整进入房间的阳光量，如同变色太阳镜一样，根据房间设定的温度，窗玻璃或是变成透明或是变成不透明。

3. 太阳能房屋

德国建筑师塞多·特霍尔斯建造了一座能在基座上转动跟踪阳光的太阳能房屋。该房屋安装在一个圆盘底座上，由一个小型太阳能电动机带动一组齿轮，使房屋底座在环形轨道上以每分钟转动 3cm 的速度随太阳旋转。这个跟踪太阳的系统所消耗的电力仅为该房太阳能发电功率的 1%，而该房太阳能发电量相当于一般不能转动的太阳能房屋的 2 倍。

3.3.9 屋顶光伏方阵的设计

一般在住宅安装太阳能光伏发电系统的场合，多数在屋顶安装太阳能电池，屋顶是住

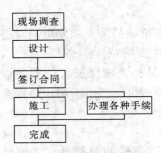

图 3-15 从设计到施工
的流程

宅中耐久性及设计上最重要的部位,在太阳能电池阵列的安装设计、施工时要注意这点。

3.3.9.1 从设计到施工的流程

在住宅安装太阳能光伏发电系统时,首先要仔细听取用户的要求,其次对安装环境和住宅的结构等进行充分考察,在此基础上进行设计。设计与施工单位和住宅建设单位在设计各方面最终要达成一致意见后,要取得用户的认可(签订合同)。施工时应按照施工图纸施工,但是新建的房屋要与住宅建设工程的进程边协调边完成太阳能光伏发电系统的安装为好。还有,留有充裕的时间办理各种手续也是很重要的。标准程序如图 3-15 所示。

3.3.9.2 事前调查(现场调查)

住宅屋顶的形状、材料及工艺千差万别,这些是对住宅的设计、耐久性影响很大的因素。因而,在住宅的屋顶安装太阳能电池阵列的场合,不管房屋是新建的还是已建的,在计划的初期应对安装条件仔细研究。现场调查时,安装施工单位要了解的事项见表 3-2 所列。研究时,最好邀请该房屋的建设单位一起讨论,必要时结合建筑图纸讨论。

表 3-2 调查事项

项 目	内 容
与用户商量	发电量,安装场地、时间、要求
房屋的考察	屋顶的形状,场地条件,安装部位的构造、强度
电气设备的调查	布线的路径,电气设备的位置
作业环境的调查	搬运路径,作业空间,材料保管空间,周围有无障碍物

3.3.9.3 设计流程

设计住宅用的太阳能光伏发电系统时的标准步骤如图 3-16 所示。对于系统设计,首先以事先调查为基础,根据住宅屋顶状况进行太阳能电池阵列的安装设计;其次,选择符合安装设计的太阳能电池组件,计算出阵列的发电量;最后,根据阵列的发电量选择其他设备。下面对太阳能电池阵列的安装设计和阵列的发电量的计算加以叙述。

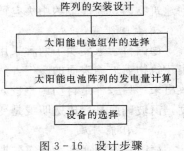

图 3-16 设计步骤

1. 太阳能电池阵列的安装设计

(1)屋顶的形状、方位及倾斜角。

住宅的屋顶形状有山墙形、四坡屋顶形等多种(图 3-17)。

住宅的方位(安装的方位)正南方向为最理想,实际上也有偏东西方向的场合。正南(方位角 0°)方向的日照量的差别也给太阳能电池的倾斜角产生影响,东南和西南(方位角 45°)的场合,发电量降低 10%,正东、正西(方位角 90°)的场合降低 20%。倾斜角

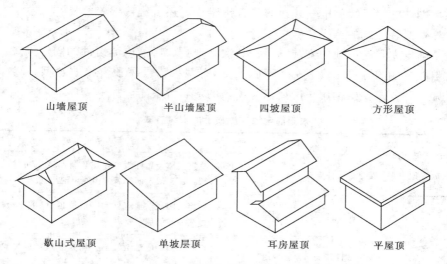

图 3 - 17   各种屋顶形状

越小，与正南的差别越小。再与东西向相比，一般东向得
到的日照量多。这种现象是因为午后比午前有云的情况较
多。以正南方向的发电量为 100，其他朝向的发电量均有
不同程度的减少（图 3 - 18）。

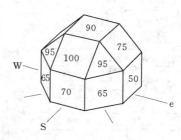

图 3 - 18   太阳能电池阵列
不同朝向的相对发电量

屋顶的倾斜角一般为 15°～45°，这在太阳能电池阵列
的最佳倾斜度（年累计日照量最大的倾斜角通常比安装场
所的纬度稍稍小一点）的 ±15° 范围内，用这种范围的倾
斜角得到的年累计日照量最佳值相差最大为 10% 以下。

方位、倾斜角对于安装场所来说都存在一个最佳值。
但是，在屋顶上安装太阳能电池的场合，按照这种方位、倾斜角制造安装支架，不仅增加
支架的成本和重量，同时增加对房子的负担，而且设计难度也增大。

综合考虑这些因素，安装时与屋顶平行安装的方式比较合适。因此在设计系统时，首
先要明确要安装的屋顶条件。

（2）太阳能电池组件的配置。

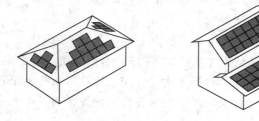

图 3 - 19   太阳能电池组件的配置

根据屋顶形状，并考虑必要的发电量和周围环境，确定太阳能电池组件的配置（图
3 - 19）。在确定配置方案之前，为了与系统的输入电压相匹配，应先确定组件串联个数。

配置时要事先考虑好后续的电气接线容易且出错少，还有维修保养容易。

(3) 阵列安装方式的选择。

首先，确定太阳能电池的安装场所；其次，选择太阳能电池组件的固定方式。在屋顶上安装太阳能电池的方式见表 3-3 所列，大体有两种：①屋顶直接放置型；②屋顶建材型。选择哪一种方式要根据用户的要求、屋顶的形状等决定。

表 3-3　　　　　　　　　　　　　　　太阳能电池在屋顶上的安装方式

安装方式	固 定 方 式	概　　要
屋顶直接放置型	支撑金属件方式	把支撑金属件固定在屋顶材料或屋面材料后安装支架，在支架上面安装太阳能电池组件
屋顶建材型	太阳能电池组件一体型屋顶材料	将太阳能电池组件和一般屋顶材料（金属板等）组合在一起的屋顶材料
	屋顶材料型太阳能电池组件	将太阳能电池组件本身作为屋顶材料覆盖在屋顶的方式

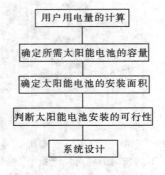

图 3-20　太阳能光伏发电
系统设计步骤

2. 发电量的计算

作为独立电源用的太阳能光伏发电系统（PV 系统）的设计，以从所需电量（负载消耗的电量）计算出太阳能电池容量作为标准方法，设计步骤见图 3-20。但是，在并网系统的场合，发电电量和所使用的电量之间没有相互限制关系，因此由安装场地（面积）决定系统容量的场合较多。所以，首先充分估计出太阳能电池安装场地面积，然后计算出太阳能电池的容量，在此基础上进行系统的整体设计。下面先介绍标准的设计方法，接着结合具体实例介绍计算方法。太阳能电池容量和负载消耗电量之间的关系可用下式表示：

$$P_{AS} = \frac{E_L \times D \times R}{(H_A/G_S) \times K} \tag{3-6}$$

式中　P_{AS}——标准状态（AM1.5，日照强度为 1000W/m² ，太阳能电池单元温度为 25℃）下太阳能电池阵列的输出功率，kW；

H_A——某一时期电池阵列所得到的日照量，kW/(m²·期间)；

G_S——标准状态下的日照强度，kW/m²；

E_L——某一时期的负载消耗电量（所需电量），kW·h/期间；

D——负载对太阳能光伏发电系统的依存率＝1－（备用电源电力的依存率）；

R——设计冗余系数（推算的日照量等受安装环境影响的补正）；

K——综合设计系数（对太阳能电池组件输出偏差的补正，包括线路损失及设备损失等）。

如前面所述的那样，在住宅等处安装太阳能电池阵列的场合受安装面积所限制，因此从安装面积可以算出太阳能电池的容量，再使用上式可以算出期望的发电量。在式（3-6）中把消费电能 E_L 用 1 天的期望发电量 E_P（kWh/日）代替，并设标准形态下的日照强度

G_S 为 1kW/m²，依存率 D 和设计冗余系数 R 皆为 1，则式（3-6）变为下式：

$$E_P = H_A \times K \times P_{AS} \quad (\text{kWh/d}) \tag{3-7}$$

式中，若已知安装场地的日照量 H_A，标准太阳能电池阵列的输出功率 P_{AS} 以及综合设计因数 K，就可以计算出期望发电量。

（1）发电量计算实例。

1）倾斜住宅屋顶的场合。

【例 3-1】　假想在个人屋顶上进行 PV 系统设计。作为研究的屋顶有山墙（朝南方向 45m²）和四坡屋顶（梯形，西南 28m²，东面和西面各 19m²），作为计算前提假定以下条件：①正南屋顶倾斜角为 30°；②日照数据取当地的各月平均值；③太阳能电池组件：标称最大输出功率 102W，标称最大输出工作电压 34V，尺寸 885mm×990mm；④系统直流侧输入电压 200V；⑤系统交流侧输出电压 210V/105V，单相三线制。

解：太阳能电池阵列的输出电压要和系统直流侧输入电压一致，由此确定组件的串联数：

$$\text{串联组件个数} = \frac{\text{太阳能电池组件阵列输出电压}}{\text{太阳能电池组件标称电压}} = 200/34 = 5.88$$

取整数 6，所以串联数为 6，这一组件串的输出功率为 612W，输出电压为 204V。从屋顶面操作的安全性考虑，有的厂商采用小型太阳能电池组件串联 8 个或 12 个。

首先考虑山墙的场合，从安装面积来看可以并联安装 5 组，得到标准太阳能电池阵列的输出功率为 3kW。屋顶上安装的假想图如图 3-21（a）所示。其次考虑太阳能电池阵列可以供给多少发电量。由表 3-4，可以查到 1 月份阵列面的日照量为 3.93kW/(m²·d)，取综合设计系数 0.65，根据式（3-7）计算得 1 月份日发电量为：

$$E_P = H_A \times K \times P_{AS} = 3 \times 0.65 \times 3.93 = 7.7\text{kWh/d}$$

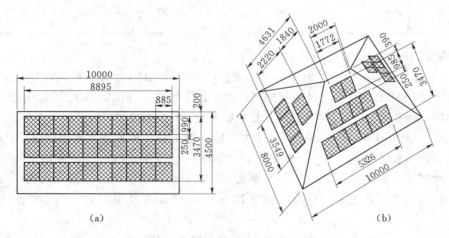

图 3-21　太阳能电池在屋顶上的假想安装图（单位：mm）

(a) 山墙的场合；(b) 四坡屋顶的场合

同样的方法，如表 3-4 所示，推导得到各月的平均的发电量，这里的综合设计系数，因为夏季（5—9 月）和冬季比较由于温度上升而输出功率下降比较大，所以夏季取为

0.60，冬季取为 0.65。还有这里的平均发电量估算，没有考虑周围建筑物和树木的情况，预计这些阴影也会影响太阳能电池组件的发电量，所以有必要考虑。

另外，四坡屋顶的屋顶形状为梯形，所以在一面屋顶最多并联安装 2 组。因此忽视输出功率的一些下降，在东向、西向的屋顶也安装太阳能电池，可以得到标准太阳能电池阵列输出功率为 2.4kW。四坡屋顶上安装的假想图如图 3-21（b）所示。如果将太阳能电池东西向安装，那么它的输出比正南方向降低 20% 左右。在这个例子中 1/2 的太阳能电池被东西向分开安装，因此实际的最大总输出功率估计在 2.2kW 左右。

表 3-4　　　　　　　　　　某地太阳能光伏发电系统的可供给的发电量

月　份	倾斜面的日照量（30°） [kW/(m²·d)]	月发电量 （kWh/月）	日发电量 （kWh/d）
1	3.93	237.0	7.7
2	3.98	218.1	7.8
3	4.23	251.9	8.1
4	4.27	239.3	8.0
5	4.58	258.2	8.3
6	3.84	205.8	6.9
7	4.02	218.4	7.0
8	4.45	239.1	7.7
9	3.51	186.1	6.0
10	3.28	186.1	6.0
11	3.39	191.1	6.4
12	3.51	209.7	6.8
年总发电量		2642（kWh/d）	

2）地面或平屋顶住宅的场合。

【**例 3-2**】　假定在平坦的地面上和平屋顶上安装太阳能电池阵列的设计。安装标准太阳能电池阵列输出功率为 10kW 的太阳能电池阵列时，作为计算前提假定如下条件：①正南方向，倾斜角为 30°（30°左右年发电量最大，但实际上 20°的情况较多）；②日照数据使用某地各月平均值（见表 3-4）；③太阳能电池组件：标称最大输出功率 50W，标称最大输出工作电压 17.5V，尺寸 400mm×1000mm；④支架间隔：保证在冬至的午前 9 时至午后 3 时期间，后面的阵列对前方的阵列不形成阴影；⑤系统直流侧输入电压为 300V。

解：首先，为了将直流回路电压调至 DC300V，求出组件串内的太阳能电池组件的串联数：

$$串联组件个数 = \frac{太阳能电池组件阵列输出电压}{太阳能电池组件标称电压} = 300/17.5 = 17.14$$

取整数 18，所以串联数为 18 个。该组件串的输出功率为 900W，输出电压为 315V。总输出功率为 10kW，所以要并联 12 个组件串，即太阳能电池组件为 18×12＝216 个，标准太阳能电池阵列的输出功率为 10.8kW。

在太阳能电池阵列上安装电池组件的方法很多，但是要从维修保养方便考虑，如图 3-22所示高约 1700mm 为好。关于太阳能电池阵列之间的距离，在下一个学习任务中介绍。

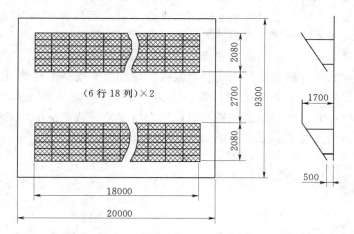

图 3-22　在地面或平顶屋安装太阳能电池方阵的假想图

（2）太阳能电池阵列的变换效率 η。

标准状态下的太阳能电池阵列的变换效率 η，可用式（3-8）表示，这里 A 代表太阳能电池阵列的面积。

$$\eta = \frac{P_{AS}}{G_S \times A} \times 100\% \qquad (3-8)$$

太阳能电池单元和太阳能电池组件的变换效率同样用式（3-8）4 计算，因多数场合为简单起见称为变换效率，但研究时应区别对待。一般这些变换效率之间有如下关系：

太阳能电池单元的 η ＞太阳能电池组件的 η ＞太阳能电池阵列的 η

3.3.10　光伏建筑的光伏组件安装要求

太阳能电池方阵有 3 种安装形式：①安装在柱上；②安装在地面上；③安装在屋顶上。采用哪一种安装形式取决于诸多因素，包括方阵尺寸、可利用的空间、采光条件、防止破坏和盗窃、风负载、视觉效果及安装难度等。除"屋顶集成"的光伏模块外，所有太阳能电池方阵都要求使用金属支架，支架除要有一定强度外，还要有利于固定和支撑。方阵的框架应该十分坚固，要有足够的硬度，重量要轻。方阵支架必须能经受大风和冰雪堆积物的附加重，不会因为人为的和一些大动物破坏造成方阵坍塌。

方阵支架需要地脚支柱，目的有两个：①离地面有一定高度，便于通风；②北方冬季堆积在太阳能电池板下面的雪可能会腐蚀电池板，地脚支柱可防止融化的雪落到电池板上。

一年之内，至少在夏天和冬天改变两次电池板倾角，以此方式固定的太阳能电池方阵有利于增加发电量。而且，手动改变倾角的太阳能电池板对风压的耐受能力较好。

决定在屋顶安装电池板之前，工作人员中最好有一个建筑工程师，先检查一下屋顶。

要确定屋顶能否承受附加的太阳能电池板的重量、要安装的设备重量、堆积的冰雪重量以及安装期间站在屋顶上人的重量等。

太阳能电池板应该面向中午的太阳，而不需要对着指南针的方向，这一点在地志图和太阳能参考书中都有说明。太阳能电池板与水平面的最小倾角是10°，这样可使落在太阳能电池板上的雨水很快地滑落到地面上，从而保持了电池板表面的清洁。

在这3种安装形式中，在地面上安装是最简单的。在柱上安装太阳能电池板的难度依电池板离地的高度而定。而在屋顶上安装电池板的难度由屋顶是否陡峭而定。在比较陡的屋顶上工作不仅非常危险，而且也更加耗时费力。绳子、铲车、脚手架可以提高安装速度。在安装过程中，太阳能电池板的表面应该用东西覆盖，从而减小对电池板电气性能的损伤。在光伏电站周围修建围墙是一种常规做法，可以保证系统安全，使牲畜无法靠近设备。

在屋顶安装太阳能电池方阵，有四种常用方法：支架安装、独立安装、直接安装和一体化安装。

1. 支架安装

在支架安装方式中，电池组件用一个金属框架支撑，并呈现一个预先设定好的倾角。用支架安装的方阵，通过用螺钉将支架固定在屋顶上。这种安装方法会带来增加屋顶承重及风应力等问题。但是，由于气流通路完全环绕电池组件周围，组件可保持相对较低的工作温度，从而提高了效率。有些支架安装方式可以按季节调节倾角，以提高光伏系统效率。

2. 独立安装

独立安装方式将电池组件安装在屋顶上的框架上，这个框架平行于屋顶的倾角，并且离屋顶10～20cm高。支撑横杆固定在独立的框架上，组件固定在这些横杆上。独立安装方式为方阵提供了空气自由流动的通路。独立安装方式的缺点是维护方阵和更换屋顶材料都比较困难。

3. 直接安装

直接安装方式将电池组件直接安装在普通屋顶的覆盖物上，因此不需支撑框架和横杆。组件必须保持屋顶覆盖物密封的完整性，因此要经常使用合适的密封剂密封屋顶。

直接安装系统的空气流不能在方阵组件周围流动，这就导致了在这种安装方式中的组件工作温度比其他安装方式大约高20℃。由于不能完全观察到方阵的电气连接情况，这给分析、修理和维护都带来困难。

4. 一体化安装

一体化安装方式将电池组件直接安装在屋顶的椽子上，并用电池组件取代了常规的屋顶覆盖物。方阵使用釉面丁基合成橡胶或装有金属板条的衬垫材料密封。这种安装方式适合于屋顶朝向和倾角都适宜日光照射的场合使用。这种系统很容易通风，因此可以保证电池方阵运行在效率较高的工作温度下。由于太阳能电池板的连接线路都暴露在阁楼中，这样很容易检查和维修线路。

光伏玻璃幕墙也属于一体化安装方式。这种方式下太阳能电池被夹在两层超白玻璃之间，解决太阳能电池的散热问题是该方式利用的技术关键。

根据民用建筑光伏系统应用技术规范，建筑物的光伏组件安装要符合以下要求。

3.3.10.1　平屋面上安装光伏组件要求

（1）光伏组件安装宜按最佳倾角进行设计。当光伏组件安装倾角小于 10°时，应考虑设置维修、人工清洗的设施与通道。

（2）光伏组件安装支架宜采用可调节支架，包括自动跟踪型和手动调节型。

（3）支架安装型光伏方阵中光伏组件的间距应满足冬至日不遮挡太阳光的要求。

（4）在建筑屋面上安装光伏组件，应选择不影响屋面排水功能的基座形式和安装方式。

（5）光伏组件基座与结构层相连时，防水层应包到支座和金属埋件的上部，并在地脚螺栓周围作密封处理。

（6）在屋面防水层上安装光伏组件时，其支架基座下部应增设附加防水层。

（7）直接构成建筑屋面面层的建材型光伏组件，除应保障屋面排水通畅外，安装基层还应具有一定的刚度。在空气质量较差的地区，还应设置清洗光伏组件表面的设施。

（8）光伏组件周围屋面、检修通道、屋面出入口和光伏方阵之间的人行通道上部应铺设屋面保护层。

（9）光伏组件的引线穿过屋面处应预埋防水套管，并作防水密封处理。防水套管应在屋面防水层施工前埋设完毕。

3.3.10.2　坡屋面上安装光伏组件要求

（1）坡屋面坡度宜按照光伏组件全年获得电能最多的倾角设计。

（2）光伏组件宜采用顺坡镶嵌或顺坡架空安装方式。

（3）建材型光伏构件与周围屋面材料连接部位应做好建筑构造处理，并应满足屋面整体的保温、防水等围护结构功能要求。

（4）顺坡架空安装的光伏组件与屋面之间的垂直距离应满足安装和通风散热间隙的要求。

3.3.10.3　阳台或平台上安装光伏组件要求

（1）低纬度地区安装在阳台或平台栏板上的晶体硅光伏组件应有适当的倾角。

（2）安装在阳台或平台栏板上的光伏组件支架应与栏板结构主体构件上的预埋件牢固连接。

（3）构成阳台或平台栏板的构件型光伏构件，应满足刚度、强度、防护功能和电气安全要求。

（4）应采取保护人身安全的防护措施。

3.3.10.4　墙面上安装光伏组件要求

（1）低纬度地区安装在墙面上的晶体硅光伏组件应有适当的倾角。

（2）安装在墙面的光伏组件支架应与墙面结构主体上的预埋件牢固锚固。

（3）光伏组件与墙面的连接不应影响墙体的保温构造和节能效果。

（4）设置在墙面的光伏组件的引线穿过墙面处，应预埋防水套管。穿墙管线不宜设在结构柱处。

（5）光伏组件镶嵌在墙面时，宜与墙面装饰材料、色彩、分格等协调处理。

（6）安装在墙面上作为遮阳构件的光伏组件应作遮阳分析，满足室内采光和日照的要求。

（7）光伏组件安装在窗面上时，应满足窗面采光、通风等围护结构功能要求。

（8）应采取保护人身安全的防护措施。

3.3.10.5 幕墙上安装光伏组件的要求：

（1）安装在幕墙上的光伏组件宜采用光伏幕墙。

（2）光伏组件尺寸应符合幕墙设计模数，光伏组件表面颜色、质感应与幕墙协调统一。

（3）光伏幕墙的性能应满足所安装幕墙整体物理性能的要求，并应满足建筑节能的要求。

（4）对于有采光和安全双重性能要求的部位，应使用双玻光伏幕墙，其使用的夹胶层应为 PVB 或其他满足安全玻璃要求的夹胶。

（5）玻璃光伏幕墙的结构性能应满足国家现行标准《玻璃幕墙工程技术规范》（JGJ 102—2003）的要求，并应满足建筑室内对视线和透光性能的要求。

（6）由玻璃光伏幕墙构成的雨篷、檐口和采光顶，应满足建筑相应部位的刚度、强度、排水功能及防止空中坠物的安全性要求。

3.3.11 案例分析：哈尔滨九州电气 3MW 屋顶光伏电站项目设计分析

1. 项目设计构想

哈尔滨九州电气新建厂区位于哈尔滨市松北区，本期项目为九州电气科研楼屋顶光伏发电项目，预计安装容量为 3MW。楼房建设凸显节能环保主题，屋顶安装光伏阵列，引出端经控制器和逆变器与公共电网相连接，为节约造价不安装蓄电池组，而是由光伏方阵和电网并联为公司提供电力，当光伏发电系统工作时，产生的电能通过转换作为公用部分照明及试验、生产用电，当有多余的电能产生时，则馈入电网。

2. 可行性分析

太阳每秒到达地面的能量达 80 万 kW，如果能把太阳光照射到地面 1h 的能量聚积起来，就能满足人类一年的能源需求。太阳能是取之不尽，用之不竭的。我国的绝大多数地区，都具有发展太阳能光伏发电的条件。本项目所处的哈尔滨地区，位于东经 125°42′～130°10′、北纬 44°04′～46°40′。哈尔滨的气候属中温带大陆性季风气候，特点是四季分明，春季山野披绿，满城丁香，夏季清凉宜人，休闲避暑；秋季秋高气爽，层林尽染；冬季银装素裹，雪韵冰情。冬季 1 月平均气温约 -19℃；夏季 7 月的平均气温约 23℃。全年平均降水量 569.1mm，夏季降水量占全年的 60%。水平面日平均辐照度为 3.63kWh/m²，45°的倾斜面辐照度日平均辐照度为 4.5kWh/m²，太阳能资源相对丰富，再加上厂区大楼南面无高层建筑阻挡，具有良好的项目实施条件。依据系统效率（25 年平均效率）保守数据 75% 来计算，3MW 屋顶发电项目年度可发电量约为 3695625kWh。在不考虑国家、省市上网电价补贴政策的前提下，按照目前工业用电价格，以 1.0 元/kWh 计算，每年累计可减少市电购买 3695625 元。由此判断，此项目可行。

3. 主要部件设计

哈尔滨九州电气 3MW 屋顶光伏发电系统，计划采用分块发电、集中并网方案。如图 3-23 所示，将系统分成 3 个 $1MW_p$ 的光伏并网发电单元，并且每个 1MW 发电单元采用 4 台 250kW 的并网逆变器的方案。每个光伏并网发电单元的电池组件采用串并联的方式组成太阳能电池阵列，太阳能电池阵列输入光伏方阵汇流箱后接入直流配电柜，然后经光伏并网逆变器和交流防雷配电柜并入变压配电装置，最终实现将整个光伏并网系统接入交流电网进行并网发电方案。

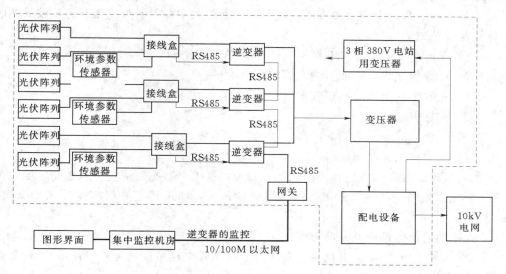

图 3-23 九州电气 3MW 太阳能并网发电系统设计方案框图

（1）太阳能电池阵列。

1）太阳能光伏组件选型。

多晶硅光伏组件与单晶硅光伏组件相比较，使用寿命均能达 25 年，功率衰减均小于 15%。

虽然多晶硅转换效率略低于单晶硅，但具有生产效率高，成本较低的优点，在高功率光伏并网发电系统中一般采用多晶硅组件。

根据性价比计算，本方案计划采用 $165W_p$ 太阳能光伏组件，其峰值功率为 $165W_p$，峰值电压为 24V，峰值电流为 7A。

2）并网光伏系统效率计算。

并网光伏发电系统的总效率主要由光伏阵列的效率、逆变器的效率、交流并网效率三部分组成。

光伏阵列效率 η_1：光伏阵列在 $1000W/m^2$ 太阳辐射强度下，实际的直流输出功率与标称功率之比。光伏阵列在能量转换过程中的损失包括：组件的匹配损失、表面尘埃遮挡损失、不可利用的太阳辐射损失、温度影响、最大功率点跟踪精度及直流线路损失等，取效率 85% 计算。

逆变器转换效率 η_2：逆变器输出的交流电功率与直流输入功率之比，取效率 95%

计算。

交流并网效率 η_3：从逆变器输出至高压电网的传输效率，其中主要是升压变压器的效率，取效率 95% 计算。

系统总效率 $\eta_总$：$\eta_总 = \eta_1 \times \eta_2 \times \eta_3 = 77\%$。

3）倾斜面光伏阵列表面的太阳能辐射量计算。

从气象站得到的资料，均为水平面上太阳能辐射量，需要换算成光伏阵列倾斜面的辐射量才能进行发电量的计算。

对于某一倾斜角固定安装的光伏阵列，所接受的太阳辐射能与倾角有关，较简便的辐射量计算经验公式为：

$$RD = S \times [\sin(\alpha + \beta) / \sin\alpha] + D$$

式中　RD——倾斜光伏阵列面上的太阳能总辐射量；

　　　S——水平面上太阳直接辐射量；

　　　D——散射辐射量；

　　　α——中午时分的太阳高度角；

　　　β——光伏阵列倾角。

通过将气象站得到的数据代入公式计算得出的一系列数据，通过分析得出，哈尔滨市区 45°倾斜角照射时全年接收的太阳能辐射能量最大，所以确定光伏阵列按照 45°倾角固定安装。

4）太阳能光伏组件串联并联方案。

此工程计划采用 250kW 并网逆变器，其直流工作电压范围为 450～880VDC，最佳直流电压工作点为 560VDC。

太阳能光伏组件串联的数量 $N_s = 560V/24V = 23$ 块，这里考虑到温度变化系数，以 18 块太阳能电池组件串联，单列串联功率 $= 18 \times 165W_p = 2970W_p$；单台 250kW 逆变器需要配置太阳能电池组件并联的数量 $N_p = 250kW/2970W \approx 85$ 列，$1MW_p$ 的光伏电池阵列单元则需要设计 $85 \times 4 = 340$ 列支路并联，共计 $340 \times 18 = 6120$ 块太阳能电池组件。

则实际整个 3MW 光伏系统所需 $165W_p$ 的电池组件数量 $M = 3 \times 6120 = 18360$ 块，实际功率达 3.029MW。

按照九州电气 3MW 光伏电站的初步计划设计，该工程需要 $165W_p$ 的多晶硅太阳能电池组件 18360 块，18 块串联，1020 列支路并联的阵列。

（2）逆变器选择。

此太阳能光伏并网发电系统为 3 个 $1MW_p$ 的光伏并网发电单元并联组成，每个并网发电单元需要 4 台功率为 250kW 的并网逆变器（直流工作电压范围为 450～880VDC，最佳直流电压工作点为 560VDC，最大阵列输入电流 560A），整个系统配置 12 台此型号的光伏并网逆变器，组成 3MW 并网发电逆变系统。

（3）监控系统。

如图 3-24 所示，监控系统是以 sunny WebBox 为总控单元，此系统可以连接最多 50 台并网逆变器，可以监控每台逆变器的日发电量、累计发电量等，同时系统配备环境传感器可以采集辐照量、温度、风速等信息为分析系统发电量提供依据。

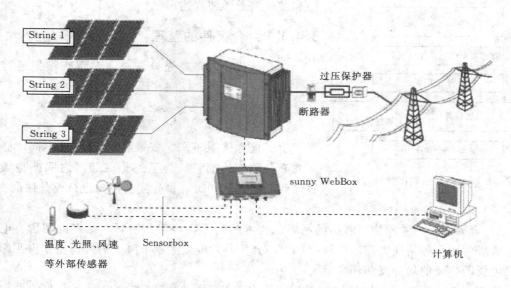

图 3 - 24　监控系统

（4）环境监测装置。

在光伏并网发电系统中配一套环境监测装置，实时监测环境日照强度、风速、风向、温度等参数，其通信接口可接入并网监控系统，实时记录环境数据。

（5）系统防雷接地装置。

为保证本光伏并网发电系统安全可靠，防止因雷击、浪涌等外在因素导致系统器件损坏等情况发生，系统的防雷接地装置必不可少。

除此之外，并网逆变器交流侧还要配有交流防雷配电柜、交流升压变压器等设备。

通过对 3MW 光伏发电系统与建筑结构相结合的设计与实施，九州电气将在实现用电自给自足的基础上，将多余的电能出售给电力公司创造效益。不但节约了电费，而且减少了铺设电缆等道路挖掘量，降低了施工投资，此工程实施后将把公司打造成为光电建筑一体化示范基地和科研基地。

任务 4　地面太阳能电池方阵组合

【学习目标】

◇　了解组件组合的条件。

◇　掌握光伏方阵的设计方法。

◇　掌握地面光伏方阵的安装方法。

下面就太阳能电池阵列在地面上的安装或者在平屋顶上安装的设计方法进行阐述。设计时，根据事先调查对设计条件进行充分分析，在此基础上进行太阳能电池阵列的设计及支架设计。支架设计的步骤如图 3 - 25 所示。下面对设计条件整理后的支架设计的基本方

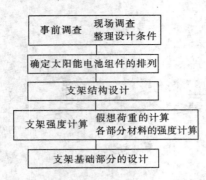

图 3-25 支架基础部分设计流程

法和设计例子详细叙述。

3.4.1 组合条件的整理

在设计前，首先要充分调查，对调查结果进行整理，选出设计条件，反映在设计内容中。

1. 整理内容：现场勘查，并整理调查结果

（1）政策法规。

由于地方体制不同，安装设计条例也不同，必须事先充分调查。而且，为了避免在邻居之间或地域居民之间引起日照纠纷，事先要与用户进行充分协商。

（2）环境条件。

1）有无遮光的障碍物。若山的阴影，树木的阴影，楼房的阴影，烟囱的阴影，电线杆、铁塔的阴影等落在太阳能电池组件上，会使其发电量大幅下降。另外，由于有阴影还会产生所谓热斑的局部发热现象。

还要调查周围的建筑物和树木的落叶等有无影响。接着调查沙尘和火山灰的堆积物情况。

树木因品种不同，每年可长高 0.3～0.5m 左右，如果邻家的树木挡住太阳光，可以和邻家协商锯掉一部分。

2）有无盐害、公害。在沿海附近，调查有无盐害、生锈情况发生。在盐害的地方，若不同的金属相互接触会产生接触腐蚀，所以在不同金属之间采取垫上绝缘物等必要措施。另外，重工业地区及交通繁忙的公路等大气中含有高浓度二氧化硫，可促进金属的生锈腐蚀。因此对所使用钢材进行热浸镀锌时，根据环境变化确定镀锌层的厚度。例如，如果要得到 20 年的使用寿命，在重工业或沿海地区镀锌量为 550～600g/m² 以上，郊区为 400g/m² 以上。

3）冬季的积雪、结冰、雷击灾害状态。根据当地 30 年的气象站数据，太阳能电池阵列的安装高度应大于最多积雪高度。还有，为使 10～20cm 厚的积雪能靠重力自行滑落，太阳能电池阵列倾斜角设为 50°～60°，这样可以减少因积雪导致的发电量下降。

为了防止由于感应雷使设备损坏，在线间装设避雷元件，雷发生特别多的地区则应再安装避雷针。

4）自然灾害。调查在安装场所比周围地面低的情况下，有暴雨和台风时，因排水不畅会不会造成积水；调查因为附近河水泛滥有无淹没阵列的可能等。对这些情况要结合过去所发生的事例进行分析，也可向当地长期居住的老人询问这方面的经验，这对了解当地气象条件也是有益的。

5）有无鸟粪。鸟粪含有油性的成分，干燥的鸟粪容易被雨水溶解成为挡光的障碍物。因此要调查周围楼房屋顶上和地面上是否附着鸽子、乌鸦等其他野鸟的粪，量有多少，还要对周围的树木及森林进行调查，必要时设置驱鸟装置。

（3）安装条件。

1）预安装场地的调查。在地面（大地）上安装的场合，为防止泥和沙往上溅以及小

动物对其破坏，希望安装高度为距离地面 1m。在倾斜地面上安装的场合，要考虑会不会因大雨斜面塌方，为促进斜面的排水，要不要安装排水管等。地面强度差的场合，要进行打桩作业或把斜面角度限制得比较小。

另外，还要对地面基础必要的地基承载力进行调查。到建设地的工程事务所了解有无地下活动断面。

在房屋的屋顶安装的场合，先对房梁位置和防水结构等与房屋结构相关的事项以及冷却塔阴影的影响进行正确调查，然后进行太阳能电池阵列的安装场所、方向、支架的角度等的最佳设计。此时，考虑到排水斜面方向，采用无排水障碍的基础结构。若在壁面上安装时，为了不会因太阳能电池的温度上升使其输出功率下降，有必要设计能自然对流的散热间隔和排气口。

2）房屋的状态。要充分考虑在已建的房屋屋顶上或者个人住宅的平屋顶上安装的基础及阵列的自重加上风压、积雪最大荷重后，会不会对房屋的强度构成威胁后进行设计。

还有，对防漏雨的措施及防火的措施要充分研究。必须特别考虑二级、三级防火措施和排水。若是新建的房屋，让建筑施工单位进行太阳能电池阵列基础部分的防水处理。这时，他们会用与钢筋直接连接的高强度地脚螺栓，做到完全防水。而且，作为建筑工程的一部分，成本也便宜。

3）材料运输路径。事先调查通往安装场地的道路宽度和路自身能承受最大的负荷的能力，以及有无架空输电线、电话线及其高度，再准备搬入工程进行时所需材料。

2. 条件的选择

（1）太阳能电池阵列的方位角和倾斜角。

选择朝南方向的安装场所，倾斜角设为 20°～50°，同时考虑阴影的影响，倾斜角和安装场所的纬度一致是最理想的，为降低成本也可变小，但不可超过 20°～50°的范围。考虑到四季的日照量、冬季积雪的因素，应选择在最低日照量的月份产生的发电量最大的角度为倾斜角。

（2）太阳能电池阵列用的支架。

1）支架的材质。支架的材质是根据环境条件和设计使用寿命选择决定的。阵列的支架结合安装场所设计制造的情况较多，但是为控制设计加工的人工费，在可能的范围内仍采用制作厂的标准支架为好。目前最廉价的产品可选热浸镀锌钢材。不锈钢对盐害等具有高抵抗性，但价格较高。

有些场合使用铝合金制品，但这种产品价格高，而且铝合金比铁的化学活性高，易腐蚀。

2）支架的强度。除雪特别大的地区外，支架强度应最低限度地能承受自重和风压相加的荷重。在房顶上安装的场合，支架的强度也能承受自重和风压的最大荷重。

3）支架的使用寿命。根据设定的使用寿命是多少年，维护保养如何实施等选择材料，以下是根据使用寿命不同采取的不同方法。

钢制＋表面涂漆（有颜色）：5～10 年，再涂漆。

钢制＋热浸镀锌：20～30 年。

不锈钢：30 年以上。

3. 输出功率的确定

对于地面太阳能电池阵列的组合，多用于大型并网型发电站的建设，因此一般不会根据用户需求的用电量来确定系统的输出功率，而是按照系统建筑面积来规划输出功率值。

3.4.2　光伏方阵设计细节

1. 阵列的倾斜角

太阳能电池阵列的倾斜角，在 10°～90°的范围内根据目的设定。在 10°以下时因得不到降雨自清洗效果，所以在太阳能电池组件玻璃面下部和铝矿周围会残存污渍，在这种情况下必须人工清洗。

在积雪地带，如果设定 45°以上的角度，能够使 20～30cm 厚的积雪靠自重滑落。在雪特别大的地区，如果没有挡雪板，积雪直落会对行人造成危害，在这种屋顶不安装太阳能电池为好。

在太阳能高度角变化不大的地区，一般很少调整太阳能电池阵列的倾斜角和方位，节约的成本可以增加一些太阳能电池的装机容量。但在多雪地区，仅在降雪期将倾斜角在 60°～90°的范围内调整以减轻雪害。

2. 组件的安装方向

太阳能电池组件大部分是长方形。把组件的长边纵向安装的方式称为太阳能电池阵列纵置型，长边横向安装的方式称为横置型。

因为横置型阵列中组件使用量比纵置型少一些，因此常采用横置型。但是横置型组件的铝框架和玻璃面的断层差比纵置型高 2 倍，因此它的自然降雨洗净效果差。而且，积雪的场合同样的理由，雪滑落效果也差。因此，尘埃、火山灰、漂浮的盐粒子等多的地区以及积雪地区常采用纵置型。

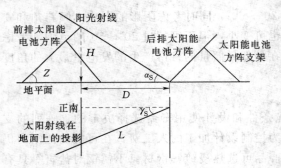

图 3－26　太阳能电池方阵前后间距的计算参考

3. 方阵阵列的前后间距计算

任务 2 中提到阴影引起太阳能电池组件发电量下降，在敷设方阵时，应尽量避开。另外，如果方阵是前后放置时，后面的方阵与前面的方阵之间距离接近后，前边方阵的阴影会对后边方阵的发电量产生影响。如图 3－26 所示，方阵高为 H，其南北方向的阴影长度为 D（即方阵间距），太阳高度角为 α_S，太阳方位角为 γ_S 时，假设阴影的倍率为 R，则：

$$R = \frac{D}{H} = \text{ctg}\alpha_S \cos\gamma_S \qquad (3-9)$$

阵列的影子长度因安装场所的纬度、季节、时间不同而异，如果在影子最长的冬至，从午前 9 时至午后 3 时之间，影子对阵列没有影响，那么太阳能电池输出功率就不受影响。所以此式应按冬至那一天进行计算。

若方阵的上边缘的高度为 h_1，下边缘的高度为 h_2，则方阵之间的距离 D 为：

$$D=(h_1-h_2)\times R \qquad (3-10)$$

冬至日的 $\delta=-23.45°$，上午 9 时的时角 $\omega=45°$，根据式 (2-3a)，得：

$$
\begin{aligned}
\alpha_S &= \arcsin(\sin\varphi\sin\delta+\cos\varphi\cos\delta\cos\omega) \\
&= \arcsin[\cos(-23.45°)\cos(-45°)\cos\varphi+\sin(-23.34°)\sin\varphi] \\
&= \arcsin(0.648\cos\varphi-0.399\sin\varphi)
\end{aligned} \qquad (3-11)
$$

根据式 (2-4)，得：

$$
\begin{aligned}
\gamma_S &= \arcsin\left(\frac{\cos\delta\sin\omega}{\cos\alpha_S}\right) \\
&= \arcsin\left(\frac{\cos(-23.45°)\sin(-45°)}{\cos\alpha_S}\right) \\
&= \arcsin(0.917\times0.707/\cos\alpha_S)
\end{aligned} \qquad (3-12)
$$

【例 3-3】　如北京地区纬度 $\varphi=39.8°$ 太阳能电池方阵高度 $H=2m$，求方阵最小间距。

解：根据式 (3-11)，得：

$$
\begin{aligned}
\alpha_S &= \arcsin(0.648\cos\varphi-0.399\sin\varphi) \\
&= \arcsin(0.648\cos39.8°-0.399\sin39.8°) \\
&= \arcsin(0.498-0.255)=14.04°
\end{aligned}
$$

根据式 (3-12)，得：

$$
\begin{aligned}
\gamma_S &= \arcsin(0.917\times0.707/\cos\alpha_S) \\
&= \arcsin(0.917\times0.707/\cos14.04°)=42.0°
\end{aligned}
$$

所以

$$
\begin{aligned}
D &= H\times R=H\times ctg\alpha_S\times\cos\gamma_S \\
&= 2\times ctg14.04°\times\cos42.0°=5.94m
\end{aligned}
$$

也可以根据式 (3-13) 计算：

$$D=\frac{0.707\tan\varphi+0.4338}{0.707-0.4338\tan\varphi}H \qquad (3-13)$$

当纬度较高时，方阵之间的距离加大，相应地设置场所的面积也会增加。对于有防积雪措施的方阵来说，其倾斜角度大，因此使方阵的高度增大，为避免阴影的影响，相应地也会使方阵之间的距离加大。通常在排布方阵阵列时，应分别选取每一个方阵的构造尺寸，将其高度调整到合适值，从而利用其高度差使方阵之间的距离调整到最小。

具体的太阳能电池方阵设计，在合理确定方位角与倾斜角的同时，还应进行全面的考虑，才能使方阵达到最佳状态。

4. 阵列最低点距地距离的确定

阵列最低点距地距离要求如下：

(1) 应高于当地最大积雪深度。

(2) 应高于当地洪水水位。

(3) 应防止动物破坏。

(4) 应防止泥和沙溅上太阳能电池板。

(5) 一般设计时取值 0.5~0.8m。

5. 驱鸟装置

这种装置应安装在阵列的上部、左右及下部，应采用山形尖锐的金属件或直径 1.5~

2.0mm，有弹性的不锈钢丝朝天空方向安装，这样效果好。还可以用数根极细的不锈钢丝编网悬空放在阵列上面，使鸟不能停在阵列上面。

3.4.3　太阳能电池方阵的安装

1. 安装位置的确定

在光伏发电系统设计时，就要在计划施工的现场进行勘测，确定安装方式和位置，测量安装场地的尺寸，确定电池组件方阵的朝向方位角和倾斜角。太阳能电池方阵的安装地点不能有建筑物或树木等遮挡物，如实在无法避免，也要保证太阳能方阵在上午 9 时到下午 16 时能接收到阳光。太阳能电池方阵与方阵的间距等都应严格按照设计要求确定。

2. 太阳能电池方阵基础与支架的施工

首先进行场地平整挖坑，按设计要求的位置浇注光伏电池方阵的支架基础。基础预埋件要平整牢固。当要在屋顶安装电池方阵时，要使基座预埋件与屋顶主体结构的钢筋焊接或连接，如果受到结构限制无法进行焊接或连接的，应采取措施加大基座与屋顶的附着力，并采用钢丝拉紧法或支架延长固定等加以固定。基座制作完成后，要对屋顶破坏或涉及部分按照国家标准《屋面工程质量验收规范》（GB 50207—2002）的要求做防水处理，防止渗水、漏雨现象发生。

太阳能电池方阵支架应采用热镀锌钢材或普通角钢制作，沿海地区可考虑采用不锈钢等耐腐蚀钢材制作。支架的焊接制作质量要符合国家标准《钢结构工程施工质量验收规范》（GB 50205—2001）的要求。普通钢材支架的全部及热镀锌钢材支架的焊接部位，要进行涂防锈漆等防腐处理。太阳能电池支架与基础之间应焊接或安装牢固。

在电池方阵基础与支架的施工过程中，应尽量避免对相关建筑物及附属设施的破坏，如因施工需要不得已造成局部破损，应在施工结束后及时修复。

电池组件边框及支架要与保护接地系统可靠连接。

3. 太阳能电池组件的安装

（1）太阳能光伏电池组件在存放、搬运、安装等过程中，不得碰撞或受损，特别要注意防止组件玻璃表面及背面的背板材料受到硬物的直接冲击。

（2）组件安装前就根据组件生产厂家提供的出厂实测技术参数和曲线，对电池组件进行分组，将峰值工作电流相近的组件串联在一起，将峰值工作电压相近的组件并联在一起，以充分发挥电池方阵的整体效能。

（3）将分好组的组件依次摆放到支架上，并用电线穿过支架和组件边框的固定孔，将组件与支架固定。

（4）按照方阵组件串并联的设计要求，用电缆将组件的正负板进行连接。对于接线盒直接带有连接线和连接器的组件，在连接器上都标注有正负极性，只要将连接器接插件直接插接即可。电缆连接完毕，要用绑带、钢丝卡等将电缆固定在支架上，以免长期风吹摇动造成电缆磨损或接触不良。

（5）安装中要注意方阵的正负极两输出端，不能短路，否则可能造成人身事故或引起火灾。在阳光下安装时，最好用黑塑料薄膜、包装纸片等不透光材料将太阳能电池组件遮盖，以免输出电压过高影响连接操作或造成施工人员触电的危险。

（6）安装斜坡屋顶的建材一体化太阳能电池组件时，互相间的上下左右防雨连接结构必须严格施工，严禁漏雨、漏水，外表必须整齐美观，避免光伏组件扭曲受力。屋顶坡度超过10°时，要设置施工脚踏板，防止人员或工具物品滑落。严禁下雨天在屋顶面施工。

（7）太阳能电池组件安装完毕后要先测量总的电流和电压，如果不合乎设计要求，就应该对各个支路分别测量。当然为了避免互相影响，在测量各个支路的电流与电压时，各个支路要相互断开。

本 章 小 结

> 本学习情境介绍了太阳能电池的工作原理，对太阳能电池、组件、方阵进行了详细的说明。通过该学习情境可以了解各种组件的光电转换效率及主要性能参数，并熟悉提高组件发电效率的方法。以屋顶光伏方阵的组合和地面光伏方阵的组合为例，引入了光伏建筑一体化的概念。详细介绍了不同形式的光伏方阵组合设计方法和安装方法。
>
> 要求学生熟悉各种太阳能电池的性能，掌握提高光伏方阵发电效率的方法。掌握光伏建筑一体化的专业知识，并初步掌握屋顶式和地面式光伏方阵的设计方法及安装流程。

习 题 3

3-1 太阳能电池的工作原理是什么？

3-2 太阳能电池组件的主要性能参数有哪些？

3-3 影响太阳能电池方阵发电效率的因素有哪些？

3-4 光伏建筑的主要建筑形式有哪些？

3-5 屋顶式光伏发电系统和地面式光伏发电系统发电量的确定有什么不同？

3-6 如何合理地确定太阳能电池方阵的方位角和倾斜角？

3-7 如何选择太阳能电池方阵的安装支架？

实 训 项 目 3

题目1：40W太阳能光伏组件串并联设计

1. 实训目的

（1）掌握太阳能发电原理。

（2）熟悉太阳能电池串并联组合原理。

（3）了解太阳能电池阵列的结构组成。

2. 实训内容及设备

（1）实训内容。

1）了解实验指导书或教科书中的光伏转换原理。

2）了解太阳能电池串并联原理。

3）了解太阳能阵列结构原理。

（2）实训设备。

单块功率为 10W 太阳能组件（工作电压 17V，开路电压 22V）	4 块
M4 的螺栓和螺母、垫片和弹片	若干
活动扳手、螺丝刀、剥线钳	1 套
1000W 功率碘钨灯	1 盏
万用表	1 只
风光互补实训平台	1 套

3. 实训步骤

（1）阵列设计。

以 40W 总功率为标准，计算出需要多少块光伏板：

$$光伏板总数＝40÷10＝4 块$$

（2）组件安装。

将光伏板安装在支架上，根据每块光伏板的安装孔，用 M4 的螺栓和螺母将光伏板固定（图 3－27）。

图 3－27 光伏板安装示意图

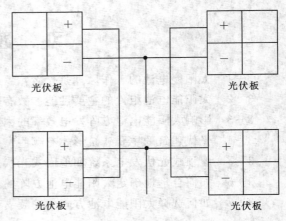

图 3－28 组件接线图

（3）光伏板接线。

光伏输出至系统中的电压为 DC34V，通过计算公式：

$$光伏板输出电压＝光伏板的工作电压×需要串联的光伏板数$$

则四块光伏板，两块串联成一组，再将两组光伏板并联（图 3－28）。打开光伏板背面的黑色接线盒，根据原理图接线，红色线为正极，黑色线为负极。

（4）在风光互补实训平台，控制单元的侧面有若干航空插头，将碘钨灯航空头、寻日系统航空插头接入实训平台中。

（5）打开光伏输入开关，用万用表测量面板上系统输入中的光伏端子，观察光伏的开路电压。

4. 思考题

（1）15kW 的光伏系统中，单块光伏板功率为 250W，工作电压 30V，光伏输入电压为 300V，光伏板是如何串并联的？

（2）观察光伏板黑色接线盒内的二极管，思考二极管在光伏板中的作用。

题目 2：测量环境对光伏板发电效率的影响

1. 实训目的

（1）掌握太阳能发电原理。

（2）熟悉影响光伏板发电效率的环境因素。

（3）了解太阳能电池阵列的结构组成。

2. 实训内容及设备

（1）实训内容。

1）了解实验指导书或教科书中的光伏转换原理。

2）了解太阳能发电原理。

3）了解环境对光伏板的影响。

（2）实训设备。

40W 太阳能光伏板	1 套
风光互补实训平台	1 套
300W 可调式电子负载	1 台

3. 实训步骤

（1）将风光互补实训平台控制单元侧面的碘钨灯、寻日系统的航空插头接上，并将 380VAC 电源线接入电源，将能源转换单元中的系统输入部分的光伏端子接入电子负载前面的板直流输入端子，红色为正极，蓝色为负极。打开总电源开关、碘钨灯开关、PLC 开关、触摸屏开关和光伏输入开关，并将电子负载插上电源，打开前面板的开关按钮。

（2）设定电子负载定电阻模式，给定 500Ω 的阻值，相当于给光伏板加上 500Ω 的纯电阻，设定方式：按下 R-SET 键→按下前面板上的数字键 500→按下 Enter 键，此时已经设定好值。

（3）打开碘钨灯，将碘钨灯照射至光伏板，按下电子负载前面板的 ON/OFF 键，此时电子负载将 500Ω 的电阻值接入光伏板中。

（4）按下控制单元的正转或反转按钮，用于改变光照角度，观察电子负载液晶面板上显示的电压、电流和功率即光伏电压、光伏电流和光伏功率，并记入表 3-5 中。

表 3-5　　　　　　　　　　光照角度对光伏板输出电量的影响

光照角度	0°	30°	60°	90°
光伏电压（V）				
光伏电流（A）				
光伏功率（W）				

（5）将碘钨灯垂直照射至光伏板，并且使光伏板完全在碘钨灯的照射下，保持以上对电子负载的设定，用一块不透光的布，遮挡光伏板的光照面积，观察电子负载液晶面板上的电压、电流和功率，并记入表3-6中。

表3-6　　　　　　　　　　阴影对光伏板输出电量的影响

遮挡光伏板	无遮挡	遮挡1/4	遮挡1/2	遮挡3/4
光伏电压（V）				
光伏电流（A）				
光伏功率（W）				

4. 思考题

（1）思考除了光照角度和光照面积，还有哪些环境对光伏板发电功率有影响？

（2）当光照角度为何值时可以使光伏板的发电功率达到最大？

技能考核（参考表3-7）

（1）观察事物的能力。

（2）操作演示能力。

表3-7　　　　　　　　　　考核记录表

考核要求	考核等级	评语
熟悉系统构成，准确描述	优	
熟悉系统构成，描述不充分	良	
了解系统构成，能够描述	中	
了解系统构成，不能描述	及格	
不了解系统构成，不能描述	不及格	

学习情境 4　离网式光伏发电系统

〖教学目标〗

- ◆ 认识离网式光伏发电系统。
- ◆ 掌握太阳能电池方阵的设计选型。
- ◆ 掌握蓄电池组的设计选型。
- ◆ 掌握光伏控制器的设计选型。
- ◆ 掌握离网式逆变器的设计选型。
- ◆ 掌握光伏系统其他设备选型。

〖教学要求〗

知识要点	能力要求	相关知识	所占分值（100 分）	自评分数
离网式光伏发电系统	认识离网式光伏系统组成及各部分的作用	光伏发电的基本原理	10	
太阳能电池方阵	掌握太阳能电池阵列的设计选型	太阳能电池、太阳能电池组件、太阳能电池方阵	20	
蓄电池组	掌握蓄电池组的设计选型	蓄电池的工作原理	20	
光伏控制器	掌握光伏控制器的设计选型	电力电子相关知识	20	
离网式逆变器	掌握离网式逆变器的设计选型	逆变的概念和电力电子相关知识	20	
光伏系统其他设备	掌握光伏系统其他设备选型	电气设备相关知识	10	

任务 1　离网式光伏发电系统认知

〖学习目标〗

- ◇ 熟悉离网式光伏发电系统的组成。

◇　掌握离网式光伏发电系统的各部分的作用。

◇　了解离网式光伏发电系统的应用领域。

离网型光伏发电系统广泛应用于偏僻山区、无电区、海岛、通信基站和路灯等应用场

图4-1　离网式光伏发电系统

所（图4-1）。光伏方阵在有光照的情况下将太阳能转换为电能，通过太阳能充放电控制器给负载供电，同时给蓄电池组充电；在无光照时，通过太阳能充放电控制器由蓄电池组给直流负载供电，同时蓄电池还要直接给独立逆变器供电，通过独立逆变器逆变成交流电，给交流负载供电。

4.1.1　离网式光伏发电系统

光伏发电是利用半导体界面的光生伏打效应将光能直接转换为电能的过程。光伏发电系统分离网式光伏发电系统（独立光伏发电系统）和并网光伏发电系统。

独立太阳能光伏发电是指太阳能光伏发电不与电网连接的发电方式，需要用蓄电池来存储夜晚用的电量。独立太阳能光伏发电在民用范围内主要用于边远的乡村，如家庭系统、村级太阳能光伏电站；在工业范围内主要用于电讯、卫星广播电视、太阳能水泵，在具备风力发电和小水电的地区还可以组成混合发电系统，如风光互补发电系统等。

并网太阳能光伏发电是指太阳能光伏发电连接到国家电网的发电方式，不需要蓄电池。民用太阳能光伏发电多以家庭为单位，商业用途主要为企业、政府大楼、公共设施、安全设施、夜景美化景观照明系统等的供电，工业用途如太阳能农场。

4.1.2　系统组成

离网光伏系统一般由太阳能电池组件组成的光伏方阵、太阳能充放电控制器、蓄电池组、离网型逆变器、直流负载和交流负载等构成（图4-2）。

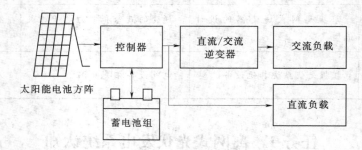

图4-2　离网式光伏发电系统图

1. 太阳能电池方阵

将太阳辐射能直接转换成直流电，供负载使用或存贮在蓄电池内备用。

2. 充放电控制器（图 4-3）

在光伏发电系统中，控制器的基本作用是为蓄电池提供最佳的充放电电流和电压，快速、平稳、高效地为蓄电池充电，并在充电过程中减少损耗，尽量延长蓄电池的使用寿命；同时保护蓄电池，避免过充电和过放电现象发生。在不同类型的光伏发电系统中，控制器不尽相同，其功能多少及复杂程度差别很大，主要由电子元器件、仪表、继电器、开关等组成。

图 4-3　充放电控制器

图 4-4　光伏逆变器

3. 离网型逆变器

由于光伏方阵直接输出电压一般都是 12VDC、24VDC、48VDC、96VDC、192VDC。为能向 220VAC 的电器提供电能，需要将光伏发电系统所发出的直流电能转换成交流电能，因此需要使用 DC-AC 逆变器（图 4-4）。在某些场合，需要使用多种电压的负载时，也要用到 DC-DC 逆变器，如将 24VDC 的电能转换成 5VDC 的电能。

4. 蓄电池组

将太阳能电池方阵发出的直流电能存贮起来，在夜间或阴雨天供负载使用。在光伏发电系统中，电池处于浮充放电状态，夏天日照量大，除了供给负载用电外，还对蓄电池充电。在冬天日照量少时，这部分存贮的电能逐步放出。白天太阳能电池方阵给蓄电池充电，同时供给负载用电，晚上负载用电全部由蓄电池供给。一般分为铅酸电池和胶体电池，小微型系统中，也可用镍氢电池、镍镉电池或锂电池。

4.1.3　离网式光伏发电系统应用领域

1. 用户太阳能电源

（1）小型电源 10～100W 不等，用于边远无电地区如高原、海岛、牧区、边防哨所等军民生活用电，如照明、电视、收音机等。

（2）3～5kW 家庭屋顶离网发电系统。

（3）光伏水泵：解决无电地区的深水井饮用、灌溉。

（4）太阳能净水器：解决无电地区的饮水、净化水质问题。

2. 交通领域

如航标灯、交通/铁路信号灯、交通警示/标志灯、高空障碍灯、高速公路/铁路无线电话亭、无人值守道班供电等。

3. 通信领域

太阳能无人值守微波中继站、光缆维护站、广播/通信/寻呼电源系统，农村载波电话光伏系统、小型通信机、士兵 GPS 供电等。

4．石油、海洋、气象领域

石油管道和水库闸门阴极保护太阳能电源系统、石油钻井平台生活及应急电源、海洋检测设备、气象/水文观测设备等。

5．家庭灯具电源

如庭院灯、路灯、手提灯、野营灯、登山灯、垂钓灯、黑光灯、割胶灯、节能灯、投射灯等。

6．光伏电站

10～50MW 独立光伏电站、风光（柴）互补电站、各种大型停车场充电站等。

7．光伏建筑

将太阳能发电与建筑材料相结合，使得未来的大型建筑实现电力自给，是未来一大发展方向。

8．其他领域

（1）与汽车配套：太阳能汽车/电动车、电池充电设备、汽车空调、换气扇、冷饮箱等。

（2）太阳能制氢加燃料电池的再生发电系统。

（3）海水淡化设备供电。

（4）卫星、航天器、空间太阳能电站等。

4.1.4 应用实例

1．光伏直流照明系统

独立使用的光伏直流照明系统是将太阳能电池组件、蓄电池、照明部件、控制器以及机械结构等部件组合在一起，以太阳能为能源，在室外离网、独立使用的含有一个或多个照明组件的照明装置。它需要配用较大的太阳能电池（3～5倍的光源功率）、蓄电池来储存能量。

有些负载主要是在白天使用，系统中不使用蓄电池，也不需要使用控制器，结构简单，直接使用光伏组件给负载供电，省去了能量在蓄电池中的储存和释放过程，以及控制器中的能量损失，提高了能量利用效率。

2．光伏交流户用电源

光伏户用发电系统主要面向无电地区和供电不足地区。白天，户用发电系统将太阳辐射能量转换成电能，对蓄电池进行充电，晚上蓄电池放电来满足无电户照明和家用电器的

图 4-5 光伏交流户用电源

使用。根据需求及项目地点自然资源的不同，还可以为采用风光互补系统或风光柴互补发电系统，更充分地利用自然资源，以实现系统最优化配置（图 4-5）。

3．光伏水泵系统

光伏水泵系统（图 4-6）全自动运行，无需人工值守，系统主要由光伏扬水逆变器、光伏阵列、水泵组成。系统省却掉蓄电池之类的储能装置，以蓄水替代蓄电，直接驱动水泵扬水。光伏扬水逆变器对系统的运行实施控制和调节，实现最大功率点跟踪。当日照充

足时保证系统额定运行,当日照不足时,设定最低运行频率满足,确保太阳能电池电力的充分应用。太阳能电池阵列由多块太阳能电池组件串并联而成,吸收日照辐射能量,将其转换为电能,为整个系统提供动力电源。水泵从深井或江河湖泊等水源中提水,注入水箱(池),或直接接入灌溉或喷泉等系统。直流泵、交流泵、离心泵、轴流泵、混流泵、深井泵等均可使用。

图 4-6 光伏水泵

图 4-7 风光互补路灯

4. 太阳能路灯

光伏路灯照明系统为城市道路、小区、高速公路等公共场所提供道路照明。白天,光伏路灯照明系统对蓄电池进行充电,晚上蓄电池放电向 LED 灯具供电。光伏照明系统可为城市提供绿色、环保、节能的照明方案,提升城市形象,缓解能源紧张问题。根据需求及项目地点自然资源的不同,还可以采用风光互补系统(图 4-7),更充分地利用自然资源,以实现系统最优化配置。

5. 光伏通信基站系统

光伏通信基站系统(图 4-8)适用于中小规模的通信基站负荷,成为完全或部分替代市电供电的最佳选择。利用新能源可实现完全清洁、绿色、可再生、长寿命、零碳排的供电模式,并且可以在大部分地区获得多种形式的应用,从而帮助运营商降低运行成本,减少能耗支出,消减碳排放。根据需求及项目地点自然资源的不同,还可以采用风

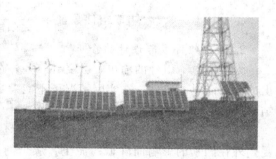

图 4-8 光伏通信基站系统

光互补系统或风光柴互补发电系统,更充分地利用自然资源,以实现系统最优化配置。

任务 2　太阳能电池组件设计选型

【学习目标】

◇　太阳能电池组件的设计选型。

◇　电池组件的串、并联连接。

太阳能光伏电源系统的设计分为软件设计和硬件设计，且软件设计先于硬件设计。

软件设计包括：负载用电量的计算，太阳能电池方阵面辐射量的计算，太阳能电池、蓄电池用量的计算和二者之间相互匹配的优化设计，太阳能电池方阵安装倾角的计算，系统运行情况的预测和系统经济效益的分析等。

硬件设计包括：负载的选型及必要的设计，太阳能电池和蓄电池的选型，太阳能电池支架的设计，逆变器的选型和设计，以及控制、测量系统的选型和设计。对于大型太阳能电池发电系统，还要有方阵场的设计，防雷接地的设计，配电系统的设计以及辅助或备用电源的选型和设计。软件设计由于牵涉到复杂的辐射量、安装倾角以及系统优化的设计计算，一般是由计算机来完成；在要求不太严格的情况下，也可以采取估算的办法。

4.2.1　光伏电池的设计选型

1. 计算太阳能电池组件的基本方法

计算太阳能电池组件的基本方法是用负载平均每天所需的能量（安时数）除以一块太阳能电池组件在一天中可以产生的能量（安时数），这样就可以算出系统需要并联的太阳能电池组件数，使用这些组件并联就可以产生系统负载所需要的电流。将系统的标称电压除以电池组件的标称电压，就可以得到太阳能电池组件需要串联的电池组件数，使用这些组件串联就可以产生系统负载所需的电压。基本计算公式如下：

（1）并联组件数量。

$$并联组件数量 = \frac{负载平均每天所需的能量}{一块太阳能电池组件在一天中可以产生的能量（安时数）} \quad (4-1)$$

（2）串联组件数量。

$$串联组件数量 = \frac{系统标称电压}{太阳能电池组件的标称电压} \quad (4-2)$$

2. 光伏组件方阵设计的修正

太阳能电池组件的输出，会受到一些外在因素的影响而降低，根据上述基本公式计算出的太阳能电池组件，在实际情况下不能满足光伏系统的用电需求，为了得到更加正确的结果，有必要对上述基本公式进行修正。

一是将太阳能电池组件的输出降低 10%。在实际工作中，太阳能电池组件的输出会受到外在因素的影响而降低。泥土、灰尘的覆盖和组件性能的慢慢衰减会降低组件的输出。通常的做法就是在计算的时候减少太阳能电池组件 10% 的输出来解决上述不可预知和不可量化的因素。

二是将负载增加 10% 来应付蓄电池的库伦效率。在蓄电池的充放电过程中，铅酸蓄电池会电解水，产生气体逸出，这就是说太阳能电池组件产生的电流有一部分将不能转化储存起来而是耗散掉了。所以可以认为必须有一小部分电流用来补偿损失，我们用蓄电池的库伦效率来评估这种电流损失。不同的蓄电池其库伦效率不同，通常可以认为有 5%～10% 的损失，所以保守设计中有必要将太阳能电池组件的功率增加 10% 以抵消蓄电池的耗散损失。

考虑到上述因素，必须修正简单的太阳能电池组件设计公式，将每天的负载除以蓄电池的库伦效率，这样就增加了每天的负载，实际上给出了太阳能电池组件需要负担的真正负载；将衰减因子乘以太阳能电池组件的日输出，这样就考虑了环境因素和组件自身衰减造成的太阳能电池组件日输出的减少，给出了一个在实际情况下太阳能电池组件输出的保守估值。综合考虑以上因素，可以得到下面的计算公式：

（1）并联组件数量。

并联组件数量＝负载平均每天需要的能量/蓄电池的库伦效率/一块太阳能电池组件在
一天中可以产生的能量（安时数）　　　　　　　　　　　　　（4-3）

（2）串联组件数量。

串联组件数量＝系统标称电压/太阳能电池组件的标称电压　　　　　（4-4）

3．使用峰值小时数的方法估算太阳能电池组件的输出

因为太阳能电池组件是在标准状态下标定的，但在实际使用中，日照条件以及太阳能电池组件的环境条件是不可能和标准状态完全相同的，因此有必要找出一种可以利用太阳能电池组件额定输出和气象数据来估算实际情况下太阳能电池组件输出的方法。我们可以使用峰值小时数的方法来估算太阳能电池组件的日输出。

（1）计算等效的峰值日照时数。

该方法是将实际斜面上的太阳辐射转换成等同的利用标准太阳辐射 $1000W/m^2$ 照射的小时数。如果辐射量的单位是 cal/cm^2，则：

$$峰值日照时数＝辐射量×0.0116　　　　　　　　　　　（4-5）$$

式中，0.0116 为将辐射量（cal/cm^2）换算成峰值日照时数的换算系数。

峰值日照定义：$100mW/cm^2＝0.1W/cm^2$，$1cal＝4.18J＝4.18W \cdot s$，$1h＝3600s$

则：　　　$(4.18W \cdot s)/(3600s/h×0.1W/cm^2)＝0.0116\ h \cdot cm^2/cal$

【例 4-1】　太阳能电池方阵面上的年总辐射为 $180kcal/cm^2$，计算该方阵面的峰值日照时数。

解：　　　　　年峰值日照时数为＝$180000×0.0116＝2088h/a$

平均每日峰值日照时数＝$2088÷365＝5.72h/d$

如果辐射量的单位是 MJ/m^2，则：

$$峰值日照时数＝辐射量÷3.6（换算系数）　　　　　　　（4-6）$$

【例 4-2】　某地年水平面辐射量为 $5643MJ/m^2$，方阵面上的辐射量为 $6207MJ/m^2$，计算该方阵面的峰值日照时数。

解：　　　　　年峰值日照时数＝$6207÷3.6＝1724h/a$

平均每日峰值日照时数＝$1724÷365＝4.7h/d$

（2）计算太阳能电池组件每天输出功率。

将峰值日照时数乘以太阳能电池组件的峰值功率就可以估算出太阳能电池组件每天输出功率：

$$太阳能电池组件的输出＝峰值日照时数×峰值功率　　　　　（4-7）$$

如已知某地日平均辐射为 $5kWh/m^2$，可以写成 $5h×1000W/m^2$，$1000W/m^2$ 正好是用来标定太阳能电池组件功率的标准辐射量，那么平均辐射为 $5kWh/m^2$ 就基本等同于太

阳能电池组件在标准辐射下照射 5h。这当然不是实际情况，但是可以用来简化计算。因为 $1000W/m^2$ 是生产商用来标定太阳能电池组件功率的辐射量，所以在该辐射条件下的组件输出数值可以很容易从生产商处得到。

（3）计算太阳能电池组件每天输出的安时数。

$$太阳能电池组件每天产生的安时数＝峰值日照小时×I_m \qquad (4-8)$$

式中　I_m——太阳能电池组件的工作电流。

【例 4-3】　在某个地区倾角为 30°的斜面上日平均辐射量为 $5kWh/m^2$，对应一个典型的 $75W_p$ 太阳能电池组件，工作电压 I_m 为 4.4A，计算该组件每天输出的安时数。

解：　　　　　　组件每天输出的安时数＝5h×4.4A＝22Ah/d

【例 4-4】　根据以下条件计算太阳能光伏发电系统需要的太阳能电池组件数。

一个偏远地区建设的光伏供电系统，该系统使用直流负载，负载为 24V，400Ah/d。该地区最低的光照辐射是 1 月，如果采用 30°的倾角，斜面上的平均日太阳辐射为 $3kWh/m^2$，采用典型的 $75W_p$ 太阳能电池组件，工作电压 U_m 为 17V，工作电流 I_m 为 4.4A，计算系统所需太阳能电池组件的数量及输出功率。

解：　　　　　　组件日输出安时数＝3×4.4A＝13.2Ah/d

假设蓄电池的库伦效率为 90%，太阳能电池组件的输出衰减为 10%。根据式（4-2）、式（4-3），得：

并联组件数＝负载平均每天需要的能量/蓄电池的库伦效率/一块太阳能电池组件在
一天中可以产生的能量＝400/0.9/(13.2×0.9)＝37.4

串联组件数＝系统标称电压/太阳能电池组件的标称电压＝24/17＝1.4

根据以上计算数据，可以选择并联组件数为 38，串联组件数为 2，所需太阳能电池组件数为：

$$总的太阳能电池组件数＝38×2＝76 块$$
$$总的输出功率＝76×75＝5700W_p$$

4.2.2　太阳能电池方阵中的二极管

太阳能电池方阵是为满足高电压、大功率的发电要求，由若干个太阳能电池组件通过串并联连接，并通过一定的机械方式固定组合在一起的。除太阳能电池组件的串并联组合外，太阳能电池方阵还需要防反充（防逆流）二极管、旁路二极管、电缆等对电池组件进行电气连接，还需要配备专用的、带避雷器的直流接线箱。有时为了防止鸟粪等沾污太阳能电池方阵表面而产生"热斑效应"，还要在方阵顶端安装驱鸟器。另外电池组件方阵要固定在支架上，支架要有足够的强度和刚度，整个支架要牢固地安装在支架基础上。

二极管是一个半导体器件，只允许电流在一个方向通过。在光伏系统中，二极管有着不同的用途。

1. 阻塞二极管

阻塞二极管置于组件和蓄电池之间的正极性线路上（图 4-9），夜间或阴天时防止蓄电池电流回流到方阵。有些控制器已经包含一个二极管或可实现这一功能的防反电路，起到防反充/防逆流的作用。

2. 旁路二极管

旁路二极管同组件并联（图4-9），当组件上出现阴影时，用来转移流经该电池或组件的电流。多数组件中旁路二极管已经预联，当方阵电压不高于48V时，一般已能满足要求。

在大型方阵中当一串组件发生故障时，其他正常的组件的电流可以经过由旁路二极管形成的通路，从而保证整个光伏方阵仍可正常工作。

3. 隔离二极管

当方阵工作电压高于48V时，应该安装隔离二极管。当方阵其中一串组件或支路发生故障时，隔离二极管可将正常支路与故障支路隔离，从而防止正常支路组件电流的下降。

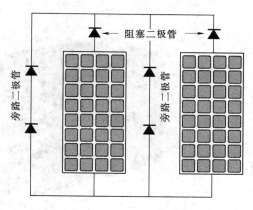

图4-9 光伏方阵中的二极管

系统设计中选择的二极管额定电流，至少是预期通过的最大电流的2倍。二极管的耐压至少能承受2倍的反向工作电压。

任务3 蓄电池的设计选型

【学习目标】

◇ 了解蓄电池的工作原理及性能参数。

◇ 掌握蓄电池的设计选型。

◇ 掌握蓄电池的串并连设计。

蓄电池组是光伏电站的贮能装置，由它将太阳能电池方阵从太阳辐射能转换来的直流电转换为化学能贮存起来，以供应用。

光伏电站中与太阳能电池方阵配用的蓄电池组通常是在半浮充电状态下长期工作，它的电能量比用电负荷所需要的电能量要大，因此，多数时间是处于浅放电状态。当冬季和连阴天由于太阳辐射能减少，而出现太阳能电池方阵充电不足的情况时，可启动光伏电站备用电源——柴油发电机组给蓄电池组补充充电，以保持蓄电池组始终处于浅放电状态。固定式铅酸蓄电池性能优良，质量稳定，容量较大，价格较低，是我国光伏电站目前选用的主要贮能装置。

4.3.1 认识铅酸蓄电池

1. 铅酸蓄电池的结构

铅酸蓄电池主要由正极板组、负极板组、隔板、容器、电解液及附件等部分组成（图4-10）。极板组是由单片极板组合而成，单片极板又由基极（也称极栅）和活性物质构成。铅酸蓄电池的正负极板常用铅锑合金制成，正极的活性物是二氧化铅，负极的活性物质是海绵状纯铅。

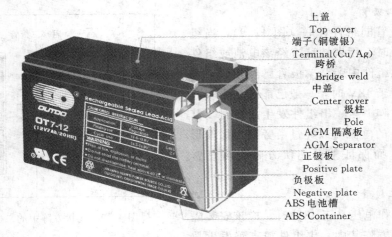

图 4 - 10　铅酸蓄电池的结构

极板按其构造和活性物质形成方法分为涂膏式和化成式。涂膏式极板在同容量时比化成式极板体积小，重量轻，制造简便，价格低廉，因而使用普遍；缺点是在充放电时活性物质容易脱落，因而寿命较短。化成式极板的优点是结构坚实，在放电过程中活性物质脱落较少，因此寿命长；缺点是笨重，制造时间长，成本高。隔板位于两极板之间，防止正负极板接触而造成短路。材料有木质、塑料、硬橡胶、玻璃丝等，现大多采用微孔聚氯乙烯塑料。

电解液是用蒸馏水稀释纯浓硫酸而成。其比重视电池的使用方式和极板种类而定，一般在 1.200~1.300（25℃）之间（充电后）。

容器通常为玻璃容器、衬铅木槽、硬橡胶槽或塑料槽等。

2. 铅酸蓄电池的工作原理

蓄电池是通过充电将电能转换为化学能贮存起来，使用时再将化学能转换为电能释放出来的化学电源装置。它是用两个分离的电极浸在电解质中而成。由还原物质构成的电极为负极。由氧化态物质构成的电极为正极。当外电路接近两极时，氧化还原反应就在电极上进行，电极上的活性物质就分别被氧化还原了，从而释放出电能，这一过程称为放电过程。放电之后，若有反方向电流流入电池时，就可以使两极活性物质回复到原来的化学状态。这种可重复使用的电池，称为二次电池或蓄电池。如果电池反应的可逆变性差，那么放电之后就不能再用充电方法使其恢复初始状态，这种电池称为原电池。

电池中的电解质，通常是电离度大的物质，一般是酸和碱的水溶液，但也有用氨盐、熔融盐或离子导电性好的固体物质作为有效的电池电解液的。以酸性溶液（常用硫酸溶液）作为电解质的蓄电池，称为酸性蓄电池。铅酸蓄电池视使用场地，又可分为固定式和移动式两大类。铅酸蓄电池单体的标称电压为 2V。实际上，电池的端电压随充电和放电的过程而变化。

铅酸蓄电池在充电终止后，端电压很快下降至 2.3V 左右。放电终止电压为 1.7~1.8V。若再继续放电，电压急剧下降，将影响电池的寿命。铅酸蓄电池的使用温度范围为-40~40℃。铅酸蓄电池的安时效率为 85%~90%，瓦时效率为 70%，它们随放电率和温度而改变。

凡需要较大功率并有充电设备可以使电池长期循环使用的地方，均可采用蓄电池。铅酸蓄电池价格较廉，原材料易得，但维护手续多，而且能量低。碱性蓄电池，维护容易，寿命较长，结构坚固，不易损坏，但价格昂贵，制造工艺复杂。从技术经济性综合考虑，目前光伏电站应以主要采用铅酸蓄电池作为贮能装置为宜。

3. 蓄电池的电压

蓄电池每单格的标称电压为 2V，实际电压随充放电的情况而变化。充电结束时，电压为 2.5～2.7V，以后慢慢地降至 2.05V 左右的稳定状态。

如用蓄电池作电源，开始放电时电压很快降至 2V 左右，以后缓慢下降，保持在 1.9～2.0V 之间。当放电接近结束时，电压很快降到 1.7V；当电压低于 1.7V 时，便不应再放电，否则要损坏极板。停止使用后，蓄电池电压自己能回升到 1.98V。

电池放电时电压下降到不宜再放电时的最低电压，称为终止电压。为了防止电池不过放电而损坏极板，各种标准中在不同放电倍率和温度下放电时，都规定了电池的终止电压。后备电源系列电池 10h 率和 3h 率放电的终止电压为 1.8V/单体。1h 率终止电压为 1.75V/单体。对于太阳能用蓄电池，针对不同型号和用途，放电终止电压设计也不一样。终止电压视放电速率和需要而定。通常，小于 10h 的小电流放电，终止电压取值稍高；大于 10h 的大电流放电，终止电压取值稍低。

4. 蓄电池的容量

铅酸蓄电池的容量是指电池蓄电的能力，通常以充足电后的蓄电池放电至端电压到达规定放电终了电压时电池所放出的总电量来表示。在放电电流为定值时，电池的容量用放电电流和时间的乘积来表示，单位是安培小时，简称安时。

蓄电池的"标称容量"是按照国家或有关部门颁布的标准设计，在蓄电池出厂时规定的该蓄电池在一定的放电电流及一定的电解液温度下单格电池的电压降到规定值时所能提供的电量。通信电池一般规定在 25℃环境下以 10h 率电流放电至终止电压。

（1）蓄电池容量与放电率的关系。

同一个电池放电率不同时，给出的容量也不同。放电率有小时率（时间率）和电流率（倍率）两种不同的表示方法。

1）小时率（时间率）：以一定的电流放完额定容量所需的时间。

蓄电池的放电电流常用放电时间的长短来表示（即放电速度），称为"小时率"，如 30、20、10h 率等。其中以 20h 率为正常放电率。所谓 20h 放电率，表示用一定的电流放电，20h 可以放出的额定容量。通常额定容量用字母"C"表示。因而 C_{20} 表示 20h 放电率，C_{30} 表示 30h 放电率。放电电流越大，放电时间就越短，放出来的相应容量就越少。

例如某个 12V 的蓄电池，如果用 2A 放电，5h 降到 10.5V，则容量为

$$C_5 = 2A \times 5h = 10Ah$$

同样这个蓄电池，如果用 1.2A 放电，10h 降到 10.5V，则容量为

$$C_{10} = 1.2A \times 10h = 12Ah$$

2）电流率（倍率）：指放电电流相当于电池额定容量的倍数。

例如，容量为 100Ah 的蓄电池，以 100Ah/10h＝10A 电流放电，10h 将全部电量放完，则电流率为 $0.1C_{10}$；若以 100A 电流放电，则 1h 放完，则电流率为 $1C_{10}$，以此类推。

根据使用条件的不同，汽车蓄电池多用 20h 率容量，固定型或摩托车蓄电池用 10h 率容量，牵引型和电动车蓄电池用 5h 率容量，一般光伏应用可采用 20h 率容量。

（2）蓄电池容量与温度的关系。

铅酸蓄电池电解液的温度对蓄电池的容量有一定的影响，温度高时，电解液的黏度下降，电阻减小，扩散速度增大，电池的化学反应加强，这些都会使容量增大。但是温度升高，蓄电池的自放电会增加，电解液的消耗量也会增加。

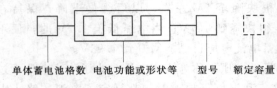

单体蓄电池格数　电池功能或形状等　型号　额定容量

图 4-11　蓄电池型号说明

蓄电池在低温下容量迅速下降，通用型蓄电池在温度降到 5℃时，容量会降到 70％左右。低于 -15℃时容量将下降到不足 60％，且在 -10℃以下充电反应非常缓慢，可能造成放电后难以恢复。放电后，若不能及时充电，在温度低于 -30℃时有冻坏的危险。

5. 蓄电池的型号

铅酸蓄电池的型号由三个部分组成：第一部分表示串联的单体电池个数，第二部分用汉语拼音字母表示的电池类型和特征，第三部分表示 20h 率干荷电式（C_{20}）的额定容量（图 4-11）。例如"6-A-60"型蓄电池，表示 6 个单格（即 12V）的干荷电式铅酸蓄电池，标称容量为 60Ah。表 4-1 为常用字母的含义。

表 4-1　　　　　　　　　　蓄电池常用字母的含义

代　号	拼　音	汉　字	全　称	备　注
G	gu	固	固定型	
F	fa	阀	阀控式	
M	mi	密	密封	
J	jiao	胶	胶体	
D	dong	动	动力型	DC 系列电池用
N	nei	内	内燃机车用	
T	tie	铁	铁路客车用	
D	dian	电	电力机车用	TS 系列电池用

6. 蓄电池的使用寿命

在独立光伏系统中，通常蓄电池是使用寿命最短的部件。

根据蓄电池用途和使用方法不同，对于寿命的评价方法也不相同。对于铅酸蓄电池，可分为充放电循环寿命、使用寿命和恒流过充电寿命三种评价方法。在可再生能源领域使用的蓄电池，主要关心前面两种。

蓄电池的充放电循环寿命以充、放电循环次数来衡量，而使用寿命则以蓄电池的工作年限来衡量。根据有关规定，固定型（开口式）铅酸蓄电池的充放电循环寿命应不低于1000次，使用寿命（浮充电）应不低于10年。

　　实际上蓄电池的使用寿命与蓄电池本身质量及工作条件、使用和维护情况等因素有很大关系。图4-12所示为蓄电池放电深度与循环次数关系曲线。

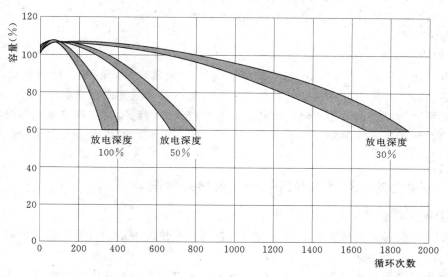

图4-12　蓄电池放电深度与循环次数关系曲线

7. 蓄电池的效率

　　在离网光伏系统中，常用蓄电池作为储能装置，充电时将光伏方阵发出的电能转变成化学能储存起来；放电时再把化学能转变为电能，供给负载使用。

　　实际使用的蓄电池不可能是完全理想的储能器，在工作过程中会有一定的能量损耗，通常用能量效率和安时效率来表示。

　　（1）能量效率：蓄电池放电时输出的能量与充电时输入的能量之比。影响能量效率的主要因素是蓄电池的内阻。

　　（2）充电效率（库伦效率）：蓄电池放电时输出的电量与充电时输入的电量之比。影响充电效率的主要因素是蓄电池内部的各种负反应，如自放电。

　　对于一般的离网光伏系统，平均充电效率大约为80%～85%，在冬天可增加到90%～95%。这是由于：

　　1）蓄电池在比较低的荷电态（85%～90%）时，有较高的充电效率。

　　2）多数电量直接供负载使用，要比进入蓄电池效率高（实验测得的充电效率达95%）。

8. 蓄电池的自放电

　　蓄电池在无使用情况下，电量自动减少或消失现象称为自放电。蓄电池充足电在1个月内每个昼夜容量降低超过3%，称为故障性自放电。由于正极板和负极板活性物质铅为活泼的金属粉，在硫酸溶液中发生置换氢气的反应，这种现象叫做铅自溶。产生的主要原因是：

（1）蓄电池长期存放，硫酸下沉，使极板上、下部产生电位差，引起自放电。蓄电池溢出的电解液堆积在电池盖的表面，使正、负极性形成通路。

（2）电解液不纯，蓄电池极板材料不纯，杂质与极板之间以及沉附于极板上的不同杂质之间形成电位差，通过电解液产生局部放电。

（3）电池极板活性物质脱落，下部沉积物过多使极板短路，蓄电池电解液上下分层造成自放电。

9. 蓄电池的放电深度

放电深度（Depth of Discharge，简称 DOD）指电池使用过程中，电池放出的容量占其额定容量的百分比。放电深度的高低和二次电池（蓄电电池或充电电池）的充电寿命有很深的关系，当二次电池的放电深度越深，其充电寿命就越短，会导致电池的使用寿命变短，因此在使用时应尽量避免深度放电。一般情况下，光伏系统中，蓄电池的放电深度为 30%～80%。

4.3.2 蓄电池的容量计算和蓄电池组的串并联设计

1. 蓄电池的容量计算

第一步：将每天负载需要的用电量乘以根据实际情况确定的自给天数就可以得到初步的蓄电池的容量。

第二步：将第一步得到的蓄电池的容量除以蓄电池允许的最大放电深度。因为不能让蓄电池在自给天数中完全放电，所以需要除以最大放电深度，得到所需的蓄电池容量。最大放电深度的选择需要参考光伏系统中选择使用的蓄电池的性能参数，可以从蓄电池供应商得到详细的有关该蓄电池最大放电深度的资料。通常情况下，如果使用的是深循环型蓄电池，推荐使用 80% 放电深度（DOD）；如果使用的是浅循环蓄电池，推荐使用 50% DOD。设计蓄电池容量的基本公式如下：

$$蓄电池容量 = \frac{自给天数 \times 日平均负载}{最大放电深度} \qquad (4-9)$$

2. 蓄电池的串并联设计

（1）串联设计。

每个蓄电池都有它的标称电压。为了达到负载工作的标称电压，我们将蓄电池串联起来给负载供电，需要串联的蓄电池个数等于负载的标称电压除以蓄电池的标称电压。

$$串联蓄电池数 = \frac{负载标称电压}{蓄电池标称电压} \qquad (4-10)$$

（2）并联设计。

当计算出了所需的蓄电池的容量后，下一步就是要决定选择多少个单体蓄电池加以并联得到所需的蓄电池容量。这样可以有多种选择，例如，如果计算出来的蓄电池容量为 500Ah，那么我们可以选择一个 500Ah 的单体蓄电池，也可以选择两个 250Ah 的蓄电池并联，还可以选择 5 个 100Ah 的蓄电池并联。从理论上讲，这些选择都可以满足要求，但是在实际应用当中，要尽量减少并联数目，也就是说最好是选择大容量的蓄电池以减少所需的并联数目。这样做的目的就是为了尽量减少蓄电池之间的不平衡所造成的影响，因为一些并联的蓄电池在充放电的时候可能会与之并联的蓄电池不平衡。并联的组数越多，发生蓄电池不平衡的可能性就越大。一般来讲，建议并联的数目不要超过 4 组。

目前，很多光伏系统采用的是两组并联模式。这样，如果有一组蓄电池出现故障，不能正常工作，就可以将该组蓄电池断开进行维修，而使用另外一组正常的蓄电池，虽然电流有所下降，但系统还能保持在标称电压正常工作。总之，蓄电池组的并联设计需要考虑不同的实际情况，根据不同的需要作出不同的选择。

【例 4-5】 假设某光伏系统交流负载的耗电量为 10kWh/d，逆变器的效率为 90％，输入电压为 24V。假设这是一个负载对电源要求并不是很严格的系统，使用者可以灵活地根据天气情况调整用电。选择 5 天的自给天数，并使用深循环电池，放电深度为 80％，试确定蓄电池的容量和数量。

解：
$$负载耗电量 = 10000Wh/0.9/24 = 462.96Ah/d$$

$$蓄电池容量 = \frac{自给天数 \times 日平均负载}{最大放电深度} = 5d \times 462.96Ah/0.8 = 2893.51Ah$$

如果选用 2V/400Ah 的单体蓄电池，那么需要串联的蓄电池数：

$$串联蓄电池数 = 24V/2V = 12 个$$

选用 2V/400Ah 的蓄电池，那么需要并联的蓄电池数：

$$并联蓄电池数 = 2893.51/400 = 7.23$$

我们取整数为 8，所以该系统需要蓄电池总个数为：

$$12 串联 \times 8 并联 = 96 个$$

3. 修正计算

以上给出的只是蓄电池容量的基本估算方法，在实际情况中还有很多性能参数会对蓄电池容量和使用寿命产生很大的影响。为了得到正确的蓄电池容量设计，上面的基本方程必须加以修正。对于蓄电池，蓄电池的容量不是一成不变的，蓄电池的容量与两个重要因素相关：蓄电池的放电率和环境温度。

（1）放电率对蓄电池容量的影响。

蓄电池的容量随着放电率的改变而改变，随着放电率的降低，蓄电池的容量会相应增加。这样就会对我们的容量设计产生影响。进行光伏系统设计时就要为所设计的系统选择在恰当的放电率下的蓄电池容量。通常，生产厂家提供的蓄电池额定容量是 10h 放电率下的蓄电池容量。但是在光伏系统中，因为蓄电池中存储的能量主要是为了自给天数中的负载需要，蓄电池放电率通常较慢，光伏供电系统中蓄电池典型的放电率为 100～200h。在设计时我们要用到在蓄电池技术中常用的平均放电率的概念。光伏系统的平均放电率公式如下：

$$平均放电率 = \frac{自给天数 \times 负载工作时间}{最大放电深度} \tag{4-11}$$

上式中的负载工作时间可以用下述方法估计：对于只有单个负载的光伏系统，负载的工作时间就是实际负载平均每天工作的小时数；对于有多个不同负载的光伏系统，负载的工作时间可以使用加权平均负载工作时间，加权平均负载工作时间的计算方法如下：

$$加权平均负载工作时间 = \frac{\sum 负载功率 \times 负载工作时间}{\sum 负载功率} \qquad (4-12)$$

根据上面两式就可以计算出光伏系统的实际平均放电率，根据蓄电池生产商提供的该型号电池在不同放电速率下的蓄电池容量，就可以对蓄电池的容量进行修正。

（2）温度对蓄电池容量的影响。

蓄电池的容量会随着蓄电池温度的变化而变化，当蓄电池温度下降时，蓄电池的容量会下降。通常，铅酸蓄电池的容量是在25℃时标定的。随着温度的降低，0℃时的容量大约下降到额定容量的90%，而在−20℃的时候大约下降到额定容量的50%，所以必须考虑蓄电池的环境温度对其容量的影响。

如果光伏系统安装地点的气温很低，这就意味着按照额定容量设计的蓄电池容量在该地区的实际使用容量会降低，就无法满足系统负载的用电需求。在实际工作的情况下就会导致蓄电池的过放电，减少蓄电池的使用寿命，增加维护成本。这样，设计时需要的蓄电池容量就要比根据标准情况（25℃）下蓄电池参数计算出来的容量要大，只有选择安装相对于25℃时计算容量多的容量，才能够保证蓄电池在温度低于25℃的情况下，还能完全提供所需的能量。

蓄电池生产商一般会提供相关的蓄电池温度—容量修正曲线（图4-13）。在该曲线上可以查到对应温度的蓄电池容量修正系数，除以蓄电池容量修正系数就能对上述的蓄电池容量初步计算结果加以修正。图4-13是一个典型的温度—放电率—容量变化曲线。

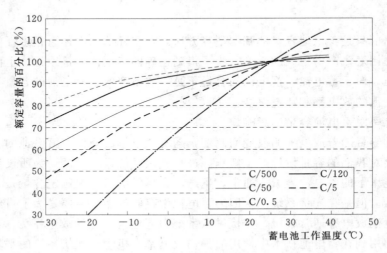

图 4-13　蓄电池温度—容量修正曲线图

因为低温的影响，在蓄电池容量设计上还必须要考虑的一个因素就是修正蓄电池的最大放电深度以防止蓄电池在低温下凝固失效，造成蓄电池的永久损坏。铅酸蓄电池中的电解液在低温下可能会凝固，随着蓄电池的放电，蓄电池中不断生成的水稀释电解液，导致蓄电池电解液的凝结点不断上升，直到纯水的0℃。在寒冷的气候条件下，如果蓄电池放电过多，随着电解液凝结点的上升，电解液就可能凝结，从而损坏蓄电池。即使系统中使用的是深循环工业用蓄电池，其最大的放电深度也不要超过 80%。在设计时要使用光伏系统所在地区的最低平均温度，然后蓄电池生产商提供的最大放电深度一蓄电池温度关系图（图 4-14）上找到该地区使用蓄电池的最大允许放电深度。通常，只是在温度低于 -8℃ 时才考虑进行校正。

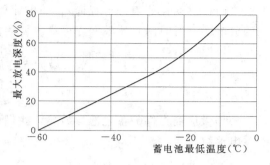

图 4-14 最大放电深度一蓄电池温度关系曲线图

蓄电池容量的修正计算公式如下：

$$蓄电池容量 = \frac{自给天数 \times 日平均负载}{最大允许放电深度 \times 温度修正因子} \qquad (4-13)$$

下面对每个参数进行总结分析：

1）最大允许放电深度：一般而言，浅循环蓄电池的最大允许放电深度为 50%，而深循环蓄电池的最大允许放电深度为 80%。如果在严寒地区，就要考虑到低温防冻问题对此进行必要的修正。设计时可以适当地减小这个值扩大蓄电池的容量，以延长蓄电池的使用寿命。例如，如果使用深循环蓄电池，进行设计时，将使用的蓄电池容量最大可用百分比定为 60% 而不是 80%，这样既可以提高蓄电池的使用寿命，减少蓄电池系统的维护费用，同时又对系统初始成本不会有太大的冲击。根据实际情况可对此进行灵活地处理。

2）温度修正系数：当温度降低的时候，蓄电池的容量将会减少。温度修正系数的作用就是保证安装的蓄电池容量要大于按照 25℃ 标准情况算出来的容量值，从而使得设计的蓄电池容量能够满足实际负载的用电需求。

3）指定放电率：指定放电率是考虑到慢的放电率将会从蓄电池得到更多的容量。使用供应商提供的数据，可以选择适于设计系统的在指定放电率下的合适蓄电池容量。如果在没有详细的有关容量一放电速率的资料的情况下，可以粗略地估计认为，在慢放电率（C_{100} 到 C_{300}）的情况下，蓄电池的容量要比标准状态多 30%。

【例 4-6】 建立一套光伏供电系统给一个地处偏远的通信基站供电，该系统的负载有两个：负载一，工作电流为 10A，每天工作 4h；负载二，工作电流为 5A，每天工作 12h。该系统所处的地点的 24h 平均最低温度为 -20℃，系统的自给时间为 5 天。使用深循环工业用蓄电池（最大 DOD 为 80%）。试计算蓄电池的容量。

解： 因为该光伏系统所在地区的 24h 平均最低温度为 -20℃，所以必须修正蓄电池的最大允许放电深度。由图 4-14 最大放电深度一蓄电池温度的关系曲线图我们可以确定最大允许放电深度为 50%。所以：

$$加权平均负载工作时间 = \frac{\sum 负载功率 \times 负载工作时间}{\sum 负载功率} = \frac{10 \times 4 + 5 \times 12}{10 + 5} = 6.67h$$

$$平均放电率 = \frac{自给天数 \times 负载工作时间}{最大放电深度} = \frac{5 \times 6.67}{0.5} = 66.7 \text{ 小时率}$$

根据图 4-13 典型温度一放电率一容量变化曲线图，与平均放电率计算数值最为接近的放电率为 50 小时率，-20℃ 时在该放电率下所对应的温度修正系数为 0.7（也可以根据供应商提供的性能表进行查询）。如果计算出来的放电率在两个数据之间，那么选择较快的放电率（短时间）比较保守可靠。因此蓄电池容量为：

$$蓄电池容量 = \frac{自给天数 \times 日平均负载}{最大允许放电深度 \times 温度修正因子}$$

$$= \frac{5 \times (4 \times 10 + 5 \times 12)}{0.5 \times 0.7} = 1428.57\text{Ah@50h 放电率}$$

根据供应商提供的蓄电池参数表，我们可以选择合适的蓄电池进行串并联，构成所需的蓄电池组。

任务 4　光伏控制器的作用和选型

》》》【学习目标】

◇ 了解控制器的类型、功能及技术参数。

◇ 熟悉控制器的几种基本电路和工作原理。

◇ 掌握控制器的设计选型。

光伏控制器是光伏系统中的一个重要组件。它对蓄电池的充、放电加以规定和控制，并按照负载的电源需求控制多路光伏方阵及蓄电池对负载提供电能输出，是整个系统的核心控制部分。随着太阳能光伏产业的发展，控制器的功能越来越强大，有将传统的控制部分、逆变器以及监测系统集成的趋势，如 AES 公司的 SPP 和 SMD 系列的控制器就集成了上述三种功能。

4.4.1　控制器的功能

光伏控制器采用高速 CPU 微处理器和高精度 A/D 模数转换器，是一个微机数据采集和监测控制系统。既可快速实时采集光伏系统当前的工作状态，随时获得 PV 站的工作信息，又可详细积累 PV 站的历史数据，为评估 PV 系统设计的合理性及检验系统部件质量的可靠性提供了准确而充分的依据。此外，光伏控制器还具有串行通信数据传输功能，可将多个光伏系统子站进行集中管理和远距离控制。

控制器的功能：

（1）高压（HVD）断开和恢复功能：控制器应具有输入高压断开和恢复连接的功能。

（2）欠压（LVG）告警和恢复功能：当蓄电池电压降到欠压告警点时，控制器应能自动发出声光告警信号。

（3）低压（LVD）断开和恢复功能：这种功能可防止蓄电池过放电。通过一种继电器或电子开关连接负载，可在某给定低压点自动切断负载。当电压升到安全运行范围时，负载将自动重新接入或要求手动重新接入。有时，采用低压报警代替自动切断。

（4）保护功能：

1）防止任何负载短路的电路保护。

2）防止充电控制器内部短路的电路保护。

3）防止夜间蓄电池通过太阳能电池组件反向放电保护。

4）防止负载、太阳能电池组件或蓄电池极性反接的电路保护。

5）在多雷区防止由于雷击引起的击穿保护。

（5）温度补偿功能：当蓄电池温度低于 25℃时，蓄电池应要求较高的充电电压，以便完成充电过程。相反，高于该温度蓄电池要求充电电压较低。通常铅酸蓄电池的温度补偿系数为 −5mV/℃。

4.4.2　控制器的技术参数

1. 系统电压

通常有 6 个标称电压等级：12V、24V、48V、110V、220V、500V。

2. 最大充电电流

是指太阳能电池组件或方阵输出的最大电流，根据功率大小分为 5A、10A、15A、20A、30A、40A、50A、70A、75A、85A、100A、150A、200A、250A、300A 等多种规格。

3. 太阳能电池方阵输入路数

小功率光伏控制器一般都是单路输入，而大功率光伏控制器都是由太阳能电池方阵多路输入，一般大功率光伏控制器可输入 6 路，最多的可接入 12 路、18 路。

4. 电路自身损耗

也叫空载损耗（静态电流）或最大自身损耗，为了降低控制器的损耗，提高光伏电源转换效率，控制器的电路自身损耗要尽可能低。控制器的最大自身损耗不得超过其额定充电电流的 1% 或 0.4W。根据电路不同自身损耗一般为 5～20mA。

5. 蓄电池过充电保护电压（HVD）

也叫充满断开或过压关断电压，一般可根据需要及蓄电池类型的不同，设定在 14.1～14.5V（12V 系统）、28.2～29V（24V 系统）和 56.4～58V（48V 系统）之间，典型值分别为 14.4V、28.8V 和 57.6V。

6. 蓄电池的过放电保护电压（LVD）

也叫欠压断开或欠压关断电压，一般可根据需要及蓄电池类型的不同，设定在 10.8～11.4V（12V 系统）、21.6～22.8V（24V 系统）和 43.2～45.6V（48V 系统）之间，典型值分别为 11.1V、22.2V 和 44.4V。

7. 蓄电池充电浮充电压

一般为 13.7V（12V 系统）、27.4V（24V 系统）和 54.8V（48V 系统）。

8. 温度补偿

控制器一般都有温度补偿功能，以适应不同的环境工作温度，为蓄电池设置更为合理的充电电压。其温度补偿值一般为 −20～40mV/℃。

9. 工作环境温度

控制器的使用或工作环境温度范围随厂家不同一般在 −20～+50℃ 之间。

4.4.3　控制器的分类

光伏充电控制器基本上可分为五种类型：并联型、串联型、脉宽调制型、智能型和最大功率跟踪型。

1. 并联型控制器

当蓄电池充满时，利用电子部件把光伏阵列的输出分流到内部并联电阻器或功率模块上去，然后以热的形式消耗掉。因为这种方式消耗热能，所以一般用于小型、低功率系统，例如电压在 12V/20A 以内的系统。这类控制器很可靠，没有如继电器之类的机械部件。这种控制方式虽然简单易行，但由于采用旁路方式，太阳能电池组件中个别电池受到遮挡或有污渍，容易引起热斑效应。

2. 串联型控制器

利用机械继电器控制充电过程，并在夜间切断光伏阵列，可以替代防反充二极管。它一般用于较高功率系统，继电器的容量决定充电控制器的功率等级。比较容易制造连续通电电流在 45A 以上的串联控制器。

3. 脉宽调制型控制器

它以 PWM 脉冲方式开关光伏阵列的输入。当蓄电池趋向充满时，脉冲的频率和时间缩短。按照美国桑地亚国家实验室的研究，这种充电过程形成较完整的充电状态，充电效率比简单断开/恢复式控制器提高 30%，它能增加光伏系统中蓄电池的总循环寿命。

4. 智能型控制器

采用带 CPU 的单片机（如 Intel 公司的 MCS51 系列或 Microchip 公司 PIC 系列）对光伏电源系统的运行参数进行高速实时采集，并按照一定的控制规律由软件程序对单路或多路光伏阵列进行切离/接通控制。对中、大型光伏电源系统，还可通过单片机的 RS232 接口配合 MODEM 调制解调器进行远距离控制。

5. 多路控制型控制器

对于 10kW 以上的大型光伏电站，普遍采用多路控制技术，即将太阳能电池方阵分成多个支路对蓄电池充电。当蓄电池接近充满时，通过控制器对太阳能电池方阵逐路断开；而当蓄电池电压回落，控制器又将太阳能电池方阵逐路接通，达到随蓄电池充满电流渐小、蓄电池亏电电流增大的目的，完全可以达到 PWM 控制器的效果，符合蓄电池的充电要求。

6. 最大功率跟踪型控制器

将太阳能电池的电压 U 和电流 I 检测后相乘得到功率 P，然后判断太阳能电池此时的输出功率是否达到最大，若不在最大功率点运行，则调整脉宽，调制输出占空比 D，改变充电电流，再次进行实时采样，并作出是否改变占空比的判断，通过这样寻优过程可保证太阳能电池始终运行在最大功率点，以充分利用太阳能电池方阵的输出能量。同时采用 PWM 调制方式，使充电电流成为脉冲电流，以减少蓄电池的极化，提高充电效率。

4.4.4　控制器的几种基本电路和工作原理

1. 单路并联型充放电控制器

并联型充放电控制器基本电路原理如图 4-15 所示。充电回路中的开关器件 T1 是并联在太阳能电池方阵的输出端，当蓄电池电压大于"充满切离电压"时，开关器件 T1 导通，同时二极管 D1 截止，则太阳能电池方阵的输出电流直接通过 T1 短路泄放，不再对蓄电池进行充电，从而保证蓄电池不会出现过充电，起到"过充电保护"作用。

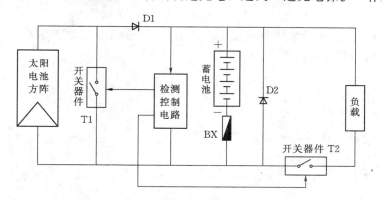

图 4-15　单路并联型充放电控制器

D1 为防"反充电二极管"，只有当太阳能电池方阵输出电压大于蓄电池电压时，D1 才能导通，反之 D1 截止，从而保证夜晚或阴雨天气时不会出现蓄电池向太阳能电池方阵反向充电，起到"防反向充电保护"作用。

开关器件 T2 为蓄电池放电开关，当负载电流大于额定电流出现过载或负载短路时，T2 关断，起到"输出过载保护"和"输出短路保护"作用。同时，当蓄电池电压小于"过放电压"时，T2 也关断，进行"过放电保护"。

D2 为"防反接二极管"，当蓄电池极性接反时，D2 导通使蓄电池通过 D2 短路放电，产生很大电流快速将保险丝 BX 烧断，起到"防蓄电池反接保"作用。

检测控制电路随时对蓄电池电压进行检测，当电压大于"充满切离电压"时使 T1 导通进行"过充电保护"；当电压小于"过放电压"时使 T2 关断进行"过放电保护"。

2. 串联型充放电控制器

串联型充放电控制器基本电路原理如图 4-16 所示。和并联型充放电控制器电路结构相似，唯一区别在于开关器件 T1 的接法不同，并联型 T1 并联在太阳能电池方阵输出端，而串联型 T1 是串联在充电回路中。当蓄电池电压大于"充满切离电压"时，T1 关断，使太阳能电池不再对蓄电池进行充电，起到"过充电保护"作用。

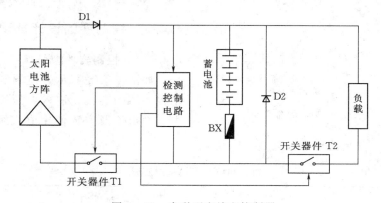

图 4-16　串联型充放电控制器

其他元件的作用和串联型充放电控制器相同，不再赘述。

3. 控制器的过、欠电压检测控制电路的组成和工作原理

控制器的过、欠电压检测控制电路组成如图 4-17 所示。检测控制电路包括过压检测控制和欠压检测控制两部分。

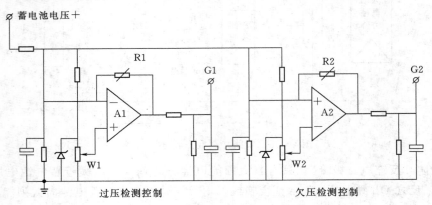

图 4-17　控制器的过、欠电压检测控制电路图

检测控制电路是由带回差控制的运算放大器组成。A1 为过压检测控制电路，A1 的同相输入端由 W1 提供对应"过压切离"的基准电压，而反相输入端接被测蓄电池，当蓄电池电压大于"过压切离电压"时，A1 输出端 G1 为低电平，关断开关器件 T1，切断充电回路，起到过压保护作用。当过压保护后蓄电池电压又下降至小于"过压恢复电压"时，A1 的反相输入电位小于同相输入电位，则其输出端 G1 由低电平跳变至高电平，开关器件 T1 由关断变导通，重新接通充电回路。"过压切离门限"和"过压恢复门限"由W1 和 R1 配合调整。

A2 为欠压检测控制电路，其反相端接由 W2 提供的欠压基准电压，同相端接蓄电池电压（和过压检测控制电路相反），当蓄电池电压小于"欠压门限电平"时，A2 输出端 G2 为低电平，开关器件 T2 关断，切断控制器的输出回路，实现"欠压保护"。欠压保护后，随着电池电压的升高，当电压又高于"欠压恢复门限"时，开关器件 T2 重新导通，恢复对负载供电。"欠压保护门限"和"欠压恢复门限"由 W2 和 R2 配合调整。

图 4-18　控制器的命名

4.4.5　控制器的设计选型

4.4.5.1　控制器的型号

如图 4-18 所示，控制器的型号命名由控制器的类型、输入电压额定值、输入电流额定值及安装使用方式组成。控制器类型见表 4-2。安装使用方式见表 4-3。

表 4-2　　　　　　　　　　　符号和控制器类型对应表

符号	SD	ST	WS	WD
含义	光伏控制器	路灯光伏控制器	风光互补充电控制器	风机控制器

表 4 - 3　　　　　　　　　符号和控制器安装使用方式对应表

符号	S	L	B	C
含义	19″机架式	立式	户外壁挂式	户内壁挂式

4.4.5.2　几种控制器产品实例

1. **小功率控制器**（图 4 - 19）

（1）特点。

1）采用低损耗、长寿命的 MOSFET 场效应管作为控制器的主要开关器件。

2）单路负载输出，普通开关模式。

3）具有充电状态指示灯、蓄电池电量指示灯，利用彩色指示灯的颜色显示系统的工作状态和蓄电池的剩余电量。

4）具有温度补偿功能。

5）壁挂式安装方式。

6）普通场合。

图 4 - 19　小功率控制器

（2）充电模式。

采用快速充电和浮充充电的控制技术，充分利用太阳能给蓄电池充电。

（3）保护功能。

蓄电池和太阳能电池接反、蓄电池开路、蓄电池过充和过放、负载过压和过流、夜间防反充电。

几种小功率控制器的技术参数见表 4 - 4。

表 4 - 4　　　　　　　　　小功率控制器的技术参数

性能指标　　　　　　　　型号	SD1205	SD1210
额定电压（V）	12	
额定电流（A）	5	10
最大太阳电池组件功率（W_p）	60	120
快充开始电压（V）	11.7	
快充终止电压（V）	14.4	
浮充电压（V）	13.7	
过放保护电压（V）	10.8	
过放恢复电压（V）	12.4	
负载过压保护电压（V）	17.5	
负载过压恢复电压（V）	15	
温度过高保护值（℃）	75	
温度过高恢复值（℃）	65	

续表

性能指标 型号	SD1205	SD1210
温度补偿系数（mV/℃）	−20	
输出路数	1	
使用环境温度（℃）	−20～＋50	
海拔高度（m）	≤5000（海拔超过1000m需按照GB/T 3859.2规定降额使用）	
防护等级	IP20	

2. 路灯控制器

（1）特点。

1）采用低损耗、长寿命的MOSFET场效应管作为控制器的主要开关器件。

2）时控关断的定时时间可以通过功能设置按键编程设置。

3）定时时间可以设置为2h、3h、4h、5h、6h、7h、8h。

4）具有温度补偿功能。

5）壁挂式安装方式。

6）路灯场合负载。

（2）充电模式。

1）运用快速充电和浮充充电的控制技术，充分利用太阳能给蓄电池充电。

2）单路负载输出，两种工作模式可供选择，即光控开/光控关模式、光控开/时控关模式。

（3）保护功能。

蓄电池和太阳能电池接反、蓄电池开路、蓄电池过充和过放、负载过压和过流、夜间防反充电。

图4-20　中功率控制器

3. 中功率控制器（图4-20）

（1）特点。

1）LCD显示功能：液晶显示屏通过数字和英文向用户显示系统的重要信息，如电池电压、充电电流和放电电流工作模式、系统参数、系统状态等。

2）自动/手动/夜间功能：可编程设定负载的控制方式为自动或手动方式。手动时，负载可手动开启或关闭。此时，夜间功能无效。当选择夜间功能时，控制器在白天关闭负载；检测到夜晚时，延迟一段时间后自动开启负载，定时时间到，又自动地关闭负载。延迟时间和定时时间可编程设定。

3）具有浮充电压的温度补偿功能。

（2）充电模式。

1）快速充电功能：电池电压低于一定值时，快速充电功能自动开始，控制器将提高电池的充电电压，当电池电压达到理想值时，开始快速充电倒计时程序，定时时间到，退出快速充电状态。因此，能充分地利用太阳能。

2）工作模式：普通充放电模式、光开时断模式、光开关断模式。

（3）保护功能。

蓄电池过充、过放、输出过载、过压、温度过高、蓄电池反接、PV 反接等保护功能。

几种中功率控制器的技术参数见表 4-5。

表 4-5　　　　　　　　　　　　　中功率控制的技术参数

性能指标＼型号	SD12 20	SD12 30	SD24 20	SD24 30	SD48 15
额定电压（V）	12		24		48
额定电流（A/路）	10	15	10	15	
最大太阳电池组件功率（W_p/路）	120	180	240	360	720
快充开始电压（V）	11.7		23.4		46.8
快充终止电压（V）	14.4		28.8		57.6
浮充电压（V）	13.7		27.4		54.8
过放保护电压（V）	10.8		21.6		43.2
过放恢复电压（V）	12.4		24.8		49.6
负载过压保护电压（V）	17.5		35		70
负载过压恢复电压（V）	15		30		60
输入路数	2		2		1
温度补偿系数（mV/℃）	−20		−40		−60
使用环境温度（℃）	−20～+50		−20～+50		
海拔高度（m）	≤5000（海拔超过 1000m 需按照 GB/T 3859.2 规定降额使用）		≤5000（海拔超过 1000m 需按照 GB/T 3859.2 规定降额使用）		
防护等级	IP20		IP20		

4. 大功率控制器（图 4-21）

（1）特点。

1）共负极控制方式，48V 系列为共正极控制，多路太阳能电池方阵输入控制。

2）微电脑芯片智能控制，充放电各参数点可设定，适宜不同场合的要求。

3）各路充电压检测具有"回差"控制功能，可防止开关进入振荡状态。

4）控制电路与主电路完全隔离，具有极高的抗干扰能力。

5）采用 LCD 液晶显示屏，中英文菜单显示。

6）具有历史记录功能和密码保护功能。

7）具有电量（Ah）累计功能，包括光伏发电量、负载用电量、蓄电池电量的累计功能。

8）保护功能齐全，具有多种保护及告警功能。

9）具有 RS485/232 通信接口，便于远程遥信、遥控。

10）具有多种故障报警无源输出接点功能。

11）具有时钟显示功能。

12）具有温度补偿功能。

（2）选配功能。

1）油机或备用电源启动控制干接点功能。

图 4 - 21　大功率控制器

2）时控光控功能：光开光断模式、光开时断模式、时钟控制和光开时断凌晨亮可任意选择。

3）可根据系统的防雷等级要求，提供专业的防雷器。

4）主要负载和次要负载的二次下电控制功能。

（3）充电模式。

采用阶梯式逐级限流充电模式，依据蓄电池组端电压的变化趋势自动控制太阳能电池方阵的依次接通或切离，实现蓄电池组的安全快速充电功能。

（4）保护功能。

具有太阳能电池阵列接反、夜间防反充电、蓄电池过充电、蓄电池过放电、过载、短路等保护和报警功能。

几种大功率控制器的技术参数见表 4 - 6。

表 4 - 6　　　　　　　　　　　大功率控制器的技术参数

型号　　　性能指标	SD220 50	SD220 100	SD220 150	SD220 200	SD220 300
额定电压（V）	DC220				
额定电流（A）	50	100	150	200	300
最大光伏组件功率（kW$_p$）	11	22	33	44	66
光伏阵列输入控制路数	2	4	6		10
每路光伏阵列最大电流（A）	25			34	30
蓄电池过放保护点（可设置 V）	198				
蓄电池过放恢复点（可设置 V）	226				
蓄电池过充保护点（可设置 V）	284				
负载过压保护点（可设置 V）	320				
负载过压恢复点（可设置 V）	280				
空载电流（mA）	<150				
电压光伏阵列与蓄电池（V）	1～35				
降落蓄电池与负载（V）	0.1				

续表

型号 性能指标	SD220 50	SD220 100	SD220 150	SD220 200	SD220 300
湿度补偿系数（mV/℃）	0～5（可设置）				
使用环境温度（℃）	−20～+50				
使用海拔高度（m）	≤5000（海拔超过 1000m 需按照 GB/T 3859.2 规定降额使用）				
防护等级	IP20				
尺寸（深×宽×高）（m）	400×432 ×177（4J）			455×482 ×288（6U）	600×600 ×1200

4.4.5.3　光伏控制器的选型

$$I_0 = P_0/V \qquad\qquad (4-14)$$

式中　I_0——光伏控制器的控制电流，A；

　　　P_0——太阳能电池阵列的峰值功率，W_p；

　　　V——蓄电池的额定电压，V。

根据系统的电压和控制电流确定光伏控制器的规格型号，在高海拔地区，需要放大一定的裕量，降容使用。

【例 4-7】　已知某光伏阵列的峰值功率为 18900W_p，蓄电池组的额定电压为 220V，试选择合适的光伏控制器。

解：根据式（4-13），得

$$I_0 = P_0/V = 18900/220 = 86A$$

可选 SD220 100 的控制器。

任务 5　逆变器的原理和选型

⫸⫸⫸【学习目标】

◇　了解逆变器的功能、技术参数。

◇　掌握逆变器的类型及工作原理。

◇　掌握逆变器的选型设计。

逆变器是将直流电变换成交流电的电子设备。由于太阳能电池和蓄电池发出的是直流电，当负载是交流负载时，逆变器是不可缺少的。逆变器按运行方式，可分为独立运行逆变器和并网逆变器。独立运行逆变器用于独立运行的太阳能电池发电系统，为独立负载供电。并网逆变器用于并网运行的太阳能电池发电系统，将发出的电能馈入电网。逆变器按输出波形，又可分为方波逆变器和正弦波逆变器。方波逆变器，电路简单，造价低，但谐波分量大，一般用于几百瓦以下和对谐波要求不高的系统。正弦波逆变器，成本高，但可以适用于各种负载。从长远看，SPWM 脉宽调制正弦波逆变器将成为发展的主流。

4.5.1　逆变器的功能

逆变器是电力电子技术的一个重要应用方面。电力电子技术是电力、电子、自动控制、计算机及半导体等多种技术相互渗透与有机结合的综合技术。

众所周知，整流器的功能是将 50Hz 的交流电整流成为直流电。而逆变器与整流器恰好相反，它的功能是将直流电转换为交流电。这种对应于整流的逆向过程，被称之为"逆变"。太阳能电池在阳光照射下产生直流电，然而以直流电形式供电的系统有很大的局限性。例如，日光灯、电视机、电冰箱、电风扇等均不能直接用直流电源供电，绝大多数动力机械也是如此。此外，当供电系统需要升高电压或降低电压时，交流系统只需加一个变压器即可，而在直流系统中升降压技术与装置则要复杂得多。因此，除特殊用户外，在光伏发电系统中都需要配备逆变器。逆变器还具备有自动调压或手动调压功能，可改善光伏发电系统的供电质量。综上所述，逆变器已成为光伏发电系统中不可缺少的重要配套设备。

目前我国光伏发电系统主要是直流系统，即将太阳能电池发出的电能给蓄电池充电，而蓄电池直接给负载供电，如我国西北地区使用较多的太阳能户用照明系统以及远离电网的微波站供电系统均为直流系统。此类系统结构简单，成本低廉，但由于负载直流电压的不同（如 12V、24V、48V 等），很难实现系统的标准化和兼容性，特别是民用电力，由于大多为交流负载，以直流电力供电的光伏电源很难作为商品进入市场。另外，光伏发电最终将实现并网运行，这就必须采用交流系统。随着我国光伏发电市场的日趋成熟，今后交流光伏发电系统必将成为光伏发电的主流。

逆变器不仅具有直交流变换功能，还具有最大限度地发挥太阳能电池性能的功能和系统故障保护功能。归纳起来有自动运行和停机功能、最大功率跟踪控制功能、防单独运行功能（并网系统用）、自动电压调整功能（并网系统用）、直流检测功能（并网系统用）、直流接地检测功能（并网系统用）。这里简单介绍自动运行和停机功能及最大功率跟踪控制功能。

1. 自动运行和停机功能

早晨日出后，太阳辐射强度逐渐增强，太阳能电池的输出也随之增大，当达到逆变器工作所需的输出功率后，逆变器即自动开始运行。进入运行后，逆变器便时时刻刻监视太阳能电池组件的输出，只要太阳能电池组件的输出功率大于逆变器工作所需的输出功率，逆变器就持续运行；直到日落停机，即使阴雨天逆变器也能运行。当太阳能电池组件输出变小，逆变器输出接近 0 时，逆变器便成待机状态。

2. 最大功率跟踪控制功能

太阳能电池组件的输出是随太阳辐射强度和太阳能电池组件自身温度（芯片温度）而变化的。另外由于太阳能电池组件具有电压随电流增大而下降的特性，因此存在能获取最大功率的最佳工作点。太阳辐射强度是变化着的，显然最佳工作点也是在变化的。相对于这些变化，始终让太阳能电池组件的工作点处于最大功率点，系统始终从太阳能电池组件获取最大功率输出，这种控制就是最大功率跟踪控制。太阳能发电系统用的逆变器的最大特点就是包括了最大功率点跟踪（MPPT）这一功能。

4.5.2　光伏发电系统对逆变器的技术要求

采用交流电力输出的光伏发电系统，由光伏阵列、充放电控制器、蓄电池和逆变器四部分组成，而逆变器是其中关键部件。光伏发电系统对逆变器的技术要求如下：

（1）要求具有较高的逆变效率。由于目前太阳能电池的价格偏高，为了最大限度地利用太阳能电池，提高系统效率，必须设法提高逆变器的效率。

（2）要求具有较高的可靠性。目前光伏发电系统主要用于边远地区，许多电站无人值守和维护，这就要求逆变器具有合理的电路结构，严格的元器件筛选，并要求逆变器具备各种保护功能，如输入直流极性接反保护，交流输出短路保护，过热、过载保护等。

（3）要求直流输入电压有较宽的适应范围。由于太阳能电池的端电压随负载和日照强度而变化，蓄电池虽然对太阳能电池的电压具有钳位作用，但由于蓄电池的电压随蓄电池剩余容量和内阻的变化而波动，特别是当蓄电池老化时其端电压的变化范围很大，如 12V 蓄电池，其端电压可在 10～16V 之间变化，这就要求逆变器必须在较大的直流输入电压范围内保证正常工作，并保证交流输出电压的稳定。

（4）在中、大容量的光伏发电系统中，逆变器的输出应为失真度较小的正弦波。这是由于在中、大容量系统中，若采用方波供电，则输出将含有较多的谐波分量，高次谐波将产生附加损耗，许多光伏发电系统的负载为通信或仪表设备，这些设备对供电品质有较高的要求。另外，当中、大容量的光伏发电系统并网运行时，为避免对公共电网的电力污染，也要求逆变器输出失真度满足要求的正弦波形。

4.5.3　逆变器的主要技术性能指标

1. 额定输出电压

在规定的输入直流电压允许的波动范围内，它表示逆变器应能输出的额定电压值。对输出额定电压值的稳定精度有如下规定：

（1）在稳态运行时，电压波动范围应有一个限定，例如，其偏差不超过额定值的 ±3％或±5％。

（2）在负载突变（额定负载的 0、50％、100％）或有其他干扰因素影响动态情况下，其输出电压偏差不应超过额定值的±8％或±10％。

2. 逆变器应具有足够的额定输出容量和过载能力

逆变器的选用，首先要考虑具有足够的额定容量，以满足最大负荷下设备对电功率的需求。额定输出容量表征逆变器向负载供电的能力。额定输出容量值高的逆变器可带更多的用电负载。但当逆变器的负载不是纯阻性时，也就是输出功率因数小于 1 时，逆变器的负载能力将小于所给出的额定输出容量值。

要求逆变器在特定的输出功率条件下能持续工作一定时间，带载能力的标准规定如下：

（1）输入电压与输出功率为额定值时，逆变器应连续可靠工作 4h 以上。

（2）输入电压与输出功率为额定值的 125％时，逆变器应连续可靠工作 1min 以上。

（3）输入电压与输出功率为额定值的 150％时，逆变器应连续可靠工作 10s 以上。

3. 输出电压稳定度

在独立光伏发电系统中均以蓄电池为储能设备。当标称电压为 12V 的蓄电池处于浮充电状态时，端电压可达 13.5V，短时间过充状态可达 15V。蓄电池带负荷放电终了时端电压可降至 10.5V 或更低。蓄电池端电压的起伏可达标称电压的 30％左右。这就要求逆变器具有较好的调压性能，才能保证光伏发电系统以稳定的交流电压供电。

输出电压稳定度表征逆变器输出电压的稳压能力。多数逆变器产品给出的是输入直流电压在允许波动范围内该逆变器输出电压的偏差百分数，通常称为电压调整率。高性能的逆变器应同时给出当负载由 0％向 100％变化时，该逆变器输出电压的偏差百分数，通常称为负载调整率。性能良好的逆变器的电压调整率应小于等于±3％，负载调整率应小于等于±6％。

4. 输出电压的波形失真度

当逆变器输出电压为正弦波时，应规定允许的最大波形失真度（或谐波含量）。通常以输出电压的总波形失真度表示，其值不应超过 5％。

5. 额定输出频率

逆变器输出交流电压的频率应是一个相对稳定的值，通常为工频 50Hz。正常工作条件下其偏差应在±1％以内。

6. 负载功率因数

"负载功率因数"表征逆变器带感性负载或容性负载的能力。在正弦波条件下，负载功率因数为 0.7～0.9（滞后），额定值为 0.9。

7. 额定输出电流（或额定输出容量）

它表示在规定的负载功率因数范围内，逆变器的额定输出电流。有些逆变器产品给出的是额定输出容量，其单位以 VA 或 kVA 表示。逆变器的额定容量是当输出功率因数为 1（即纯阻性负载）时，额定输出电压与额定输出电流的乘积。

8. 额定逆变输出效率

整机逆变效率高是光伏发电用逆变器区别于通用型逆变器的一个显著特点。10kW 级的通用型逆变器实际效率只有 70％～80％，将其用于光伏发电系统时将带来总发电量 20％～30％的电能损耗。光伏发电系统专用逆变器，在设计中应特别注意减少自身功率损耗，提高整机效率。这是提高光伏发电系统技术经济指标的一项重要措施。在整机效率方面对光伏发电专用逆变器的要求是：千瓦级以下逆变器额定负荷效率大于等于 80％～85％，低负荷效率大于等于 65％～75％；10kW 级逆变器额定负荷效率大于等于 85％～90％，低负荷效率大于等于 70％～80％。

逆变器的效率值表征自身功率损耗的大小，通常以百分数表示。容量较大的逆变器还应给出满负荷效率值和低负荷效率值。千瓦级以下的逆变器效率应为 80％～85％，10kW 级的逆变器效率应为 85％～90％。逆变器效率的高低对光伏发电系统提高有效发电量和降低发电成本有着重要影响。

9. 保护功能

光伏发电系统正常运行过程中，因负载故障、人员误操作及外界干扰等原因而引起供电系统过流或短路，是完全可能的。逆变器对外部电路的过电流及短路现象最为敏感，是光伏发电系统中的薄弱环节。因此，在选用逆变器时，必须要求具有良好的对过电流及短路的自我保护功能。这是目前提高光伏发电系统可靠性的关键所在。

（1）过电压保护：对于没有电压稳定措施的逆变器，应有输出过电压的防护措施，以使负载免受输出过电压的损害。

（2）过电流保护：逆变器的过电流保护，应能保证在负载发生短路或电流超过允许值时及时动作，使其免受浪涌电流的损伤。

10. 启动特性

它表征逆变器带负载启动的能力和动态工作时的性能。逆变器应保证在额定负载下可靠启动。高性能的逆变器可做到连续多次满负荷启动而不损坏功率器件。小型逆变器为了自身安全，有时采用软启动或限流启动。

11. 噪声

电力电子设备中的变压器、滤波电感、电磁开关及风扇等部件均会产生噪声。逆变器正常运行时，其噪声应不超过 65dB。

4.5.4　逆变器的分类和电路结构

有关逆变器分类的原则很多，例如：根据逆变器输出交流电压的相数，可分为单相逆变器和三相逆变器；根据输出波形的不同可分为方波逆变器和正弦波逆变器；根据逆变器使用的半导体器件类型不同，可分为晶体管逆变器、MOSFET 模块及可关断晶闸管逆变器等；根据功率转换电路又可分为推挽电路、桥式电路和高频升压电路逆变器等。为了便于光伏电站选用逆变器，这里对方波逆变器、正弦波逆变器和几种功率转换电路作进一步简要说明。

1. 方波逆变器

方波逆变器输出的交流电压波形为 50Hz 方波。此类逆变器所使用的逆变线路也不完全相同，但共同的特点是线路比较简单，使用的功率开关管数量少。设计功率一般在几十瓦至几百瓦之间。

方波逆变器的优点是：价格便宜，维修简单。

缺点是：由于方波电压中含有大量高次谐波，在以变压器为负载的用电器中将产生附加损耗，对收音机和某些通信设备也有干扰。此外，这类逆变器中有的调压范围不够宽，有的保护功能不够完善，噪声也比较大。

2. 正弦波逆变器

这类逆变器输出的交流电压波形为正弦波，由 SPWM 波形产生电路、驱动电路、逆变功率桥路、输出变压器、高频滤波器、交流稳压电路及保护电路等环节组成。电路原理框图见图 4-22。

正弦波逆变器的优点是：输出波形好，失真度低，对通信设备无干扰，噪声也很低。此外，保护功能齐全，对电感性和电容型性负载适应性强。

缺点是：线路相对复杂，对维修技术要求高，价格较贵。

早期的正弦波逆变器多采用分立电子元件或小规模集成电路组成模拟式波形产生电路，直接用模拟 50Hz 正弦波切割几千赫兹到几十千赫兹的三角波产生一个 SPWM 正弦

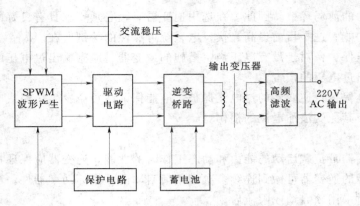

图 4-22　正弦逆变器电路原理框图

脉宽调制的高频脉冲波形，经功率转换电路、升压变压器和 LC 正弦化滤波器得到 220V/50Hz 单相正弦交流电压输出。但是这种模拟式正弦波逆变器电路结构复杂，电子元件数量多，整机工作可靠性低。随着大规模集成微电子技术的发展，专用 SPWM 波形产生芯片（如 HEF4752、SA838 等）和智能 CPU 芯片（如 INTEL 8051、PIC16C73、INTEL80C196 MC 等）逐渐取代小规模分立元件电路，组成数字式 SPWM 波形逆变器，使正弦波逆变器的技术性能和工作可靠性得到很大提高，已成为当前中、大型正弦波逆变器的优选方案。

3. 几种功率转换电路的比较

逆变器的功率转换电路一般有推挽逆变电路、全桥逆变电路和高频升压逆变电路三种，其主电路分别如图 4-23～图 4-25 所示。

（1）推挽式逆变电路。

图 4-23 所示的推挽电路，将升压变压器的中心抽头接于正电源，两只功率管交替工作，输出得到交流电输出。由于功率晶体管共地连接，驱动及控制电路简单，另外由于变压器具有一定的漏感，可限制短路电流，因而提高了电路的可靠性。其缺点是变压器利用率低，带感性负载的能力较差。

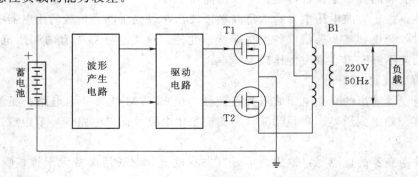

图 4-23　推挽式逆变器电路原理框图

（2）全桥式逆变电路。

图 4-24 所示的全桥逆变电路克服了推挽电路的缺点，功率开关管 T1、T3 和 T2、

T4 反相，T3 和 T4（T1 和 T2）相位互差 180°，调节 T3 和 T4 的输出脉冲宽度，输出交流电压的有效值即随之改变。由于该电路具有能使 T1 和 T4 共同导通的功能，因而具有续流回路，即使对感性负载，输出电压波形也不会产生畸变。该电路的缺点是上、下桥臂的功率晶体管不共地，因此必须采用专门驱动电路或采用隔离电源。另外，为防止上、下桥臂发生共同导通，在 T1、T4 及 T2、T3 之间必须设计先关断后导通电路，即必须设置死区时间，其电路结构较复杂。

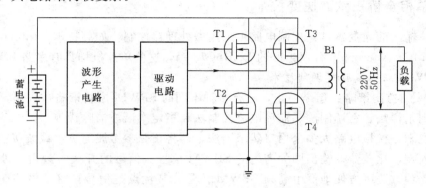

图 4-24 全桥式逆变器电路原理框图

（3）高频升压逆变电路。

图 4-25 为高频升压电路，由于推挽电路和全桥电路的输出都必须加升压变压器，而工频升压变压器体积大，效率低，价格也较贵，随着电力电子技术和微电子技术的发展，采用高频升压变换技术实现逆变，可实现高功率密度逆变。这种逆变电路的前级升压电路

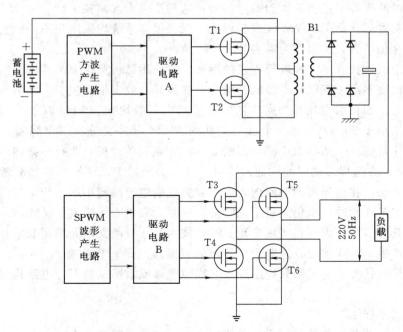

图 4-25 高频升压式逆变器电路原理框图

采用推挽结构（T1、T2），但工作频率均在 20kHz 以上，升压变压器 B1 采用高频磁芯材料，因而体积小，重量轻，高频逆变后经过高频变压器变成高频交流电，又经高频整流滤波电路得到高压直流电（一般均在 250V 以上），再通过工频全桥逆变电路（T3、T4、T5、T6）实现逆变。采用该电路结构，使逆变电路功率密度大大提高，逆变器的空载损耗也相应降低，效率得到提高。该电路的缺点是电路复杂，可靠性比上述两种电路偏低。

4.5.5　单相全桥正弦波逆变技术

正弦波输出的逆变器，其控制电路可采用微处理器控制，如英特尔（Intel）公司生产的 80C196MC、Microchip 公司生产的 PIC16C73 等，这些单片机均具有多路 PWM 发生。

1. SPWM 正弦波脉宽调制技术

SPWM 的控制策略：迄今为止，已有多种不同的 SPWM 控制策略被提出，如自然采样法、规则采样法、△调制法、滞环电流控制法和指定次谐波消除法等。

一般说来，模拟电路大多采用自然采样法，即将正弦参考波与三角载波接在一比较器的两个输入端，比较器的输出即为产生的 SPWM 信号。信号的开关时刻由两波形的交点确定。用此种方法可方便地产生高频 SPWM 信号，其优点是信号精确，电路简单。缺点是脉冲稳定性差，抗干扰能力差。

用微机软件实时产生 SPWM 信号是一种既方便又经济可靠的方法，它的稳定性及抗干扰能力均明显优于相应模拟控制电路。此外用微机软件可以方便地实现具有多种优良性能，而用模拟电路很难实现的复杂的 SPWM 控制策略。目前使用微机产生 SPWM 信号最常用的控制策略是"规则采样法"。与"自然采样法"相比，规则采样法用电平按正弦规律变化的阶梯波代替了正弦波作为参考信号。这种改进大大减轻了计算 PWM 脉宽的工作量，使通过实时运算产生 PWM 波成为可能。现在很多系统均采用规则采样法，通过查表或查表与运算相结合，实时产生需要的 PWM 脉冲。

由于受微机字长、运算速度等因素的影响，目前用微机产生 PWM 调制信号大多只能应用于控制精度不高、载波频率较低的场合。在高载波频率下产生 PWM 信号，计算机就显得力不从心。如目前在软开关逆变器中开关频率一般均在 20kHz 以上，这时 PWM 信号的载波周期小于 $50\mu s$，而在一个载波周期内 PWM 脉冲又分为三个间隔，这样每一个间隔就显得非常短。采用目前广泛应用的 51 或 98 系列单片机，执行一条指令的最短时间为 $1\mu s$ 或 $2\mu s$。在这样短的时间内通过实时运算完成产生 PWM 波，显得非常勉强。即使是采用纯查表法，在这样短的时间内，微机要完成响应定时器中断，给定时器送新的时间常数，送出 PWM 脉冲，也仍然是手忙脚乱。这时，微机除了生成 PWM 脉冲外，基本上已很难再做其他事情。因此在实现高频 PWM 技术时，有的文献介绍用双单片机，一片单片机专用于产生 PWM 信号（这对于单片机的资源显然是一种浪费），另一片单片机温差实时监测与控制任务。有的则只好用独立的模拟电路或数字模拟混合电路构成 PWM 信号发生器。

（1）自然采样法。

直接用正弦波曲线和等腰三角波曲线相交点作为管子的开关点。

由于这种方法在一个三角波上的两个相交点与三角波的中心线不对称，所以难以用计算机进行实时控制与模拟。虽然也可以用查表法产生 SPWM 波形，但将占用大量的内存空间。

（2）规则采样法。

这种方法的着眼点是设法得到一系列等间距的 SPWM 脉冲，使各个脉冲对三角载波的中心线对称，从而便于用计算机进行实时波形产生。

2. SPWM 脉宽调制波形的产生

如果需要输出正弦电压波形，可用一个正弦波（调制信号 f_s）切割一个等腰三角波（载波信号 f_c），当正弦波幅度 U_s 大于三角波幅度 U_c 时，SPWM 输出为高电平"1"，当正弦波幅度 U_s 小于三角波幅度 U_c 时，SPWM 输出为高电平"0"。SPWM 输出为一两侧窄中间宽的等幅不等宽的脉冲序列，但各脉冲的中心线间是等距的，且脉宽和正弦曲线下的积分面积成正比，即宽度按正弦规律变化，故称为 SPWM 脉宽调制。对于正弦波的负半周，可以用倒相技术或负值三角波来进行调制。

载波比：

$$N=\frac{f_c}{f_s}=\frac{\text{三角波的频率}}{\text{正弦波的频率}} \tag{4-15}$$

（1）单极性 SPWM 脉宽调制波形。

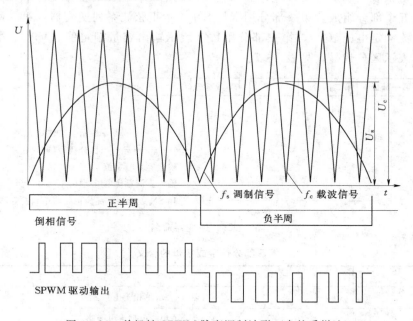

图 4-26　单极性 SPWM 脉宽调制波形（自然采样法）

如图 4-26 用单相正弦波全波整流电压信号 U_s 与单向三角形载波 U_c 交截，再通过倒相得到功率开关驱动信号，或直接用参考正弦波与单向三角形载波交截产生功率开关驱动信号。

（2）双极性 SPWM 脉宽调制波形（图 4-27）。

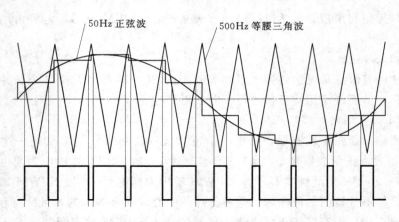

图 4 - 27　双极性 SPWM 脉宽调制波形（规则采样法）

4.5.6　离网式逆变器的选型设计

4.5.6.1　逆变器的型号

　　如图 4 - 28 所示，正弦波系列逆变器型号命名用字母、阿拉伯数字、短横线、短斜线等表示，由正弦波系列逆变器代号、输入直流额定电压、输出容量额定值、区分代号、安装使用方式五个部分组成。第一部分用字母 SN 表示正弦波系列逆变器，第二部分用数字表示输入直流额定电压（V），第三部分用数字表示输出容量额定值（VA），第四部分用数字或字母表示区分代号，见表 4 - 7。

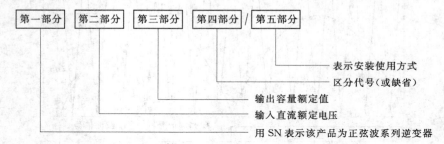

图 4 - 28　逆变器命名

表 4 - 7　　　　　　　　　　　　第四部分数字或字母的含义

字　母	含　义
缺省	表示单相输出
C	表示单相输出带市电旁路
3	表示三相输出
3C	表示三相输出带市电旁路
S	表示单相输出，光伏、风力发电专用
3S	表示三相输出，光伏、风力发电专用
CS	表示单相输出带市电旁路（功率大于 10kW 为接触器切换），光伏、风力发电专用

例：型号为 SN220 10K 3CS D1，表示三相输出，光伏专用正弦波逆变器，输入额定电压 220V，输出容量额定值 10kVA（图 4-29）。

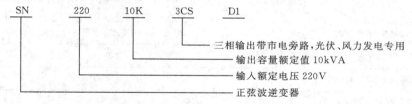

图 4-29　逆变器型号命名举例

图 4-30　不同逆变器的产品

4.5.6.2　逆变器的产品（图 4-30）

几种逆变器产品的技术参数见表 4-8～表 4-10。

表 4-8　　　　　　　　　　　　控制逆变一体机（SQ 系列）

型号 性能指标	SQ12300	SQ24300
额定电压（V）	DC12	DC24
光伏输入最大电流（A）	10	
交流输出额定容量（VA）	300	
交流输出额定功率（W）	240	
交流输出电压及频率	AC220V，50Hz（输出波形：方波）	
使用环境温度（℃）	-20～50	
防护等级	IP20	
海拔高度（m）	≤5000（海拔超过 1000m 需按照 GB/T 3859.2 规定降额使用）	
尺寸（宽×高×深）（mm）	190×120×160（立式） 310×482×132（机架式）	

表 4－9 正弦波逆变器（SN 系列）1

型号 性能指标		SN220 1KS	SN220 2KS	SN220 3KS	SN220 5KS	SN220 7.5KS
直流输入	输入额定电压（V）	DC220				
	输入额定电流（A）	5.0	10	15.2	25.3	37.9
	允许输入电压范围（V）	180～300				
交流输出	额定容量（kVA）	1.0	2.0	5.0	7.5	10
	输出额定功率（kW）	0.8	1.8	2.4	4.0	8.0
	输出额定电压及频率	AC220V，50Hz				
	输出额定电流（A）	4.5	9.1	13.6	22.7	34.1
	输出电压精度（V）	AC220V±3％				
	输出频率精度（Hz）	50±0.05				
	波形失真率（线性负载）	≤5％				
	动态响应（负载 0～100％）	5％				
	功率因数	0.8				
	过载能力	150％，10s				
	峰值系数	3：1				
	逆变效率（80％阻性负载）	94％				
	使用环境湿度（℃）	—20～50				
	防护等级	IP20				
	海拔高度（m）	≤5000（海拔超过 1000m 需按照 GB/T 3859.2 规定降额使用）				
尺寸	立式（宽×高×深）mm	205×385×425			400×750×470	

表 4－10 正弦波逆变器（SN 系列）2

型号 性能指标		SN220 10KS	SN220 20KS	SN220 30KS	SN220 50KS
直流输入	输入额定电压（V）	DC220			
	输入额定电流（A）	48.4	96.7	145	242
	允许输入电压范围（V）	180～300			
交流输出	额定容量（kVA）	10	20	30	50
	输出额定功率（kW）	8	18	24	40
	输出额定电压及频率	AC220V，50Hz			
	输出额定电流（A）	45.5	91	138	227
	输出电压精度（V）	AC220V±3％			
	输出频率精度（Hz）	50±0.05			
	波形失真率（线性负载）	≤5％			

续表

型号 性能指标		SN220 10KS	SN220 20KS	SN220 30KS	SN220 50KS
交流 输出	动态响应（负载 0～100%）	5%			
	功率因数	0.8			
	过载能力	150%，10s			
	峰值系数	3∶1			
	逆变效率（80%阻性负载）	94%			
	使用环境温度（℃）	−20～50			
	防护等级	IP20			
	海拔高度（m）	≤5000（海拔超过 1000m 需按照 GB/T 3859.2 规定降额使用）			
尺寸	立式（宽×高×深）mm	470×750×400	800×1800×600	800×2260×600	

4.5.6.3　逆变器的选型

$$P_n = (P \times Q)/\cos\theta \qquad (4-16)$$

式中　P_n——逆变器的容量，VA；

　　　P——负载的功率，W，感性负载需要考虑 5 倍左右的裕量；

　　$\cos\theta$——逆变器的功率因素（一般取 0.8）；

　　　Q——逆变器所需的裕量系数（一般选 1.2～1.5）。

　　一般根据系统的要求配置对应功率段的逆变器，选型的逆变器的功率应该与太阳能电池方阵的最大功率匹配，一般选取光伏逆变器的额定输出功率与输入总功率相近左右，这样可以节约成本。

　　1. 关键技术指标

　　（1）选择合适的输入输出电压范围，确保产品的最优组合。

　　（2）逆变器的输出效率：它的高低将直接影响到光伏发电系统的设计成本与发电效率。

　　（3）太阳能电池方阵最大功率跟踪功能（MPPT）及其效率。

　　（4）应注意所选用的逆变器应有基本的保护功能，如过流/短路保护、过功率保护、过温保护、防雷保护、孤岛保护等功能。

　　（5）逆变器输出电流波形畸变率（THD%）要低于 4%。

　　2. 认证标准

　　作为光伏电站的核心设备，为保证电站的稳定、可靠、持续运行，逆变器必须有很高的可靠性。它应具有销售目的地的安规认证、电磁兼容认证，如果是并网逆变器还要有各国并网认证（以欧洲为例）：

　　安规：EN62109-1，EN62109-2

　　电磁兼容：EN61000-6-1，EN61000-6-2，EN61000-6-3，EN61000-6-4

　　并网认证：VDE0126-1-1（德国）

　　3. 品牌与服务

　　建议购买目前市场上口碑不错的品牌，因为一般品牌形象好的公司，通常会在技术，以及维修服务上有较大的投资，能满足对客户的承诺。

【例 4 - 8】　已知负载功率为 5000W，系统电压为 220V，试确定逆变器的型号。

解：根据式（4 - 15），取裕量系数 $Q = 1.2, \cos\theta = 0.8$，得

$$P_n = (P \times Q)/\cos\theta = 5000 \times 1.2/0.8 = 7500\text{VA}$$

可选择型号为 SN220 7.5KS 逆变器。

任务 6　离网光伏系统其他设备选型

【学习目标】

◇　掌握光伏发电系统其他设备选型。

◇　掌握光伏发电系统对防雷和接地的要求。

◇　掌握光伏电源系统数据采集器的选型。

光伏系统设计中除了蓄电池的容量和太阳能电池组件大小设计以及选择合乎系统需要的太阳能电池组件、蓄电池、逆变器（带有交流负载的系统）、控制器等设备外，还要选择电缆、汇流盒、组件支架、柴油机/汽油机（光伏油机混合系统）、风力发动机（风光互补系统）等设备，对于大型太阳能光伏电站，还包括输配电工程部件如变压器、避雷器、负荷开关、空气断路器、交直流配电柜，以及系统的基础建设、控制机房的建设和输配电建设等问题。

上述各种设备的选取需要综合考虑系统所在地的实际情况、系统规模、客户的要求等因素。

4.6.1　电缆的选取

1. 系统中电缆的选取主要考虑因素

（1）电缆的绝缘性能。

（2）电缆的耐热阻燃性能。

（3）电缆的防潮、防光。

（4）电缆的敷设方式。

（5）电缆芯的类型（铜芯，铝芯）。

2. 电缆的大小规格

光缆系统中不同的部件之间的连接，因为环境和要求的不同，选择的电缆也不同。以下分别列出不同连接部分的技术要求：

（1）组件与组件之间的连接。

必须进行 UL 测试，耐热 90℃，防酸，防化学物质，防潮，防曝晒。

（2）方阵内部和方阵之间的连接。

可以露天或者埋在地下，要求防潮、防曝晒。建议穿管安装，导管必须耐热 90℃。

（3）蓄电池和逆变器之间的接线。

可以使用通过 UL 测试的多股软线，或者使用通过 UL 测试的电焊机电缆。

（4）室内接线（环境干燥）。

可以使用较短的直流连线。

3. 电缆大小规格设计，必须遵循的规则

（1）蓄电池到室内设备的短距离直流连接，选取电缆的额定电流为计算连续电流 1.25 倍。

（2）交流负载的连接，选取电缆的额定电流为计算所得电缆中最大连续电流的 1.25 倍。

（3）逆变器的连接，选取电缆的额定电流为计算所得电缆中最大连续电流的 1.25 倍。

（4）方阵内部和方阵之间的连接，选取电缆的额定电流为计算所得电缆中最大连续电流的 1.56 倍。

（5）考虑温度对电缆的性能的影响。

（6）考虑电压降不要超过 2%。

（7）适当的电缆尺径选取基于两个因素，电流强度与电路电压的损失。

完整的计算公式为：

$$线损＝电流×电路总线长×线缆电压因子 \qquad (4-17)$$

式中，线缆电压因子可由电缆制造商处获得。

4.6.2　接地和防雷设计

太阳能光伏电站为三级防雷建筑物，防雷和接地涉及以下的方面，可参考《建筑防雷设计规范》（GB 50057—94）。

1. 电站站址的选择

（1）尽量避免将光伏电站建筑在易发生雷电的和易遭受雷击的位置。

（2）尽量避免避雷针的投影落在太阳能电池组件上。

（3）防止雷电感应：控制机房内的全部金属物包括设备、机架、金属管道、电缆的金属外皮都要可靠接地，每件金属物品都要单独接到接地干线，不允许串联后再接到接地干线上。

（4）防止雷电波侵入：在出线杆上安装阀型避雷器，对于低压的 220/380V 可以采用低压的阀型避雷器。要在每条回路的出线和零线上架设。架空引入室内的金属管道和电缆的金属外皮在入口处可靠接地，冲击电阻不宜大于 30Ω。接地的方式可以采用电焊，如果没有办法采用电焊，也可以采用螺栓连接。

（5）接地系统的要求：所有接地都要连接在一个接地体上，接地电阻满足其中的最小值，不允许设备串联后再接到接地干线上。

光伏电站对接地电阻值的要求较严格，因此要实测数据，建议采用复合接地体，接地体的根数以满足实测接地电阻为准。

（6）光伏电阻接地接零的要求：电气设备的接地电阻小于等于 4Ω，满足屏蔽接地和工作接地的要求。

在中性点直接接地的系统中，要重复接地，R 小于等于 10Ω。

防雷接地应该独立设置，要求 R 小于等于 30Ω，且和主接地装置在地下距离保持在 3m 以上。

2. 光伏系统的接地类型

(1) 防雷接地：包括避雷针、避雷带以及低压避雷器、外线出线杆上的瓷瓶铁脚还要连接架空线路中的电缆金属外皮。

(2) 工作接地：逆变器、蓄电池的中性点，电压互感器和电流互感器的二次线圈。

(3) 保护接地：光伏电阻组件机架、控制器、逆变器，以及配电屏外壳、蓄电池支架、电缆外皮、穿线金属管道的外皮。

(4) 屏蔽接地：电子设备的金属屏蔽。

4.6.3　光伏电源系统数据采集器

近年来，太阳能光伏电源的应用领域日益扩大，已从数十瓦的户用照明发展到电信、电力、铁路、石油、部队等部门通信设备数千瓦的备用电源系统。但由于光伏电源系统中，太阳能电池、蓄电池等主要部件属工作寿命有限，性能逐步衰变的器件且其性能受不同地理环境、气候条件影响较大，对光伏电源系统的设计和维护使用带来一定困难。"光伏电源数据采集器"，可快速采集太阳能电池、蓄电池等器件的关键工作参数和太阳能辐射量、环境温度等气象参数，并且随时将采集的数据存入装置内的大容量非易失性数据存储器，最大容量可存入十年的工作数据。根据需要，还可随机将记录的数据打印出来，供设计或使用部门进行系统定量分析及资料存档，为今后光伏电源系统更合理的设计提供宝贵的科学依据。同时经常定期分析检查采集的工作数据，还可及时发现系统各部件的故障或隐患，随时排除故障或调整设计参数，以保证电源系统稳定可靠工作并可有效地延长光伏电源系统的工作寿命。

1. 数据采集器的主要技术指标

(1) 蓄电池电压：标称值 36V，最大值 60V，采集精度 1%，采集周期为 1min。

(2) 辐射量：最大值 1500W/m^2，采集精度 1%，采集周期为 1min。

(3) 环境温度测量范围：$-20\sim+60℃$，采集精度 1%，采集周期为 1min。

(4) 蓄电池充电电流：最大值 50A，采集精度 1%，采集周期为 1min。

(5) 蓄电池放电电流：最大值 50A，采集精度 1%，采集周期为 1min。

(6) 风力发电机充电电流：最大值 50A，采集精度 1%，采集周期为 10s。

(7) 工作温度条件：$-10\sim+50℃$。

2. 数据采集器的基本功能

(1) 数据采集：每隔 1min 将蓄电池电压、太阳能辐射量、蓄电池充电电流、蓄电池放电电流、风力发电机充电电流、环境温度等 6 个工作参数循环采集一次并暂存于数据缓冲区中。

(2) 数据处理和记录：每隔 1h，采集器将前 60 次采集的 6 个参数分别求平均值作为当前值存入掉电不丢失数据的 EEPROM 中与以前存入的参数进行比较，求得 5 个参数今日的最大值和最小值也存入 EEPROM 中。EEPROM 中最多可存前 98 天每小时的当前值、最大值和最小值。由于采集器内有硬时钟芯片，所以每到月底和年底，采集器自动将蓄电池充电电量、放电电量和太阳能总辐射量进行累加统计并记录，采集器可记录 10 年的累计值。

（3）显示：本机采用中文点阵液晶显示器，可分屏显示：

被采集的 5 个工作参数的当前值，今日最大值和今日最小值。

浏览前 98 天内任意一天中的 5 个参数 24h 的历史记录数据。

浏览前 10 年中任意一年、任意一月的三个累计值。

（4）历史数据打印：采用中文点阵打印机可打印任意选择开始日期和结束日期之间 6 个工作参数的历史数据（每天每小时的当前值、最大值和最小值）。

（5）硬实时钟校准设置：可随时调整当前日期（年、月、日）和当前时间（小时、分钟）。

3. 数据采集器的硬件结构（图 4-31）

（1）CPU 将被采集的 5 路工作参数经信号调理电路处理后，输入至对应 A/D 输入端口，由软件程序控制定时进行数据采集。

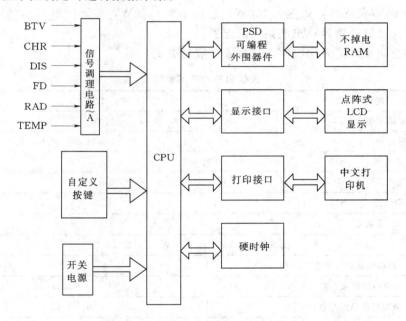

图 4-31　数据采集器硬件结构框图

（2）数据采集器是一个完整的单片机应用系统，如果按常规配置进行设计，除 CPU 微处理器外，还需要多个不同功能的外围器件，如地址锁存器、EPROM、RAM、PLD 等才能构成一个实用的系统，这样一来，将使整个系统体积变大、布线复杂。为此，本机采用 PSD3 系列"可编程单片机通用外围接口芯片"，可将单片机需要的多个外围芯片集成在一个芯片内，从而大大简化了电路设计。

（3）由于本机需要记录存储 98 天的多个采集处理数据和 10 年的累计数据，信息量很大，所以本机配置有内含电池的 32K 不掉电 RAM，长期记忆系统的运行数据。

（4）本机设计最大采集的蓄电池充电电流最大可达 200A，放电电流最大可达 300A，采集精度为 1%，如采用传统的分流器进行取样，将很难保证采集精度要求。为此，本机选用先进的霍尔电流传感器，不仅简化了安装工艺，还可提高采集精度和工作可靠性。

（5）数据显示采用点阵图形液晶显示模块，可清晰地显示 4 行标准汉字或 8 行 ASCⅡ码字符，该 LCD 显示器内含背光电路，使数据显示更加清晰。当 10min 内无按键操作时，将自动关闭背光电路，以便于降低采集器的自身功耗。

（6）机内配置有标准的并行打印机接口电路，外接中文点阵打印机，可随机打印系统运行的历史数据，供资料存档使用。

4. 数据采集器的操作

不同数据采集器有所不同，但通常先按后背板标注正确接线后，打开前面板的电源开关，然后按照说明书，通过 LED 液晶显示器进行参数设定。

4.6.4　案例分析：离网式光伏发电系统设计案例

1. 客户基本要求

现有客户需设计一套离网光伏发电系统，当地的日平均峰值日照时数按照 4h 考虑，现场负载为 12 盏荧光灯，每盏为 100W，总功率为 1200W，每天使用 10h，蓄电池按照连续阴雨天 2 天计算，请计算出该系统的配置。

选用某公司 180W 光伏组件，其技术参数见表 4-11。

表 4-11　　　　　　　　　　　　　光伏组件的技术参数表

规格	S-180C		
额定功率 W_p（W）	190	185	180
开路电压 V_{oc}（V）	45.3	45.1	44.9
短路电流 I_{sc}（A）	5.53	5.45	5.40
额定电压 V_m（V）	36.9	36.5	36.0
额定电流 I_m（A）	5.15	5.06	4.99
功率误差	±3%		

测试条件：AM1.5，1000W/m²，25℃

短路电流温度系数（/K）	+0.038
开路电压温度系数（%/K）	-0.34
最大功率温度系数（%/K）	-0.47
NOCT（℃）	46±2
最大系统电压（V）	DC1000
最大熔丝电流（A）	10
抗风强度（Pa）	2400
重量（kg）	16.3
尺寸（mm）	1575×826×46

2. 太阳能电池组件的设计

太阳能电池组件容量计算，参考公式：

$$P_0 = (P \times t \times Q)/(\eta_1 \times T)$$

式中 P_0——太阳能电池组件的峰值功率，W_p；

P——负载的功率，W；

t——负载每天的用电小时数，h；

η_1——为系统的效率（一般为 0.85 左右）；

T——当地的日平均峰值日照时数，h；

Q——连续阴雨期富余系数（一般为 1.2～2）。

根据公式计算：

$$P_0 = P \times t \times Q/(\eta_1 \times T) = (1200 \times 10 \times 1.2)/(0.85 \times 4) \approx 4.235(\mathrm{kW})$$

太阳能电池组件数量：$4235/180 \approx 24$ 块

太阳能电池组件串联数量：2 块

太阳能电池组串数量：12 串

因此，本项目选用 24 块 180W_p 太阳能电池组件，总功率为 4.32kW，按照 2 块组件串联设计，共 12 个太阳能电池串列（注：本系统选用 DC48V 光伏控制器，太阳能电池串列分为 4 路接入光伏控制器）。

3. 光伏控制器选型

系统选用 DC48V 光伏控制器额定电流计算，参考公式：

$$I = P_0/V$$

式中 I——光伏控制器的控制电流，A；

P_0——太阳能电池组件的峰值功率，W_p；

V——蓄电池组的额定电压，V。

根据公式计算： $I = 4320/48 = 90\mathrm{A}$

故可选用 1 台 SD48100 光伏控制器，其技术参数见表 4-12。

备注：

（1）根据系统的电压和控制电流确定光伏控制器的规格型号。

（2）在高海拔地区，光伏控制器需要放大一定的裕量，降容使用。

表 4-12　　　　　　　　　　SD48100 光伏控制器技术参数

性 能 指 标	型号（SD48100）
额定电压（V）	DC48
额定电流（A）	100
最大太阳能电池组件功率（kW$_p$）	4.8
光伏阵列输入控制路数	4
每路光伏阵列最大电流（A）	25
蓄电池过放保护点（可设置 V）	43.2
蓄电池过放恢复点（可设置 V）	49
蓄电池过充保护点（可设置 V）	58V
负载过压保护点（可设置 V）	65V
负载过压恢复点（可设置 V）	60V

续表

性　能　指　标		型号（SD48100）
空载电流（mA）		≤100
电压降落	光伏阵列与蓄电池（V）	0.3
	蓄电池与负载（V）	0.1
温度补偿系数（mV/℃）		0～5（可设置）
使用环境温度（℃）		−20～＋50
使用海拔高度（m）		≤5000（海拔超过 1000m 需降额使用）
防护等级		IP20
宽×高×深（mm）		400×541×222（壁挂式）
		482×177×355（卧式）

4. 蓄电池组设计

蓄电池组的容量计算，参考公式：

$$C = P \times t \times T / (V \times K \times \eta_2)$$

式中　C——蓄电池组的容量，Ah；

　　　P——负载的功率，W；

　　　t——负载每天的用电小时数，H；

　　　V——蓄电池组的额定电压，V；

　　　K——蓄电池的放电系数，考虑蓄电池效率、放电深度、环境温度、影响因素而定，一般取值为 0.4～0.7。该值的大小也应该根据系统成本和用户的具体情况综合考虑；

　　　η_2——逆变器的效率；

　　　T——连续阴雨天数（一般为 2～3 天）。

根据公式计算：　　　　　$C = P \times t \times T / (V \times K \times \eta_2)$

$$= 1200 \times 10 \times 2 / (48 \times 0.5 \times 0.9)$$

$$\approx 1200 \text{Ah}$$

得出，系统需配置的蓄电池组容量为 1200Ah，同时要满足直流电压 48V 的要求，可采用 24 只 2V/1200Ah 的蓄电池进行串联。

5. 逆变器选型

逆变器额定容量计算，参考公式：

$$P_n = (P \times Q) / \cos\theta$$

式中　P_n——逆变器的容量，VA；

　　　P——负载的功率，W，感性负载需考虑 5～8 倍左右的裕量；

　　$\cos\theta$——逆变器的功率因数（一般为 0.8）；

　　　Q——逆变器所需的裕量系数（一般选 1.2～5）。

因荧光灯启动冲击电流较大，所以本系统的 Q 系数取 3，根据公式计算：

$$P_n = (P \times Q)/\cos\theta = 1200 \times 3/0.8 = 4.5\text{kVA}$$

故可选择 SN485KSD1 离网型逆变器，其技术参数见表 4 - 13。

备注：

（1）不同的负载（阻性、感性、容性），启动冲击电流不一样，选择的裕量系数也不同。

（2）在高海拔地区，逆变器需要放大一定的裕量，降容使用。

表 4 - 13　　　　　　　　　　SN485KSD1 逆变器技术参数

性　能　指　标		型号（SN485KSD1）
直流输入	输入额定电压（V）	DC48
	输入额定电流（A）	116
	允许输入电压范围（V）	43～70
交流输出	额定容量（kVA）	5
	输出额定功率（kW）	4
	输出额定电压及频率	AC220V，50Hz
	输出额定电流（A）	22.7
	输出电压精度（V）	AC220V±3％
	输出频率精度（Hz）	50±0.05
	波形失真率（线性负载）	≤5％
	动态响应（负载0～100％）	5％
	功率因数	0.8
	过载能力	120％，10s
	峰值系数	3∶1
	逆变效率（80％阻性负载）	90％
使用环境温度（℃）		-20～50
防护等级		IP20
海拔高度		≤5000（海拔超过1000m需降额使用）
宽×高×深（mm）		400×750×470

6. 系统监控方案

目前离网光伏发电系统的通信和监控方案可采用以下几种方式：

（1）RS485/232 本地通信（图 4 - 32）。

图 4 - 32　RS484/232 通信模式

（2）以太网远程通信（图 4 - 33）。

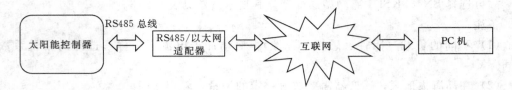

图 4 - 33　以太网远程通信模式

（3）GPRS 远程通信（图 4 - 34）。

图 4 - 34　GPRS 远程通信模式

系统的通信和监控装置需配置专用监控软件、工业 PC 机、显示器、通信转换设备以及通信电缆。多机版监控软件可实现多台设备同时监控，监控软件界面如图 4 - 35、图 4 - 36所示。

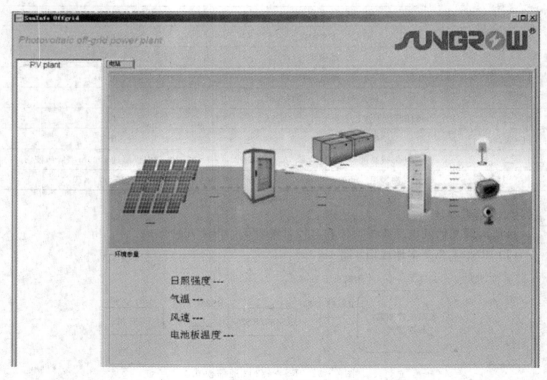

图 4 - 35　监控软件界面一

序号	名称	数值	单位	备注
0	时间	2011-11-21 15:48:53		
1	输入电压A	0.0	V	
2	输入电流A	0.0	A	
3	输入电压B	0.0	V	
4	输入电流B	0.0	A	
5	输入电压C	0.0	V	
6	输入电流C	0.0	A	
7	输出电压A	229.0	V	
8	输出电流A	0.0	A	
9	输出频率A	50.0	Hz	
10	输出电压B	0.0	V	
11	输出电流B	0.0	A	
12	输出频率B	0.0	Hz	
13	输出电压C	0.0	V	
14	输出电流C	0.0	A	
15	输出频率C	0.0	Hz	
16	直流电压	217.0	V	
17	直流电流	0.0	A	
18	温度	20.7	°C	
19	直流欠压点	180.0	V	
20	直流过压点	300.0	V	
21	直流恢复电压	200.0	V	
22	旁路欠压	160.0	V	
23	旁路过压	242.0	V	
24	旁路恢复电压	182.0	V	

图 4-36　监控软件界面二

本 章 小 结

　　本学习情境介绍了离网式光伏发电系统的结构及各部分的主要作用，并阐述了离网式光伏发电系统的应用领域。对离网式光伏发电系统中的光伏方阵、光伏控制器、蓄电池组、离网式逆变器的设计选型进行了详细地分析，并列举了实例。对光伏系统的其他相应设备也进行了说明。

　　要求学生熟悉离网式光伏发电系统的构成及应用。能够熟练掌握离网式光伏发电系统主要构成部分的光伏方阵、光伏控制器、蓄电池组、离网式逆变器的设计和选型。

习　题　4

4-1　什么是离网式光伏发电系统？它由哪些部分构成，各有什么作用？

4-2　离网式光伏发电系统主要应用在哪些领域？

4-3 光伏方阵中二极管有哪些？各有什么作用？

4-4 什么是蓄电池的放电深度？在光伏发电系统中，蓄电池的放电深度一般取多少？

4-5 光伏控制器有哪些类型？主要功能是什么？

4-6 逆变器的主要作用是什么？主要有哪些类型？

4-7 某乡村小屋的光伏供电系统，该小屋只是在周末使用，可以使用低成本的浅循环蓄电池以降低系统成本。该乡村小屋的负载为 90 Ah/d，系统电压为 24V，自给天数为 2 天，蓄电池允许的最大放电深度为 50%，试选择合适的蓄电池组。

实 训 项 目 4

题目 1：太阳能光伏对蓄电池组充电

1. 实训目的

（1）熟悉怎么使用太阳能光伏板进行对蓄电池的充电实验。

（2）测量光伏板对蓄电池进行充电时的充电电压与充电电流。

（3）了解和熟悉蓄电池充电曲线。

2. 实训内容及设备

（1）实训内容。

1）查找相关资料，了解并且画出蓄电池的充电曲线。

2）画出光伏板直接对蓄电池进行充电的电路图。

3）按照所绘制的电路图进行接线。

4）观察蓄电池充电过程中电压、电流的变化趋势。

（2）实训设备。

电脑	1 台
风光互补实训平台	1 套
接插线	若干
12V100AH 蓄电池	2 块
上位机控制软件	1 套

3. 实训步骤

（1）按照接线图（图 4-37）接线并将 4 个单元的仪表供电端子用接插线并联起来，打开总电源开关、碘钨灯开关、PLC 开关、触摸屏开关、光伏输入开关和蓄电池输入开关。

（2）打开光伏寻日系统，将光电输入至控制器。

（3）打开上位机软件并运行。

（4）在风光互补控制界面点击"蓄电池动力输入"将蓄电池接进控制器（图 4-38）。

（5）点击光电输入进入光电输入控制界面（图 4-39），调节 PWM 占空比，点击"PWM 波输入"观察在不同 PWM 占空比下，光伏的电压与电流、蓄电池的电压与电流变化，并找出占空比为多少时，光伏功率最大，即为最大功率点，通过上位机软件观察光伏电压、光伏电流、光伏功率、蓄电池电压、蓄电池电流及蓄电池功率，并填入表 4 - 14 中。

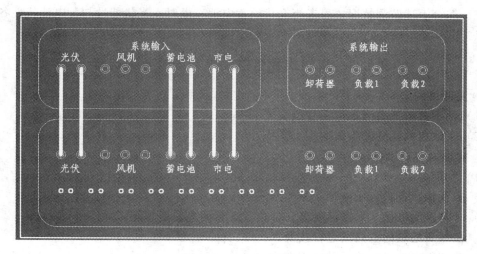

图 4 - 37　实验接线图

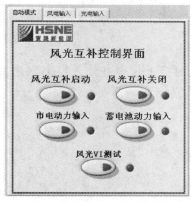 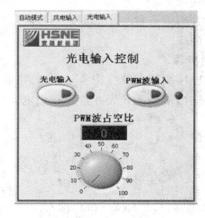

图 4 - 38　风光互补控制界面　　　图 4 - 39　光电输入控制界面

表 4 - 14　　　　　　　　　　PWM 波占空比对光伏系统的影响

PWM 波占空比	0	20%	40%	60%	80%	100%
光伏电压（V）						
光伏电流（A）						
光伏功率（W）						
蓄电池电压（V）						
蓄电池电流（A）						
蓄电池功率（W）						

（6）点击光电输入，自动搜寻 MPPT 最大功率点。

4. 实验心得与思考题

（1）观察在 100％占空比时，光伏电压、光伏电流、蓄电池电压、蓄电池电流。

（2）观察在 0 占空比时，光伏电压、光伏电流、蓄电池电压、蓄电池电流。

（3）综合上述监测情况，思考当光伏给蓄电池充电时，光伏特性与蓄电池特性各有什么特点？

题目 2：离网式蓄电池发电系统带负载运行

1. 实训目的

（1）熟悉蓄电池直流如何逆变成交流。

（2）了解离网逆变器工作原理。

2. 实训内容及设备

（1）实训内容。

1）查找相关资料，了解什么是离网式逆变器。

2）画出蓄电池接入离网逆变器并带负载运行的电路原理图。

3）按照所绘制的电路图进行接线。

4）观察蓄电池逆变前后的电流变化。

（2）实训设备。

风光互补实训平台　　　　　　　1 套

红蓝接插线　　　　　　　　　　若干

3. 实训步骤

（1）按照接线原理图（图 4-40），将蓄电池接上仪表并输入至离网逆变器输入端，离网逆变器输出端接上仪表并给负载供电。

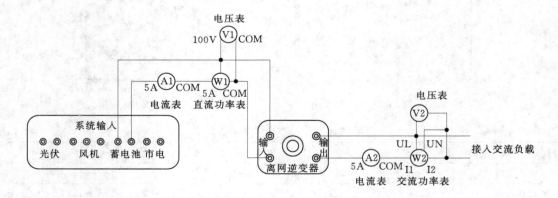

图 4-40 接线原理图

（2）打开蓄电池输入开关，观察此时蓄电池的电压、电流和功率，按下离网逆变器的按钮，观察逆变之后的电压、电流和功率。

（3）接入不同的交流负载，如风扇、交通灯或白炽灯泡，观察蓄电池电压、电流和功率，离网逆变器输出的电压、电流和功率。

4. 思考题

（1）思考在家用中离网逆变器的作用？

（2）根据以上两个实验设计出一套家用离网逆变供负载使用的系统。

技能考核（参考表 4 – 15）

（1）观察事物的能力。

（2）操作演示能力。

表 4 – 15　　　　　　　　　　实 验 考 核 表

考 核 要 求	考核等级	评 　语
熟悉系统构成，准确描述	优	
熟悉系统构成，描述不充分	良	
了解系统构成，能够描述	中	
了解系统构成，不能描述	及格	
不了解系统构成，不能描述	不及格	

学习情境 5　并网式光伏发电系统

【教学目标】

◆ 了解并网式光伏发电的优劣性。
◆ 掌握并网式光伏发电系统设计方法。
◆ 掌握并网逆变器的类型及设计选型。
◆ 掌握光伏阵列的安装方法及防雷措施。

〰〰〰 【教学要求】

知识要点	能力要求	相关知识	所占分值（100分）	自评分数
并网式光伏发电系统组成及主要形式	1. 了解并网光伏系统组成； 2. 了解并网光伏发电系统的主要形式	并网式光伏发电系统的工作原理	20	
并网式光伏发电系统的设计	1. 掌握并网式光伏发电系统配置和设计的方法； 2. 掌握并网式光伏发电系统优化设计的方法	电气一次设计及二次设计的相关知识	40	
并网逆变器	1. 选择并网逆变器功率； 2. 并网逆变器在系统中的作用	并网逆变器工作原理	20	
光伏板的安装及安全措施	1. 掌握光伏板安装角度、固定方式； 2. 掌握光伏发电系统的防雷措施	当地光照时间及经纬度，防雷注意事项	20	

任务 1　并网式光伏发电系统认知

〰〰〰 【学习目标】

◇ 了解并网光伏发电系统组成。
◇ 了解几种主要的并网逆变器。
◇ 了解并网式光伏发电系统的主要形式。

5.1.1　并网式光伏发电系统

随着全球经济的发展，新能源发电技术也迅速发展。太阳能以其资源量最丰富、分布广泛、清洁成为最有发展潜力的可再生能源之一。进入 21 世纪以来，世界太阳能光伏发电产业发展迅速，市场应用规模不断扩大，在后续能源的发展中所起的作用越来越重要。

光伏并网发电系统就是太阳能组件产生的直流电经过并网逆变器，转换成符合市电电网要求的交流电之后直接接入公共电网（图 5-1）。光伏并网发电系统主要有集中式大型并网电站，一般都是国家级电站，主要特点是将所发电能直接输送到电网，由电网统一调配向用户供电；也有分散式小型并网发电系统，特别是光伏建筑一体化发电系统，是并网发电的主流。当有阳光时，逆变器将光伏系统所发的直流电逆变成正弦交流电，产生的交流电可以直接供给交流负载，然后将剩余的电能输入电网，或者直接将产生的全部电能并入电网。在没有太阳时，负载用电全部由电网供给。

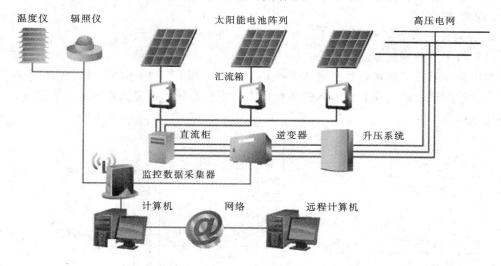

图 5-1　并网式光伏发电系统结构图

因为直接将电能输入电网，光伏独立系统中的蓄电池完全被光伏并网系统中的电网所取代。免除配置蓄电池，省掉了蓄电池蓄能和释放的过程，可以充分利用光伏阵列所发的电力，从而减小了能量的损耗，降低了系统成本。但是系统中需要专用的并网逆变器，已保证输出的电力满足电网对电压、频率等性能指标的要求。逆变器同时还控制光伏阵列的最大功率点跟踪（MPPT），控制并网电流的波形和功率，使向电网传送的功率和光伏阵列所发出的最大功率电能相平衡。这种系统通常能够并行使用市电和太阳能光伏系统作为本地交流负载的电源，降低了整个系统的负载断电率。而且并网光伏系统还可以对公用电网起到调峰的作用。太阳能光伏发电进入大规模商业化应用是必由之路，就是将太阳能光伏系统接入常规电网，实现联网发电。与独立运行的太阳能光伏发电站相比，并入电网可以给光伏发电带来诸多好处，可以归纳以下几点：

（1）省掉了蓄电池。

（2）随着逆变器制造技术的不断进步，以后逆变器的稳定性、可靠性等将更加完善。

（3）光伏阵列可以始终运行在最大功率点处，由电网来接纳太阳能所发的全部电能，提高了太阳能发电效率。

（4）电网获得了收益，分散布置的光伏系统能够为当地的用户提供电能，缓解了电网的传输和分配负担。

（5）光伏组件与建筑完美结合，既可以发电又能作为建筑材料和装饰材料。

5.1.2 系统组成

1. 并网发电系统的主要组成

（1）光伏阵列。

（2）直流防雷汇流箱、交直流防雷配电柜。

（3）并网逆变器、直交流转化。

（4）漏电保护、计量等仪器、仪表。

（5）交流负载。

2. 并网逆变器的主要形式

（1）组串式并网逆变器。

组串逆变器是以模块化的概念为基础的，容量一般在 1～30kW，每个光伏组串连接一个光伏并网逆变器，在直流输入侧具有最大功率峰值跟踪，交流侧通过并联的方式与电网相连（图 5-2）。

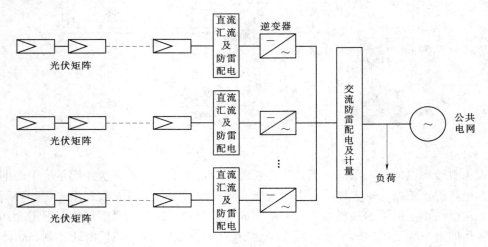

图 5-2 组串式结构示意图

许多大型光伏电厂使用组串逆变器。优点是不受组串间模块差异和遮影的影响，同时减少了光伏组件最佳工作点与逆变器不匹配的情况，从而增加了发电量。技术上的这些优势不仅降低了系统成本，也增加了系统的可靠性。同时，在组串间引入"主—从"的概念，使得系统在单串电能不能使单个逆变器工作的情况下，将几组光伏组串联系在一起，让其中一个或几个工作，从而产出更多的电能。

最新的概念为几个逆变器相互组成一个"团队"来代替"主—从"的概念，使得系统的可靠性又进了一步。目前，无变压器式组串逆变器已占了主导地位。

组串式并网逆变器主要特点：

1）每路组串的逆变器都有各自的 MPPT 功能和孤岛保护电路，不受组串间光伏电池组件性能差异和局部遮影的影响，可以处理不同朝向和不同型号的光伏组件，也可以避免部分光伏组件上有阴影时造成巨大的电量损失，提高了发电系统的整体效率。

2）组串式并网逆变器系统具有一定的冗余运行能力，即使某个电池组串或某台并网逆变器出现故障也只是使系统容量减小，可有效减小因局部故障而导致的整个系统停止工作所造成的电量损失，提高了系统的稳定性。

3）组串式并网逆变器系统可以分散就近并网，减少了直流电缆的使用，从而减少了系统线缆成本及线缆电能损耗。

4）组串式并网逆变器体积小、重量轻，搬运和安装都非常方便，不需要专业工具和设备，也不需要专门的配电室。直流线路连接也不需要直流接线箱和直流配电柜等。

5）组串式并网逆变器分散分布于光伏系统中，为了便于管理，对信息通信技术提出了相对较高的要求，但随着通信技术的不断发展，新型通信技术和方式的不断出现，这个问题也已经基本解决。

6）组串式并网逆变器仍然存在串联功率失配和串联多波峰问题。由于每个串联阵列配备一个 MPPT 控制电路，该结构只能保证每个光伏组件串输出达到当前总的最大功率点，而不能保证每个光伏组件都输出在各自的最大功率点，与集中式结构比，光伏组件的利用率大大提高，但仍低于交流模块式结构。

（2）集中式并网逆变器。

集中式并网逆变器是使输入的多组串的光伏组件通过汇流箱以及直流配电装置转接成一路或几路之后输入到并网逆变器，当一次汇流达不到逆变器的输入特性和输入路数的要求时，还要进行二次汇流。容量一般在 30～1000kW（图 5-3）。

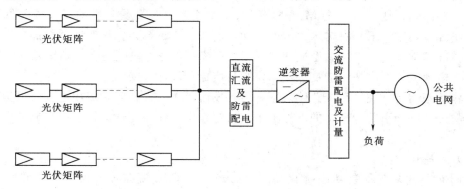

图 5-3　集中式结构示意图

集中逆变技术是若干个并行的光伏组串被连到同一台集中逆变器的直流输入端，一般功率大的使用三相的 IGBT 功率模块，功率较小的使用场效应晶体管，同时使用 DSP 转换控制器来改善所产出电能的质量，使它非常接近于正弦波电流，一般用于大型光伏发电站（>10kW）的系统中。最大特点是系统的功率高，成本低，但由于不同光伏组串的输出电压、电流往往不完全匹配（特别是光伏组串因多云、树荫、污渍等原因被部分遮挡时），采用集中逆变的方式会导致逆变过程的效率降低和电能的下降。同时整个光伏系统的发电可靠性受某一光伏单元组工作状态不良的影响。最新的研究方向是运用空间矢量的调制控制以及开发新的逆变器的拓扑连接，以获得部分负载情况下的高效率。

集中式并网逆变器的主要特点：

1）由于光伏电池方阵要经过一次或二次汇流后输入到并网逆变器，该逆变器的最大功率跟踪（MPPT）系统不可能监控到每一路电池组串的工作状态和运行情况，也就是说不可能使每一组串都同时达到各自的 MPPT 模式，所以当电池方阵因照射不均匀、部分遮挡等原因使部分组串工作状况不良时，会影响到所有组串及整个系统的逆变效率。

2）集中式并网逆变器系统无冗余能力，整个系统的可靠性完全受限于逆变器本身，如其出现故障将导致整个系统瘫痪，并且系统修复只能在现场进行，修复时间较长。

3）集中式并网逆变器通常为大功率逆变器，其相关安全技术花费较大。

4）集中式并网逆变器一般体积都较大、重量较重，安装时需要动用专用工具、专业机械和吊装设备，逆变器也需要安装在专门的配电室内。

5）集中式并网逆变器直流侧连接需要较多的直流线缆，其线缆成本和线缆电能损耗相对较大。

6）采用集中式并网逆变器的发电系统可以集中并网，便于管理。在理想状态下，集中式并网逆变器还能在相对较低的投入成本下提供较高的效率。

（3）微型逆变器。

在传统的 PV 系统中，每一路组串型逆变器的直流输入端，会由 10 块左右光伏电池板串联接入。当 10 块串联的电池板中，若有一块不能良好工作，则这一串都会受到影响。若逆变器多路输入使用同一个 MPPT，那么各路输入也都会受到影响，大幅降低发电效率。在实际应用中，云彩、树木、烟囱、动物、灰尘、冰雪等各种遮挡因素都会引起上述因素，情况非常普遍。而在微型逆变器的 PV 系统中，每一块电池板分别接入一台微型逆变器，当电池板中有一块不能良好工作，则只有这一块都会受到影响。其他光伏板都将在最佳工作状态运行，使得系统总体效率更高，发电量更大。在实际应用中，若组串型逆变器出现故障，则会引起几千瓦的电池板不能发挥作用，而微型逆变器故障造成的影响相当之小。

（4）功率优化器。

太阳能发电系统加装功率优化器（Optimizer）可大幅提升转换效率，并将逆变器（Inverter）功能化繁为简降低成本。为实现智慧型太阳能发电系统，装置功率优化器可确实让每一个太阳能电池发挥最佳效能，并随时监控电池耗损状态。功率优化器是介于发电系统与逆变器之间的装置，主要任务是替代逆变器原本的最佳功率点追踪功能。功率优化器借由将线路简化以及单一太阳能电池即对应一个功率优化器等方式，以类比式进行极为快速的最佳功率点追踪扫描，进而让每一个太阳能电池皆可确实达到最佳功率点追踪，除此之外，还能借置入通信晶片随时随地监控电池状态，即时回报问题让相关人员尽快维修。

3. 几种不同接入方式并网逆变器特性对比（表5-1）

表5-1　　　　　　　　　　　不同并网逆变器特性对比表

逆变器类型	集中式逆变器	组串式逆变器	微型（组件）逆变器
逆变器容量	10kW～1MW	600W～10kW	1kW以下
光伏电池接入形式	光伏组件方阵	光伏组串	光伏组件
MPPT功能	方阵的最大功率点	组串的最大功率点	组件的最大功率点
遮挡影响	影响最大	影响较小	影响最低
直流电缆	大量使用	少量使用	基本不使用
投资成本	低廉	适中	昂贵
适用光伏系统	日照均匀的地面大型光伏电站或大型BAPV	各类型地面光伏电站或BAPV/BIPV	1kW以下的光伏系统
产品成熟度	成熟	成熟	研发和试验阶段
安装使用	专业安装和维护，更换困难	安装简便，更换方便	安装简便，更换方便

5.1.3　组串式和集中式系统分析对比

1. 主要区别

（1）组串式与集中式所用并网逆变器效率基本相同，均可达到94％以上；但近年组串式逆变器采用新技术在重量、效率、价格等方面都有了较大的改进，优势较为明显。

（2）集中式并网因采用汇流装置，若在MPPT技术上做到对每一路运行情况进行监控，成本将非常昂贵；而组串式可省去汇流装置，能够实现对每一路的MPPT追踪，使系统成本下降，综合效率更高（图5-4）。

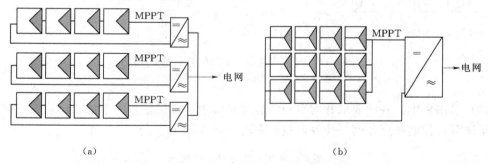

(a)　　　　　　　　　　　　　　　　　(b)

图5-4　组串式与集中式的MPPT对比

(a) 组串式；(b) 集中式

2. 系统发电量分析

（1）发电量对比（表5-2）。

表5-2　　　　　　　　　　　发　电　量　对　比　表

因　素	组串式并网	集中式并网
局部阴影	影响小	影响偏大
夜间损耗	损耗小	损耗大
发电量	高于集中式3％～5％	发电量偏低

（2）直流损耗对比。如图 5－5 所示，集中式系统使用大量的直流线缆会造成较大的直流损耗。

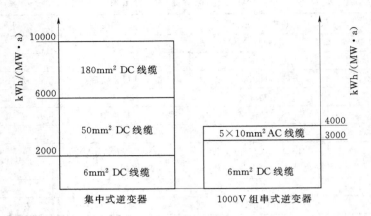

图 5－5　直流线缆损耗图

3. 两种系统可靠性分析

（1）采用集中式并网逆变器的系统无冗余能力，如有任何故障整个系统将停止发电。采用组串式则有冗余能力，如有个别逆变器发生故障，对整个系统影响较小（图 5－6）。

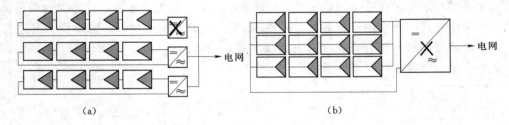

图 5－6　组串式和集中式故障对比示意图

（a）组串式并网逆变；（b）集中式并网逆变器

（2）采用集中式并网要求并网点短路容量足够大，以保证并网平稳，而采用组串式并网的系统可以控制顺序并网，使并网过程平稳（表 5－3）。

表 5－3　　　　　　　　　　　　**组串式和集中式运行特性对比**

运　行　对　比	组串式并网	集中式并网
电网要求	无特殊要求	1. 配置专用电网； 2. 电网容量应大于并网容量 3%
运行平稳性	较好	对电网波动较大

4. 系统投资经济性分析（以投资 1MW 光伏并网电站为例，见表 5－4）

由表 5－4 可知，采用组串式并网逆变器系统要节约大约 48.1 万元的资金，不包括由于组串式并网逆变器的维护费用低而节省的维护费用，和因组串式并网逆变器因 MPPT 而提高的系统发电量，综上所述，组串式并网系统优于集中式并网系统。

表 5-4 　　　　　　　　　　　　　　　　系统投资经济性对比表

序号	项目	并网方式		增加费用对比金额（元）	
		集中式并网	组串式并网	集中式并网	组串式并网
1	专用配电室	需要	不需要	10 万左右	0
2	汇流箱	需要	不需要	20 万左右	0
3	直流配电柜	需要	不需要	20 万左右	0
4	直流电缆	费用高	费用低	12 万左右	0
5	交流电缆	费用低	费用高	0	14 万左右
6	工程安装设备	工程量大（叉车等）	工程量小	0.1 万左右	0
7	逆变器成本	相当	相当	0	0
	合计			62.1	14

5.1.4　系统的主要并网形式

光伏发电系统并网的基本必要条件是，逆变器输出之正弦波电流的频率和相位与电网电压的频率和相位相同。光伏发电系统并网有两种形式：集中式并网和分散式并网。

1.集中式并网

特点是所发电能被直接输送到大电网，由大电网统一调配向用户供电，与大电网之间的电力交换是单向的。逆变器后 380 V 三相交流电，接至升压变前 380V 母线，升压后上网，升压变比 0.4/ 10.5kV（图 5-7）。适于大型光伏电站并网，通常离负荷点比较远，荒漠光伏电站采用这种方式并网。

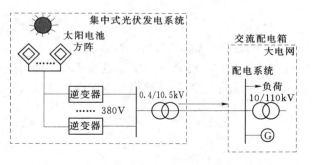

图 5-7　集中式并网示意图

2.分散式并网

特点是所发出的电能直接分配到用电负载上，多余或者不足的电力通过联结大电网来调节，与大电网之间的电力交换可能是双向的（图 5-8）。适于小规模光伏发电系统，通常城区光伏发电系统采用这种方式，特别是于建筑结合的光伏系统。

在微网中运行，通过中低压配电网接入互联特/超高压大电网，是光伏发电系统并网的重要特点。

5.1.5　常见并网光伏发电系统的几种形式

1.有逆流并网光伏发电系统

当太阳能光伏系统发出的电能充裕时，可将剩余电能馈入公共电网，向电网供电（卖

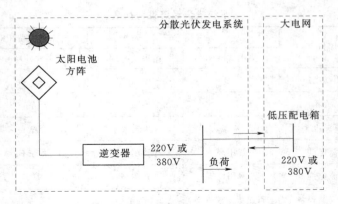

图 5-8　分散式并网示意图

电）；当太阳能光伏系统提供的电力不足时，由电网向负载供电（买电）。由于向电网供电时与电网供电的方向相反，所以称为有逆流光伏发电系统（图 5-9）。

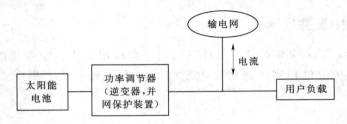

图 5-9　有逆流型并网系统

2. 无逆流并网光伏发电系统

太阳能光伏发电系统即使发电充裕也不向公共电网供电，但当太阳能光伏系统供电不足时，则由公共电网向负载供电（图 5-10）。

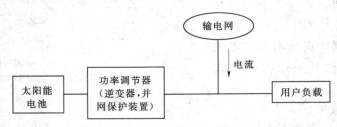

图 5-10　无逆流型并网系统

3. 切换型并网光伏发电系统

所谓切换型并网光伏发电系统，实际上是具有自动运行双向切换的功能（图 5-11）。一是当光伏发电系统因多云、阴雨天及自身故障等导致发电量不足时，切换器能自动切换到电网供电一侧，由电网向负载供电；二是当电网因为某种原因突然停电时，光伏系统可以自动切换使电网与光伏系统分离，成为独立光伏发电系统工作状态。有些切换型光伏发电系统，还可以在需要时断开为一般负载的供电，接通对应急负载的供电。一般切换型并网光伏发电系统都带有储能装置。

4. 有储能装置的并网光伏发电系统

有储能装置的并网光伏发电系统就是在上述几类并网光伏发电系统中根据需要配置储能装置。带有储能装置的光伏系统主动性较强，当电网出现停电、限电及故障时，可独立运行，正常向负载供电。因此带有储能装置的并网光伏发电系统可作为紧急通信电源、医疗设备、加油站、避难场所指示及照明等重要或应急负载的供电系统。

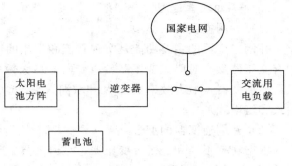

图 5-11　切换型并网系统

任务 2　并网光伏发电系统的优化设计

💠💠💠 【学习目标】

◇ 掌握光伏并网发电系统的配置与设计。

◇ 了解光伏并网发电系统如何优化。

◇ 掌握并网逆变器的选型指标。

5.2.1　光伏并网电站的规模等级划分

1. 根据装机容量确定光伏电站等级

根据国际能源机构（IEA）的分类：

（1）小规模：100kW 以下。

（2）中规模：100kW～1MW。

（3）大规模：1～10MW。

（4）超大规模：10MW 以上。

2. 根据电压等级确定光伏电站等级

根据国家电网发展（2009）747 号文件分类：

（1）小型光伏电站：接入电压等级为 0.4kV 低压电网。

（2）中型光伏电站：接入电压等级为 10～35kV 电网。

（3）大型光伏电站：接入电压等级为 66kV 及以上电网。

5.2.2　光伏并网发电系统的整体配置与选型

光伏并网发电系统的整体配置与设计，部件的配置选型和相关附属设施的设计，主要包括逆变器的选型与配置，组件及支架的配置及固定设计，交流配电系统、防雷与接地系统的配置与设计，监控和测量系统的配置，直流配线箱及所用电缆的设计选择等。逆变器是光伏并网发电系统中的关键设备，其选型关系到整个系统的高效性、可靠性、经济性。

1. 并网逆变器选型

（1）并网逆变器的类型。

并网逆变器的主要功能是实现直流和交流的逆变。按是否带变压器可分为无变压器型和有变压器型。对应无变压器型逆变器，最大效率 98.5％和欧洲效率 98.3％；对于有变压器型逆变器，最大效率 97.1％和欧洲效率 96.0％。根据组件不同的接入方式主要有集中式和组串式。

（2）并网逆变器的型号。

根据功率不同和是否带变压器，型号各异。组串式并网逆变器的型号常有：1.5kW、2.5kW、3kW、10kW、20kW、30kW、50kW；集中式并网逆变器常有：100kW、250kW、500kW、800kW、1000kW、1250kW。型号中若带 K，则表示带变压器，若带 TL，则表示无变压器。

1）三相工频隔离并网逆变器。

优点：结构简单，具有电气隔离，抗冲击性能好，安全可靠。缺点：效率相对低，较重。其电气原理图如图 5-12 所示。对应合肥阳光产品型号有：SG50K3、SG100K3、SG250K3，其额定电网电压为 380VAC。

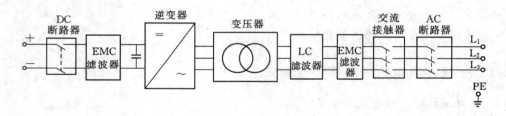

图 5-12　三相工频隔离并网逆变器电气原理图

2）三相直接逆变不隔离并网逆变器。

优点：效率高、体积小、结构简单；缺点：无电气隔离，光伏组件两端有电网电压。其电气原理如图 5-13 所示。对应合肥阳光产品型号有：SG500KTL，其额定电网电压为 270VAC。

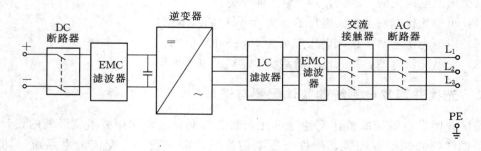

图 5-13　三相直接逆变不隔离并网逆变器电气原理图

（3）并网逆变器的主要技术参数（表 5-5）。

表 5 – 5　　　　　　　　　　　　**并网逆变器的主要技术参数（合肥阳光）**

序　号	名　　称		技 术 指 标
1	逆变器型号		SG500KTL
2	隔离方式		无变压器隔离
3	直流侧参数		
3.1	最大直流电压		900VDC
3.2	最大功率电压跟踪范围		450～820VDC
3.3	推荐最大直流功率		550kW$_p$
3.4	最大直流输入电流		1200A
3.5	最大输入路数		16 路
4	交流侧参数		
4.1	额定输出功率		500kW
4.2	额定输出电压和频率		三相 270VAC、50Hz
4.3	允许电网电压		210～310VAC
4.4	输出频率范围		47～51.5Hz
4.5	输出电流波形畸变率		<3%（额定功率）
4.6	功率因数		自动运行模式：≥0.99（额定功率）
			调节控制模式：−0.95～+0.95
4.7	最大交流电流		1176A
5	系统参数		
5.1	最大转换效率		98.7%
5.2	欧洲效率		98.5%
5.3	防护等级		IP20
5.4	夜间自耗电（待机功耗）		<100W
5.5	运行自耗电		<2kW
5.6	允许环境温度	运行	−30～+55℃（含加热器）
		存储	−40～+70℃
5.7	散热方式		风冷
5.8	允许相对湿度		0～95%，无凝露
6	要求的电网形式		IT 电网
7	自动投运条件		直流输入及电网满足要求，逆变器将自动运行
8	断电后自动重启时间		5min
9	逆变器的降容系数	海拔 1000m	1
		海拔 2000m	1
		海拔 3000m	1
		海拔 3500m	0.95
		海拔 4000m	0.9

续表

序　号	名　　称	技　术　指　标
10	低电压穿越	有
11	显示与通信	触摸屏/RS485 通信接口
12	机械参数	
12.1	外形尺寸（深×宽×高）	850mm×2800mm×2180mm
12.2	重量	2288kg
13	相关认证	金太阳认证、TUV 认证、KEMA 认证

（4）并网逆变器选型考虑的因素。

并网光伏逆变器的总额定容量应根据光伏系统装机容量确定，并考虑系统应用场合。并网逆变器的数量应根据光伏系统装机容量及单台并网逆变器额定容量确定。

并网逆变器选择应符合以下几点：

1）具备自动运行和停止功能、最大功率跟踪控制功能和防止孤岛效应功能。

2）具有并网保护功能，包括过/欠压、过/欠频、电网短路保护、孤岛效应保护、逆变器过载保护、逆变器过热保护、直流极性反接保护、逆变器对地漏电保护。

3）与电力系统具备相同的电压、相数、相位、频率及接线方式。

4）应满足高效、节能、环保的要求。

逆变器需要根据功率、直流输入电压范围、开路电压、最大效率及欧洲效率、是否带隔离变压器、单位投资成本以及供应商售后服务等进行选型。

2. 直流汇流设备——汇流箱和直流配电柜选型

为了减少直流侧电缆的接线数量，提高系统的发电效率，方便维护，提高可靠性，对于大型光伏并网发电系统，一般需要在光伏组件与逆变器之间增加直流汇流装置（汇流箱和直流配电柜），汇流箱进行一次汇流，直流配电柜进行二次汇流。

同规格、一定数量的光伏组件串联成光伏阵列组串，接入光伏阵列汇流箱进行汇流，光伏阵列配置光伏专用避雷器和直流断路器，具有防雷和分断功能，以方便后级逆变器的接入，保护了系统安全，大大缩短系统安装时间。

光伏防雷汇流箱根据最大光伏阵列并联输入路数，具有不同的型号，常用的有 6、8 和 16 等。

直流防雷配电柜主要是将汇流箱输入的直流电缆接入后进行汇流，再接至并网逆变器。根据工程需要和对应逆变器，配置不同的直流配电单元。该配电柜含有直流输入断路器、防反二极管、光伏专用避雷器等，操作简单和维护方便。

3. 交流配电选型

交流防雷配电柜主要是通过配电给逆变器提供并网接口，每个交流配电柜单元输入与输出回路配置交流断路器，并配置交流防雷器以作电涌保护。配电柜根据需要配置电压表、电流表及电能计量装置等。

4. 防逆流控制器选型

对于不可逆并网系统，为了防止光伏并网系统逆向发电，系统需要配置一套防逆流装置，通过实时监测配电变压器低压出口侧的电压、电流信号来调节光伏系统的发电功率（限功率、切断），从而达到光伏并网系统的防逆流功能。根据电网接入点与逆变室位置，决定防逆流装置网侧电流、电压采样和控制部分是否需要分离，即方式一防逆流控制柜和防逆流控制箱（图 5-14）或方式二防逆流控制器（图 5-15）。

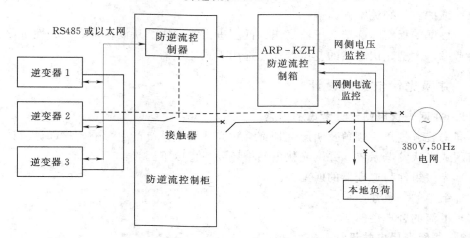

图 5-14　方式一：防逆流控制柜和防逆流控制箱

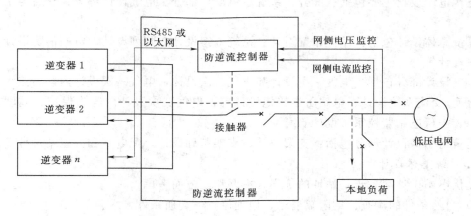

图 5-15　方式二：防逆流控制器

5. 升压变压器选型

升压变压器在选型时，首先要清楚项目的环境条件，如海拔高度、环境温度、日温差、年平均温度、相对湿度、地震裂度等，以及电力系统条件如系统额定电压、额定功率、最高工作电压、中性点接地方式等。接着进行变压器的形式选择，常用的有油浸式变压器、干式变压器以及组合式变压器，根据铁芯材料不同，又可以分为普通硅钢片和非晶合金，非晶合金由于损耗低，发热少，温升低，与硅钢片相比运行性能更稳定。

光伏电站的主变压器选型时，需要考虑以下几方面：

（1）光伏电站区域单元容量：在确定主变压器的额定容量时，需要留有 10% 的裕度。

（2）负载损耗和空载损耗：考虑光伏发电的特殊性即白天发电，不论发电装置是否输出功率，只要变压器接入系统，变压器始终产生空载损耗。要求变压器的负载损耗尽量低，若变压器夜间运行，则要求空载损耗也要低。

（3）过载能力：根据选择的主变压器形式（干式和油浸式），干式变压器过载能力比较强，油浸式过载能力比较低，可充分利用其过载能力，适当减少变压器容量，使其主运行时间处于满载或短时过载。

（4）维护：最好免维护。

（5）根据工程实际确定变压器高压、低压进出线方式。从设备可靠性、性价比、节能等方面考虑，大型光伏电站的变压器优先选用干式变压器。

5.2.3 并网光伏电站的设计

5.2.3.1 并网光伏电站设计考虑的因素

不同安装方位角、倾角及阴影遮挡都会对光伏发电系统产生影响，这部分设计要求可参考离网式光伏发电系统，并网光伏电站中还要考虑以下因素：

（1）光伏组件与逆变器的匹配性。

（2）组串的一致性。

（3）汇流的合理性。

5.2.3.2 并网光伏电站设计

光伏电站设计主要包括三部分：系统总体设计部分、电气设计部分、建筑与结构设计部分。

系统总体设计包括：总体布置设计、系统方案设计、阵列设计、电站消防设计、电站给排水设计等。

电气设计部分包括：电气一次设计和电气二次设计，电气一次设计内容为接入系统设计、直流/交流系统设计、电站防雷接地设计等，电气二次设计内容为保护、调度、计量和通信、光伏电站监控系统设计等。

建筑与结构设计部分包括：支架设计、支架基础设计、配电室和升压站设计等。

1. 系统总体设计

光伏电站设计第一步是站址的选择，主要从三方面考虑：

1）自然条件的调查：太阳辐射量、地理位置、交通条件、水源等。

2）接入电网条件：与接入点的距离、接入点电压等级等。

3）环境影响：有无阴影遮挡、积雪、雷击、沙尘等。

（1）总体布置设计。

光伏系统以合理性、实用性、高可靠性和高性价比为原则。在保证光伏系统长期可靠运行，充分满足负载用电需要的前提下，使系统的配置最合理、最经济。以高的性能比率（PR）和年平均发电量（kWh/kW$_p$）以及低的 LCOE（元/kWh）为设计目标，进行总体布置设计。主要体现在模块化设计（通常以 1MW 为系统单元），直流和交流的优化布局等。

（2）系统方案设计。

包括系统主电气接线图、电站电气布置图（汇流箱、配电室和升压站布置以及电缆走向）。

汇流箱布置：规则且相对集中，便于就近设计电缆沟。

确定配电室位置：依据汇流箱分布情况，利用路径最优化方法，同时兼顾考虑升压站位置，确定配电室位置，使汇流箱至配电室线路最短，配电室至升压站线路也短。

（3）光伏阵列设计。

光伏阵列倾斜角和方位角设计以方阵面上全年接收的太阳辐照量最大考虑，设计方法可参考离网式光伏发电系统，并网发电系统的最佳安装倾角一般小于当地纬度 $5°\sim10°$。

光伏阵列间距设计一般考虑冬至日当天上午 9 时至下午 3 时光伏方阵不应不遮挡来设计，设计方法参考离网式光伏发电系统。下面主要讨论光伏阵列的串并联设计方法。

1）根据并网逆变器的最大直流电压、最大功率电压跟踪范围，光伏组件的开路电压、额定电压及温度系数，确定光伏组件的串联数。

在设计光伏阵列的串联数（N_s）时，应注意以下几点：

A. 光伏组件的规格类型及安装角度保持一致。

B. 需考虑光伏组件的最佳工作电压（V_{mp}）和开路电压（V_{oc}）的温度系数，串联后的光伏阵列的最佳工作电压应在逆变器 MPPT 范围内，开路电压不超过逆变器的最大运行电压。

C. 晶体硅和非晶硅组件电压温度系数参考值如下：

晶体硅组件工作电压温度系数：$-0.45\%V/℃$；

晶体硅组件开路电压温度系数：$-0.34\%V/℃$；

非晶硅组件工作电压温度系数：$-0.28\%V/℃$；

非晶硅组件开路电压温度系数：$-0.28\%V/℃$。

根据逆变器推荐光伏阵列工作点电压（V_{imp}）和组件最佳工作电压（V_{mp}），初定光伏阵列的串联数为：

$$N_s = V_{imp}/V_{mp} \qquad (5-1)$$

考虑温度影响即项目地最高气温和最低气温，验算在最高气温下，光伏阵列最佳工作电压不低于逆变器最小 MPPT 电压；在最低气温下，光伏阵列开路电压不高于逆变器最大直流电压，光伏阵列最佳工作电压不高于逆变器最大 MPPT 电压；

$$V_{oct} = N_s \times V_{oc} \times (1+\alpha)^{(t-25)} \qquad (5-2)$$

式中　V_{oct}——光伏阵列开路电压，V；

　　　N_s——光伏阵列的串联数；

　　　V_{oc}——组件开路电压，V；

　　　α——组件开路电压的温度系数；

　　　t——实际气温。

D. 光伏系统的设计温度应满足项目地最低和最高温度，一般情况取：$-10\sim70℃$。

在设计光伏阵列的并联数（N_P）时，应注意以下几点：

A. 光伏阵列组串的电气特性一致即光伏组件的规格类型、串联数量及安装角度应保持一致。

B. 接至同一逆变器。

C. 在光伏阵列设计时，需要综合考虑电气布置，合理确定汇流箱、电缆沟和配电室位置，使线路最短。

$$N_\mathrm{P} = 光伏电站组件总数 / N_\mathrm{s} \qquad (5-3)$$

2）光伏阵列基本单元设计。

图 5-16　光伏基本单元排列数是 2 块的示意图

根据光伏组件串联数和支架加工性设计光伏阵列基本单元，考虑电气施工，基本单元组件数量是串联数的整数倍。排列数根据设计要求一般是 1～5 块（图 5-16）。

2. 电气设计部分

（1）电气一次设计。

1）接入系统设计。

国内光伏系统接入主要参考国家电网公司颁布的标准：《光伏电站接入电网技术规定》、《分布式电源接入电网技术规定》。

A. 光电建筑一体化系统接入：

光伏建筑一体化系统一般直接接入用户侧，自发自用。分布式发电和微型电网成为其主流形式，其接入要求参考《分布式电源接入电网技术规定》为主。

分布式电源接入电压等级宜按照：200kW 及以下分布式电源接入 380V 电压等级电网，200kW 以上分布式电源接入 10kV（6kV）及以上电压等级电网。经过技术经济比较，分布式电源采用低一电压等级接入优于高一电压等级接入时，可采用低一电压等级接入。

B. 大型光伏电站系统接入：

一般为大型集中式，通常在发电侧并网；采用"不可逆流"并网方式（电流是单方向的）；并入高压电网（10～220kV），无储能；装机容量比较大，一般在 5MW 以上。接入要求参考《光伏电站接入电网技术规定》为主。

a. 一般原则。

接入容量要求：小型光伏电站原则上不宜超过一级变压器供电区域内的最大负荷的 25%，接入公用电网的中型光伏电站总容量宜控制在所接入的公用电网线路最大输送容量的 30% 内。

b. 电能质量要求。

光伏电站应该在并网点装设满足 IEC 61000-4-30《电磁兼容—试验和测量技术—电能质量》标准要求的 A 类电能质量在线监测装置。对于大型或中型光伏电站，电能质量数据应能够远程传送到电网企业，保证电网企业对电能质量的监控。对于小型光伏电站，电能质量数据应具备一年及以上的存储能力，必要时供电网企业调用。

光伏电站向当地交流负载提供电能和向电网发送电能的质量，在谐波、电压偏差、电压不平衡度、直流分量、电压波动和闪变等方面应满足国家相关标准。具体要求如下：

a）谐波和波形畸变。

光伏电站接入电网后，公共连接点的谐波电压应满足《电能质量 公用电网谐波》（GB/T 14549—1993）的规定，见表 5-6。

表 5 - 6　　　　　　　　　　　　公用电网谐波电压限值

电网标称电压（kV）	电压总畸变率（%）	各次谐波电压含有率（%）	
		奇　次	偶　次
0.38	5.0	4.0	2.0
6	4	3.2	1.6
10			
35	3	2.1	1.2
66			
110	2	1.6	0.8

光伏电站接入电网后，公共连接点处的总谐波电流分量（方均根）应满足《电能质量公用电网谐波》（GB/T 14549—1993）的规定，应不超过表 5 - 7 中规定的允许值，其中光伏电站向电网注入的谐波电流允许值按此光伏电站安装容量与其公共连接点的供电设备容量之比进行分配。

表 5 - 7　　　　　　　　　　注入公共连接点的谐波电流允许值

标称电压（kV）	基准短路容量（MVA）	谐波次数及谐波电流允许值（A）											
		2	3	4	5	6	7	8	9	10	11	12	13
0.38	10	78	62	39	62	26	44	19	21	16	28	13	24
6	100	43	34	21	34	14	21	11	11	8.5	16	7.1	13
10	100	26	20	13	20	8.5	15	6.4	6.8	5.1	9.3	4.3	7.9
35	250	15	12	7.7	12	5.1	8.8	3.8	4.1	3.1	5.6	2.6	4.7
66	300	16	13	8.1	13	5.1	9.3	4.1	4.3	3.3	5.9	2.7	5
110	750	12	9.6	6	9.6	4	6.8	3	3.2	2.4	4.3	2	3.7
		14	15	16	17	18	19	20	21	22	23	24	25
0.38	10	11	12	9.7	18	8.6	16	7.8	8.9	7.1	14	6.5	12
6	100	6.1	6.8	5.3	10	4.7	9	4.3	4.9	3.9	7.4	3.6	6.8
10	100	3.7	4.1	3.2	6	2.8	5.4	2.6	2.9	2.3	4.5	2.1	4.1
35	250	2.2	2.5	1.9	3.6	1.7	3.2	1.5	1.8	1.4	2.7	1.3	2.5
66	300	2.3	2.6	2	3.4	1.6	1.9	1.5	2.8	1.4	2.6		
110	750	1.7	1.9	1.5	2.8	1.3	2.5	1.2	1.4	1.1	2.1	1	1.9

b）电压偏差。

光伏电站接入电网后，公共连接点的电压偏差应满足《电能质量 供电电压偏差》（GB/T 12325—2008）的规定，即：

35kV 及以上公共连接点电压正、负偏差的绝对值之和不超过标称电压的 10%。

20kV 及以下三相公共连接点电压偏差为标称电压的 ±7%。

注：如公共连接点电压上下偏差同号（均为正或负）时，按较大的偏差绝对值作为衡量依据。

c）电压波动和闪变。

光伏电站接入电网后，公共连接点处的电压波动和闪变应满足《电能质量 电压波动和闪变》（GB/T 12326—2008）的规定。

光伏电站单独引起公共连接点处的电压变动限值与变动频度、电压等级有关，见表 5－8。

表 5－8 电 压 变 动 限 值

r（h^{-1}）	d（%）	
	LV、MV	HV
$r \leqslant 1$	4	3
$1 < r \leqslant 10$	3	2.5
$10 < r \leqslant 100$	2 *	1.5 *
$100 < r \leqslant 1000$	1.25	1

注　1. 很少的变动频度 r（每日少于 1 次），电压变动限值 d 还可以放宽，但不在本标准中规定。

2. 对于随机性不规则的电压波动，依 95% 概率大值衡量，表中标有"＊"的值为其限值。

3. 本标准中系统标称电压 U_N 等级按以下划分：

低压（LV）　　　　　$U_N \leqslant 1\ kV$

中压（MV）　　　　　$1kV < U_N \leqslant 35kV$

高压（HV）　　　　　$35kV < U_N \leqslant 220kV$

光伏电站接入电网后，公共连接点短时间闪变 P_{st} 和长时间闪变 P_{lt} 应满足表 5－9 所列的限值。

表 5－9 各级电压下的闪变限值

系统电压等级	LV	MV	HV
P_{st}	1.0	0.9（1.0）	0.8
P_{lt}	0.8	0.7（0.8）	0.6

注　1. 本标准中 P_{st} 和 P_{lt} 每次测量周期分别取为 10min 和 2h。

2. MV 括号中的值仅适用于 PCC 连接的所有用户为同电压级的场合。

光伏电站在公共连接点单独引起的电压闪变值应根据光伏电站安装容量占供电容量的比例以及系统电压，按照《电能质量 电压波动和闪变》（GB/T 12326—2008）的规定分别按三级作不同的处理。

d）电压不平衡度。

光伏电站接入电网后，公共连接点的三相电压不平衡度应不超过《电能质量 三相电压不平衡》（GB/T 15543—2008）规定的限值，公共连接点的负序电压不平衡度应不超过 2%，短时不得超过 4%；其中由光伏电站引起的负序电压不平衡度应不超过 1.3%，短时不超过 2.6%。

e）直流分量。

光伏电站并网运行时，向电网馈送的直流电流分量不应超过其交流额定值的 0.5%，对于不经变压器直接接入电网的光伏电站，因逆变器效率等特殊因素可放宽至 1%。

c. 功率控制和电压调节。

基本原则：大中型光伏电站应具备相应电源特性，能够在一定程度上参与电网的调压、调频、调峰和备用。

a）有功功率调节。

大中型光伏电站应配置有功功率控制系统，具备有功功率调节能力；大中型光伏电站能够接收并自动执行调度部门发送的有功功率及有功功率变化的控制指令，确保光伏电站有功功率及有功功率变化按照电力调度部门的要求运行；接入用户内部电网的中型光伏电站的调度管理方式由电力调度部门确定。光伏电站有功功率变化最大限制要求见表5－10。

表 5－10　　　　　　　　　　　　光伏电站有功功率变化最大限制

电站类型	10min 有功变化最大限值	1min 有功变化最大限值
小型	装机容量	200kW
中型	装机容量	装机容量/5
大型	装机容量/3	装机容量/10

注　太阳辐照度快速减少引起的光伏电站输出功率下降不受上述限制。

在电力系统事故或紧急情况下，大中型光伏电站应根据电力调度部门的指令快速控制其输出的有功功率，必要时可通过安全自动装置快速自动降低光伏电站有功功率或切除光伏电站；此时光伏电站有功功率变化可超出规定的有功功率变化最大限制。事故处理完毕，电力系统恢复正常运行状态后，光伏电站应按照电力调度部门指令依次并网运行。

b）电压/无功调节。

大型和中型光伏电站参与电网无功功率和电压调节的方式包括调节逆变器的无功功率，调节无功补偿设备投入量以及调整光伏电站升压变压器的变比等。光伏电站宜充分利用逆变器的无功调节能力进行无功功率和电压调节。

大型和中型光伏电站的功率因数应能够在 0.98（超前）～0.98（滞后）范围内连续可调，有特殊要求时，可以与电网企业协商确定。在其无功输出范围内，大型和中型光伏电站应具备根据并网点电压水平调节无功输出，参与电网电压调节的能力，其调节方式、参考电压、电压调差率等参数应可由电网调度机构远程设定。

小型光伏电站输出有功功率大于其额定功率的 50％时，功率因数应不小于 0.98（超前或滞后），输出有功功率在 20％～50％之间时，功率因数应不小于 0.95（超前或滞后）。对于具体的工程项目，必要时应根据实际电网进行论证计算，确定光伏电站合理的功率因数控制范围。

d. 电网异常时的响应特性。

a）小型光伏电站。

基本原则：小型光伏电站当做负荷看待，应尽量不从电网吸收无功或向电网发出无功。

对于小型光伏电站，当并网点处电压超出表5－11规定的电压范围时，应停止向电网线路送电。此要求适用于多相系统中的任何一相。

表 5-11　　　　　　　　　小型光伏电站在电网电压异常时的响应要求

并网点电压	最大分闸时间	并网点电压	最大分闸时间
$U<0.5U_N$	0.1s	$110\%\times U_N<U<135\%\times U_N$	2.0s
$50\%\times U_N\leqslant U<85\%\times U_N$	2.0s	$135\%\times U_N\leqslant U$	0.05s
$85\%\times U_N\leqslant U\leqslant110\%\times U_N$	连续运行		

注　1. U_N 为光伏电站并网点的电网额定电压。

2. 最大分闸时间是指异常状态发生到逆变器停止向电网送电的时间。主控与监测电路应切实保持与电网的连接，从而继续监视电网的状态，使得"恢复并网"功能有效。主控与监测的定义参见《地面用光伏（PV）发电系统概述和导则》（GB/T 18479—2001）。

小型光伏电站在电网频率异常的响应要求：

对于小型光伏电站，当并网点频率超过 49.5～50.2Hz 范围时，应在 0.2s 内停止向电网线路送电。如果在指定的时间内频率恢复到正常的电网持续运行状态，则无需停止送电。

b）大中型光伏电站。

基本原则：大中型光伏电站应当作电源看待，应具备一定的耐受电网频率和电压异常的能力，能够为保持电网稳定性提供支撑。

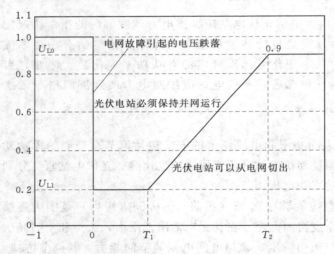

图 5-17　大型和中型光伏电站的低电压耐受能力要求

系统发送不同类型故障时，若并网点考核电压全部在图 5-17 中电压轮廓线及以上的区域内时，光伏电站必须保证不间断并网运行；并网点电压在图中电压轮廓线以下时，允许光伏电站停止向电网线路送电。对于三相短路故障和两相短路故障，考核电压为光伏电站并网点线电压；对于单相接地短路故障，考核电压为光伏电站并网点相电压。

并网点电压大于标称电压的 110% 时，光伏电站的运行状态由电站的性能确定。

对故障期间没有切出的光伏电站，其有功功率在故障清除后应快速恢复，自故障清除时刻开始，以至少 10% 额定功率/s 的有功功率变化率恢复至故障前的值。

低电压穿越过程中光伏电站宜提供动态无功支撑。

图 5-17 中，U_{L0} 为正常运行的最低电压限值，一般取 0.9 倍额定电压。U_{L1} 为需要耐受的电压下限，T_1 为电压跌落到 U_{L1} 时需要保持并网的时间，T_2 为电压跌落到 U_{L0} 时需要保持并网的时间。U_{L1}、T_1、T_2 数值的确定需考虑保护和重合闸动作时间等实际情况。推荐 U_{L1} 设定为 0.2 倍额定电压，T_1 设定为 1s，T_2 设定为 3s。

c）频率异常时的响应特性。

光伏电站并网时应与电网同步运行。

对于小型光伏电站，当并网点频率超过 49.5～50.2Hz 范围时，应在 0.2s 内停止向电网线路送电。如果在指定的时间内频率恢复到正常的电网持续运行状态，则无需停止送电。

大型和中型光伏电站应具备一定的耐受系统频率异常的能力，应能够在表 5-12 所示电网频率偏离下运行。

表 5-12　　　　　　　　　大型和中型光伏电站在电网频率异常时的运行时间要求

频率范围	运　行　要　求
低于 48Hz	根据光伏电站逆变器允许运行的最低频率或电网要求而定
48～49.5Hz	每次低于 49.5Hz 时要求至少能运行 10min
49.5～50.2Hz	连续运行
50.2～50.5Hz	每次频率高于 50.2Hz 时，光伏电站应具备能够连续运行 2min 的能力，但同时具备 0.2s 内停止向电网线路送电的能力，实际运行时间由电网调度机构决定，此时不允许处于停运状态的光伏电站并网
高于 50.5Hz	在 0.2s 内停止向电网线路送电，且不允许处于停运状态的光伏电站并网

e. 安全保护。

基本原则：光伏电站或电网异常、故障时，为保证设备和人身安全，应具有相应继电保护功能，保证电网和光伏设备的安全运行，确保维修人员和公众人身安全。

基本要求：光伏电站应配置相应的安全保护装置，光伏电站的保护应符合可靠性、选择性、灵敏性和速动性要求，与电网的保护相匹配。

过流保护：光伏电站应具备一定的过电流能力，在 120% 倍额定电流以下，光伏电站连续可靠工作时间应不小于 1min；在 120%～150% 额定电流内，光伏电站连续可靠工作时间应不小于 10s。当检测到电网侧发生短路时，光伏电站向电网输出的短路电流应不大于额定电流的 150%。

防孤岛：光伏电站必须具备快速监测孤岛且立即断开与电网连接的能力，其防孤岛保护应与电网侧线路保护相配合。

光伏电站的防孤岛保护必须同时具备主动式和被动式两种，应设置至少各一种主动和被动防孤岛保护。主动防孤岛保护方式主要有频率偏离，有功功率变动，无功功率变动，电流脉冲注入引起阻抗变动等；被动防孤岛保护方式主要有电压相位跳动，3 次电压谐波变动，频率变化率等。

注：光伏电站与电网断开不包括用于监测电网状态的主控和监测电路。

逆功率保护：当光伏电站设计为不可逆并网方式时，应配置逆向功率保护设备。当检测到逆向电流超过额定输出的 5% 时，光伏电站应在 0.5～2s 内停止向电网线路送电。

恢复并网：系统发生扰动后，在电网电压和频率恢复正常范围之前光伏电站不允许并网，且在系统电压频率恢复正常后，光伏电站需要经过一个可调的延时时间后才能重新并网，这个延时一般为 20s～5min，取决于当地条件。

f. 调度自动化与通信。

大中型光伏电站应具有有功功率调节能力，并能根据电网调度部门指令控制其有功功率输出。

大型和中型光伏电站必须具备与电网调度机构之间进行数据通信的能力。通信系统保护满足继电保护、安全自动装置、调度自动化及调度电话等业务对电力通信的要求。

光伏发电系统的继电保护、自动化、通信和电能计量装置的配置和整定，应在项目可行性研究阶段列入电网接入系统的论证报告，经校验合格方能投入使用，并应与光伏发电工程项目同步设计，同步建设，同步验收，同步投入使用。

g. 电网接入主要设备（表 5-13）。

表 5-13　　　　　　　　　　　电 网 接 入 主 要 设 备

电压等级	接 入 设 备
0.4kV	低压配电柜
10kV	低压开关柜：提供并网接口，具有分断功能
	双绕组升压变压器：0.4/10kV 双分裂升压变压器：0.27/0.27/10kV（TL 逆变器）
	高压开关柜：计量、开关、保护及监控
35kV	低压开关柜：提供并网接口，具有分断功能
	双绕组升压变压器：0.4/10kV，10/35kV（二次升压） 0.4kV/35kV（一次升压） 双分裂升压变压器：0.27/0.27/10kV，10kV/35kV （TL 逆变器）
	高压开关柜：计量、开关、保护及监控

2）直流/交流系统设计。

A. 直流发电系统设计。

直流发电系统设计主要指逆变器直流侧前的，包括光伏阵列、汇流箱和直流配电柜的设计以及直流电缆选型。直流电缆包括汇流箱—直流防雷配电柜和直流防雷配电柜—并网逆变器。

直流电缆选择时应符合：选择合适的线径，将线路损耗控制在 2% 以内；耐压 1kV，阻燃；额定载流量应高于断路器整定值（短路保护），其整定值应高于光伏方阵的标称短路电流的 1.25 倍；根据是否直埋，决定选择铠装或普通电缆。

B. 光伏防雷汇流箱设计。

按最大可输入路数设计不同路数的光伏防雷汇流箱，常用的有 6、8 和 16 路，其电气原理框图见图 5-18。汇流箱防水、防尘、防锈、防晒、防腐蚀，满足室外安装使用要求；采用光伏专用直流避雷器，正极对地，负极对地，正负极之间都应该防雷；另外可以根据需要配置组串电流监测功能。

C. 直流防雷配电柜设计。

a. 直流配电柜符合《低压成套开光设备和控制设备》标准。

b. 直流配电柜根据与之匹配的逆变器进行设计。

c. 直流输入和输出回路应配有可分断的直流断路器，直流输入回路配置防反二极管，并且其断路器选型与汇流箱容量匹配。

d. 直流输出回路配置光伏专用直流防雷器，正负极都具备防雷功能。

e. 柜体高度和颜色与相邻逆变器和交流配电柜相匹配。

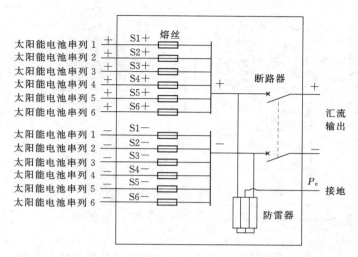

图 5-18　光伏方阵防雷汇流箱电气原理框图

f. 输入和输出接线端子满足汇流箱接入和逆变器接出的要求，并留出足够备用端子，接线端子设计应能保证电缆线可靠连接，应有防松动零件，对既导电又作紧固用的紧固件，应采用铜质零件。

D. 交流防雷配电柜设计。

a. 交流配电柜符合《低压成套开关设备和控制设备》标准。

b. 每个交流配电单元的输入侧（即每一路输入）和输出回路均应配可分断的交流断路器，满足系统额度电压、额度电流、短路故障容量等要求。

c. 配电柜根据需要配置电压表、电流表及电能计量装置等。

d. 柜体高度和颜色与相邻逆变器和直流配电柜相匹配。

e. 输入和输出接线端子满足逆变器和电网接入的要求，并留用足够备用端子。

f. 交流配电柜设置防雷器，作电涌保护。

3）电站防雷接地设计。

A. 光伏建筑的防雷等级分类及防雷措施应按《建筑物防雷设计规范》（GB 50057）的相关规定执行，进行光伏系统防直击雷和防雷击电磁脉冲。

B. 光伏发电系统和并网接口设备的防雷和接地，符合《光伏（PV）发电系统过电压保护导则》（SJ/T 11127）的规定。

C. 接地装置及设备接地按《交流电气装置的接地》（DL/T 621）和《防止电力生产重大事故的二十五项重点要求》的有关规定进行设计。

光伏电站防雷接地保护措施包括：光伏阵列支架防雷接地，相邻光伏阵列支架进行等电位连接；机房做好整体屏蔽和对外接地（图 5-19）。对需要接地的光伏发电系统设备，应保持接地的连续性和可靠性。接地装置的接地电阻值必须符合设计要求。当以防雷为目的进行接地时，其接地电阻应小于 10Ω。光伏发电系统保护接地、工作接地、过电压保护接地使用一个接地装置，其接地电阻不大于 4Ω。

光伏系统通过在汇流盒和直流汇流箱增加直流防雷模块，交流配电柜增加交流防雷模

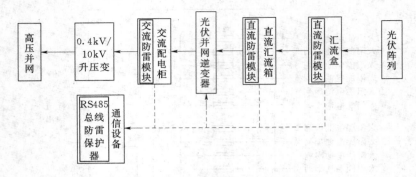

图 5-19 大型光伏电站典型防雷方案

块,通信设备增加 RS485 总线防雷模块进行电涌保护,防感应雷。

(2)电气二次设计。

不同于常规水电、火电机组发电,光伏发电会随当地日照变化而变化,白天发电,夜间不发电,因而对于光伏电站监控及电网调度提出特殊的要求,即需要并网发电系统的群控、功率预测与调峰和能量管理等。在监控系统架构方面,采用分层分布式结构,与常规厂站综合自动化系统相同架构。通常分站级控制层、间隔层、过程层和底层设备层(图 5-20)。

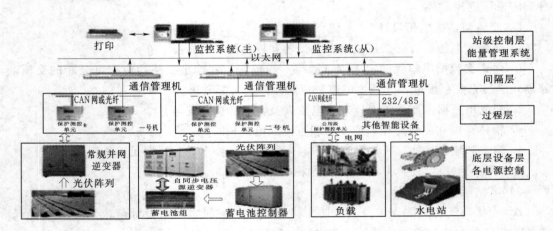

图 5-20 大型光伏电站综合自动化系统架构示意图

3.建筑与结构设计部分

(1)支架设计。

支架设计要点:

1)应具有承受系统自重、风荷载、雪荷载、检修动荷载和地震作用的能力,满足 50 年一遇最大风载和雪载以及 7 级烈度要求。

2)安装方便和快速。

3)结合建筑和发电性能,确定朝向、倾角以及方阵间距,即方位角朝正南方向和最佳倾角安装,以获得最大发电量;方阵间距确定原则是保证冬至当天上午 9:00 至下午 3:00 光伏方阵不应被遮挡。

4）倾角确定需要考虑组件降雨自清洁和积雪自清除。

5）阵列基本单元应为组串整数倍和考虑支架加工能力。

（2）支架基础设计。

支架基础类型主要分为独立基础、条形基础和螺旋钢桩基础（图 5-21）。从施工成本和材料费用考虑，选择最优方案。

独立基础方案

条形基础方案

螺旋钢桩基础方案

图 5-21 支架基础类型

5.2.3.3 光伏系统发电量的估算

光伏发电站年平均上网电量 E_P 计算如下：

$$E_P = H_A \times P_{AZ} \times K \tag{5-4}$$

$$H_A = \frac{E_g}{3.6} \tag{5-5}$$

式中 H_A——平均年太阳能辐射值，kWh/m^2；

E_g——多年平均年辐射总量，MJ/m^2；

P_{AZ}——组件安装容量，kW_p；

K——综合效率系数，影响因素包括：光伏组件安装倾角、方位角，光伏发电系统年利用率，光伏组件转换效率，光照有效系数，逆变器平均效率，电缆线损、变压器铁损系数等，取值见表 5-14。

5.2.4 系统优化设计的几点建议

（1）光伏并网系统的设计要本着合理性、实用性，高可靠性，低成本的原则。

（2）系统设计要充分考虑到季节光照条件、安装环境及方位等因素，使系统的设计配置最合理、最经济。不同季节的光照阴影分析如图 5-22 所示。

表 5-14   综 合 效 率 系 数 表

序号	修正系数名称	数　　据
1	除组件阵列安装倾角、方位角系数以外的修正系数（1.1×1.2×1.3×1.4×1.5）	
1.1	太阳能发电系统可用率	可按 99.5% 选取
1.2	电池组件转换效率修正系数	＝组件衰减平均折减系数×温度修正系数×板面污染系数×输出功率偏离峰值系数

续表

序号	修正系数名称	数　据
1.3	光照有效系数	
1.4	逆变器平均效率	
1.5	电缆线损、变压器铁损系数	
2	组件阵列安装倾角、方位角系数	
3	综合效率系数（1×2）	

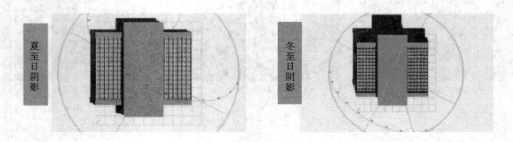

图 5-22　不同季节光照阴影分析图

（3）协调整个系统工作的最大可靠性和系统成本之间的关系，在保证质量的前提下节省投资，取得最大的经济效益。通常，太阳能光伏组件和建筑结合的方式如图 5-23 所示，不同朝向安装的太阳能电池的发电量不同。假定向南倾斜纬度角安装的太阳能

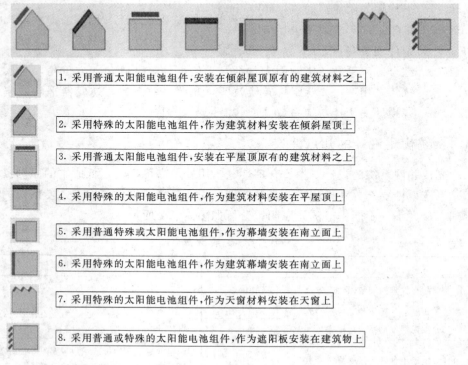

1. 采用普通太阳能电池组件，安装在倾斜屋顶原有的建筑材料之上

2. 采用特殊的太阳能电池组件，作为建筑材料安装在倾斜屋顶上

3. 采用普通太阳能电池组件，安装在平屋顶原有的建筑材料之上

4. 采用特殊的太阳能电池组件，作为建筑材料安装在平屋顶上

5. 采用普通特殊或太阳能电池组件，作为幕墙安装在南立面上

6. 采用特殊的太阳能电池组件，作为建筑幕墙安装在南立面上

7. 采用特殊的太阳能电池组件，作为天窗材料安装在天窗上

8. 采用普通或特殊的太阳能电池组件，作为遮阳板安装在建筑物上

图 5-23　太阳能电池组件和建筑物结合的几种形式

电池发电量为 100（北半球），其他朝向的太阳能电池全年发电量将均会有不同程度的减少（图 3-18）。

任务3　光伏并网逆变器

>>>>【学习目标】

　◇　熟悉光伏并网逆变器的功能。

　◇　熟悉光伏并网逆变器的分类。

　◇　掌握逆变器的选择。

5.3.1　并网逆变器的功能

并网逆变器是光伏并网系统的核心部件和技术关键。并网逆变器与独立系统逆变器不同之处是它不仅可以将光伏组件发出的直流电转化为交流电，而且还可以对转换的交流电的频率、电压、电流、相位、有功和无功、电能品质（电压波动、高次谐波）等进行控制，另外还具有如下功能：

（1）自动开关。根据从日出到日落的日照条件，尽量发挥光伏阵列输出功率潜力，在此范围内实现自动开机和关机。

（2）最大功率点跟踪（MPPT）控制。当光伏组件表面温度和太阳辐照度发生变化时，光伏组件产生的电压和电流发生相应的变化，并网逆变器能够对这些变化进行跟踪，使阵列经常保持在最大输出的工作状态，以获得最大的功率输出。

（3）防止孤岛效应。所谓孤岛现象是指当电网供电因故障事故或停电维修而跳脱时，各个用户端的分布式并网发电系统（如：光伏发电、风力发电、燃料电池发电等）未能及时检测出停电状态将自身切离市电网络，而形成由分布电站并网发电系统和周围的负载组成的一个自给供电的孤岛。孤岛一旦产生将会危及电网输电线路上维修人员的安全；影响配电系统上的保护开关的动作程序，冲击电网保护装置；影响传输电能质量，电力孤岛区域的供电电压与频率将不稳定；当电网供电恢复后会造成相位不同步，单相分布式发电系统会造成系统三相负载欠相供电。因此对于一个并网系统必须能够进行反孤岛效应检测。

（4）自动调整电压。在剩余电力逆流入电网时，因电力逆向输送而导致送电点电压上升，有可能超过电压的运行范围。为保持电网的正常运转，并网逆变器要能够自动防止电压的上升。

5.3.2　并网逆变器的分类

光伏并网发电系统分为集中式大型并网光伏系统和分散式小型光伏并网系统两大类。前者功率容量通常在兆瓦级以上，后者则在千瓦级至百千瓦级之间，建设大型联网光伏系统投资巨大，建设期长，需要复杂的控制和配电设备，并要占用大片土地。而分散式光伏并网系统，特别是光电建筑一体化（BIPV）光伏并网项目潜力相当大。它可以将发的电直接分配到住宅的用电负载上，多余或不足的电力通过连接电网来调节，由于其具有上述优越性，投资不大，屋顶资源丰富，许多国家包括中国都相继出台了一系列激励政策，因而在各国发展迅速，并成为主流。

1. 并网光伏系统的电力品质

很多规范从电压、电压闪变、频率和失真等方面对光伏发电系统的电力品质进行了阐述和规定。如果偏离这些标准的规定值，就需要逆变器停止向电网供电。对于中型和大型的光伏系统，当电网电压或者频率发生漂移时，保持光伏系统和电网的连接有助于消除电网中的电压和频率波动。

（1）电压工作范围。

光伏并网系统将电能以电流的形式输入电网，但是不对电网电压作出任何调整。因此，光伏逆变器的电压工作范围只是在电网异常情况下的一种自我保护手段。

一般来说，以大电流往电网输送电能时，可能会影响到电网电压。只要注入电网的光伏电流小于同一电网线路上的负载，电网的电压调整装置将会继续工作。但是如果输入电网的光伏电流大于同一电网线路上的负载，就需要采取一定的校正措施。

对于小型的光伏系统而言，在电网正常工作的电压波动范围内，小型光伏系统应能继续工作。系统电压工作范围的选取应尽量减小无谓的跳闸，这无论是对电网还是在光伏系统都是有利的。小型光伏系统的电压范围通常为 $212\sim264V$，也就是电网正常电压的 $88\%\sim100\%$，这就使系统的跳闸电压为 212V 和 265V。

对于中型和大型的光伏系统而言，电力公司可能已经规定了光伏系统的工作范围，并且可能要求能够对大型光伏系统的电压范围进行调整和设定。如果没有类似的要求或规定，系统的工作电压范围一般遵循 $88\%\sim100\%$ 的原则。

（2）电压闪变。

判断某个已知电压幅值或频率大小的电压闪变是否能够产生问题是具有很高的主观臆断性的。连接到电网的逆变器在公共节点产生的任何电压闪变都不能超越在《电源系统的谐波控制的推荐实施规范和要求》（IEEE 519—1992）中规定的最大值。

（3）频率。

电网的工作频率是由电力公司控制的，光伏发电系统应该和电网具有同步性。

（4）波形失真。

光伏发电系统输出应该具有较低的交流电流失真，确保不对电网中其他用户产生负面影响。光伏系统在公共节点的电力输出应该遵循在《电源系统的谐波控制的推荐实施规范和要求》（IEEE 519—1992）中的第 10 条规定，这条规定的主要要求可以概括为：在逆变器额定输出功率时，总的谐波电流失真应小于基频电流的 5%。

2. 根据逆变器在光伏系统中的布置形式分类

根据逆变器在光伏系统中的布置形式可以将逆变器方式分为集中式逆变器和分散式逆变器。长时间以来，人们通常采用集中式逆变器形式进行逆变，但是现在越来越多地采用多个小型逆变器进行分散式逆变。

（1）集中式逆变。

1）低压逆变。

在低压逆变范围内（$V_{dc}<120V$），几块光伏组件串联起来组成一个回路。这种低压逆变形式的一个优点是：由于串联回路的电流是由系统中受遮挡物遮挡最严重的那块光伏组件的电流决定的，另外低压逆变器串联回路中的光伏组件数目较少，因此遮挡物的遮挡对低压逆变系统性能的影响要比高压逆变系统小。低压逆变的主要缺点是回路中的高电流，因此需要使用相对截面积较大的电缆来减低回路电阻。

　　2）高压逆变。

　　在高压范围内（$V_{dc}>120V$），比较多的光伏组件串联起来组成一个回路。这种逆变形式的优点是由于系统中的低电流，从而可以采用较小截面积的电缆。它的缺点是具有比较大的遮挡损失。

　　3）主—从式逆变。

　　比较大的光伏系统通常采用建立主—从逆变器概念的基础上的集中式逆变。这种逆变形式通常需要几个逆变器（一般 2～3 个），每个逆变器的额定功率可以通过将光伏系统额定功率除以逆变器个数来计算。其中一个逆变器是主逆变器，当太阳辐射值比较低时，主逆变器工作。随着太阳辐射值的增加，系统发电量超过主逆变器容量，这时就需要启动从逆变器进行补充。为了能使各个逆变器均衡工作，主从逆变器按照特定的循环顺序交换进行工作。这种逆变器方式的优点是：当太阳辐射值比较低时，只有一个逆变器进行工作，因此系统的逆变效率比只有一个逆变器的系统要高。但是这种逆变方式的总投资要比单个逆变器的逆变方式要高。

　　（2）分散式逆变。

　　分散式逆变特别适应于光伏系统中的各分系统有不同朝向或者倾角，或者光伏系统有部分被遮挡的情况。分散式逆变器可以分为光伏阵列逆变、光伏组件串逆变和光伏组件逆变。当系统中不同阵列的朝向不同或者有遮挡的话，分散式逆变器能更有效地在各种辐射强度下进行工作。每个光伏阵列、光伏组件串或者光伏组件都安装一个逆变器。

　　3. 根据有无隔离变压器分类

　　根据有无隔离变压器，并网逆变器又可以分为带隔离变压器和不带隔离变压器。

　　隔离变压器的原理和普通变压器的原理是一样的。都是利用电磁感应原理。隔离变压器一般是指 1∶1 的变压器。由于次级不和地相连，次级任一根线与地之间没有电位差，使用安全。常用作维修电源。

　　一般变压器原、副绕组之间虽也有隔离电路的作用，但在频率较高的情况下，两绕组之间的电容仍会使两侧电路之间出现静电干扰。为避免这种干扰，隔离变压器的原、副绕组一般分置于不同的心柱上，以减小两者之间的电容；也有采用原、副绕组同心放置的，但在绕组之间加置静电屏蔽，以获得高的抗干扰特性。静电屏蔽就是在原、副绕组之间设置一片不闭合的铜片或非磁性导电纸，称为屏蔽层。

　　（1）无隔离变压器的逆变器优点。

　　减少内部隔离变压器，最大效率能比带隔离变压器高 2%～4%。

　　（2）无隔离变压器逆变器的缺点。

　　1）人身安全隐患：在交流侧可能会被直流电触电，在直流侧也可能会交流触电。

　　2）设备安全隐患：交流电可能窜入直流侧，直流电也可能直接灌入交流电网，光伏组件正、负极不能接地。

　　3）逆变器输出交流零线不能接地：

　　A. 一旦 A/B/C 相线对对地电压漂移超过 1000VAC，光伏组件存在毁灭性的风险。

　　B. 漏电流以及交流输出的直流分量难以控制。

　　C. 在交流电网电压波动大，谐波分量大的实际环境中，漏电流和直流分量经常会超标，一旦超标则逆变器必须停止并网输出，也就是经常被"踩刹车"。

5.3.3　逆变器安装位置

　　对于集中式逆变器来说，如果可能的话，应尽量安装在电表附近。如果环境状况允许的话，安装在光伏系统接线柜附近也是可行的，这将降低通过直流总线的电量损失和安装费用。大型中央逆变器通常和其他设备（如电表、断路器等）安装在一个逆变器箱体内。

　　分散式逆变器越来越多地被安装在屋顶，但是实验发现，应对逆变器做好保护措施，尽量避免太阳直射和雨水淋湿。当选择安装地点时，满足逆变器厂家建议的温度、湿度等要求是非常重要的。同时还要考虑到逆变器的噪声对周围环境的影响。

5.3.4　逆变器的选择

　　小型光伏逆变系统通常采用单相逆变。而大型光伏系统，使各相达到平衡状态时非常重要的，通常在每相电上都连接几个单相变压器，从而实现三相逆变。通过粗略估计光伏系统总发电量可以确定逆变器的数目。一般来说，逆变器的额定功率应近似等于光伏系统的发电功率，但也有一些偏差，式 5-6 可以作为逆变器设计容量的范围：

$$0.7 \times P_{pv} < P_{invDC} < 1.2 \times P_{pv} \tag{5-6}$$

式中　　P_{pv}——并网逆变器的额定功率；

　　　　P_{invDC}——光伏板发电功率。

　　对于分散式逆变器，由于通常安装在外墙或者屋顶，逆变器容易产生比较大的热负荷，因此逆变器功率应该比光伏系统功率略大。对于非晶硅光伏组件，在设计过程中还应该考虑初始衰减。而且像尤尼索拉津能公司生产的柔性非晶硅薄膜组件在初始运行的 8～10 周内，电性能输出会高出额定值，功率输出可能高出 15%，电压可能高出 11%，电流可能高出 4%。

　　总体来说，在中国北方地区，光照强度大于 $900W/m^2$ 的情况是很少发生的，光伏系统发电功率通常为其额定功率的 60% 左右，基本上从来达不到其额定功率。当光伏系统发电功率小于逆变器功率的 10% 时，逆变器的逆变效率是非常低的。因此为了能更好地利用低辐射值的太阳能，选用比光伏系统功率小的逆变器（$P_{pv} < P_{invDC}$）是经济合理的。相反在高辐射值的地区，例如中国南方地区，选用比光伏系统功率小的逆变器通常不能提高产电量，是不合理的。当逆变器设计功率小于光伏系统功率时，应特别注意逆变器的超负荷情况，绝不允许逆变器输入电压超压。

5.3.5　并网光伏系统的优化

（1）国内光伏项目设计和建设经验不足，造成了系统设计欠优化，项目建设滞后等一系列的问题，其根本原因在于没有真正做到科学配置，以至于工程建成后出现了系统效率低下、故障频现等诸多问题。

（2）相当一部分电站采购的组件是不符合补贴质量要求的劣质产品，甚至是国外退货的废次产品，这将给系统高效可靠运行带来极大的隐患，也增加了后期维护、管理等的投入。

（3）系统设计时，很多人未能考虑到环境、地形、安装角度等的影响，在设计时对逆变器选型存在错误的观点，普遍认为集中型并网逆变器在电站中的应用优势高于组串型，简化了系统设计但造成了效率低下等问题。在系统设计过程中逆变器的选型不合理会降低系统高效可靠性，同时会大大增加项目的后期投资成本，以及后期的维护成本。

任务 4　光伏阵列的安装及防雷措施

【学习目标】

◇　了解光伏板的安装要求。

◇　了解光伏板的防雷措施。

5.4.1　太阳能电池板安装注意事项

（1）光伏阵列支架的安装结构应该简单、结实耐用。制造安装光伏阵列支架的材料，要能够耐受风吹雨淋的侵蚀及各种腐蚀。电镀铝型材、电镀钢以及不锈钢都是理想的选择。支架的焊接制作质量要求要符合国家标准《钢结构工程施工质量验收规范》（GB 50205—2001）的要求。阵列支架在符合设计要求下重量尽量减轻，以便于运输和安装。

在光伏阵列基础与支架的施工过程中，应尽量避免对相关建筑物及附属设施的破坏，如因施工需要不得已造成局部破损，应在施工结束后及时修复。

（2）当要在屋顶安装光伏阵列时，要使基座预埋件与屋顶主体结构的钢筋牢固焊接或连接，如果受到结构限制无法进行焊接或连接，应采取措施加大基座与屋顶的附着力，并采用钢丝拉紧法或支架延长固定法等加以固定。基座制作完成后，要对屋顶破坏或涉及部分按照国家标准《屋面工程质量验收规范》（GB 50207—2002）的要求做防水处理，防止渗水、漏雨现象发生。

（3）光伏电池组件边框及支架要与接地系统可靠连接。

5.4.2　太阳能电池板安装流程

（1）首先固定支架，然后将太阳能组件装在支架上，用螺栓固定组件。

（2）把螺钉穿过平垫片，组件和支架框的安装孔。

（3）螺钉再穿过平垫片和弹簧垫片，然后在最后拧紧螺帽。

（4）支架应该为耐用 20 年的耐腐蚀材料。

（5）支架的牢固度应该能承受持续的负重，雪、风、地震的压力以及其他的外来力量。

5.4.3　安装图解（螺栓结构及安装）

（1）螺栓结构及安装，如图 5-24 所示。

图 5-24　螺栓结构及安装示意图

（2）水泥屋顶——自重式支架安装，如图 5-25 所示。

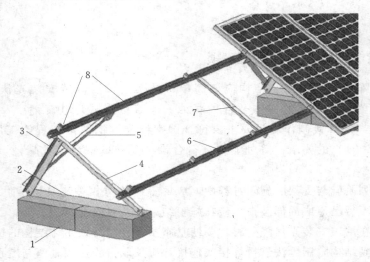

图 5-25　水泥屋顶——自重式支架安装示意图

1—负重部件：用于增加整体重量；2—三角底梁：用于形成主支撑框架；3—三角背梁：
用于形成主支撑框架；4—三角斜梁：用于形成主支撑框架；5—后斜撑：用于支撑横梁；
6—横梁：固定支撑光伏组件；7—拉杆：将横梁连接为整体；
8—压块组件：固定光伏组件

其中部分零部件如图 5-26 所示。

平面屋顶安装系统适合户外或平面屋顶荷载量较大的情况下使用，安装流程如下：

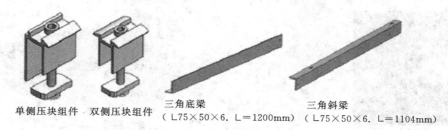

单侧压块组件　双侧压块组件　　三角底梁　　　　　　　三角斜梁
　　　　　　　　　　　　　　（L75×50×6. L=1200mm）　（L75×50×6. L=1104mm）

图 5-26　系统零部件示意图

1）预制好水泥负重块。

2）在平面陆地上铺放水泥基础，将支架固定在水泥基础上。

3）在水泥负重块上安三脚底梁。

4）使用 M10×40 六角头螺栓将三角背梁、三角斜梁相互连接与三角底梁固定。

5）依次将所有的支撑柱都安装好。

6）安装横梁，使用 M10×40 外六角螺栓组合固定，并在横梁内加止动垫片（图 5-27）。

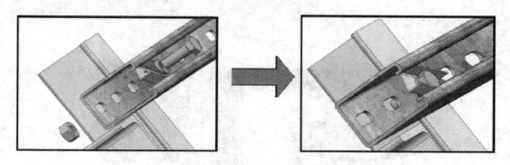

图 5-27　横梁安装示意图

7）依次在三角支架上装好横梁，如图 5-28 所示，螺栓组合固定，并在横梁内加止动垫片。

8）在三角背梁上安装好斜撑，用后斜撑支撑件与横梁相连，使用 M10×40 螺栓固定，与横梁连接时加止动垫片（图 5-29）。

图 5-28　三角支架上安装横梁示意图

9）在每跨居中位置用拉杆将两横梁连接，用 M10×40 螺栓、止动垫片固定，如图 5-30 所示。跨距小于 3000mm 时，该跨不安装拉杆与后斜撑。

10）将长条螺母插入横梁中，移动到适当位置，配合单侧压块将组件固定，如图 5-31 所示。

11）C 型钢横梁需要加长时采用横梁连接片连接，使用 M10×40 螺栓、止动垫片固定，如图 5-32 所示。

12）依次将其余光伏组件固定好，如图 5-33 所示。

图 5-29　后斜撑支撑件与横梁连接示意图

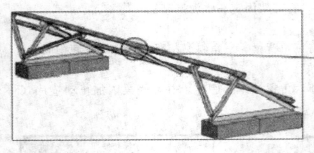

图 5-30　每跨中间的拉杆示意图

（a）　　　　　　　　　　　（b）

图 5-31　压块安装示意图
（a）单侧压块的安装；（b）双侧压块的安装

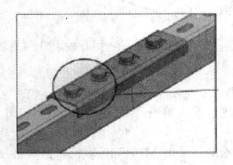
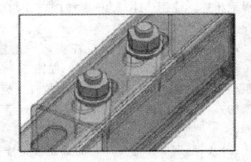

图 5-32　C 型钢横梁加长安装示意图

图 5-33 光伏阵列安装效果图

5.4.4 太阳能电池板防雷措施

1. 太阳能光伏发电系统雷电电磁脉冲干扰的入侵途径

雷电对太阳能光伏发电系统设备的影响，主要由以下几个方面造成：

（1）直击雷：太阳能电池板大多都是安装在室外屋顶或是空旷的地方，所以雷电很可能直接击中太阳能电池板，造成设备的损坏，从而无法发电。

（2）传导雷：远处的雷电闪击，由于电磁脉冲空间传播的缘故，会在太阳能电池板与控制器或者是逆变器、控制器到直流负载、逆变器到电源分配电盘以及配电盘到交流负载等的供电线路上产生浪涌过电压，损坏电气设备。

（3）地电位反击：在有外部防雷保护的太阳能供电系统中，由于外部防雷装置将雷电引入大地，从而导致地网上产生高电压，高电压通过设备的接地线进入设备，从而损坏控制器、逆变器或者是交、直流负载等设备。

2. 对于太阳能电池防雷措施

为了保证系统在雷雨等恶劣天气下能够安全运行，要采取防雷措施。主要有以下几个方面：

（1）地线是避雷、防雷的关键，在进行配电室基础建设和太阳能电池方阵基础建设的同时，选择光电厂附近土层较厚、潮湿的地点，挖 1~2m 深地线坑，采用 40 扁钢，添加降阻剂并引出地线，引出线采用 $35mm^2$ 铜芯电缆，接地电阻应小于 4Ω。

（2）在配电室附近建一避雷针，高 15m，并单独做一地线，方法同上。

（3）太阳能电池方阵电缆进入配电室的电压为 DC220V，采用 PVC 管地埋，加防雷器保护。此外电池板方阵的支架应保证良好的接地。

3. 对于逆变器防雷措施

（1）在光伏电池组件与逆变器或电源调节器之间加装第一级电源防雷器，进行保护。这是供电线路从室外进入室内的要道，所以必须做好雷电电磁脉冲的防护。具体型号根据现场情况确定。

（2）在逆变器到电源分配盘之间加装第二级电源防雷器，进行防护。具体型号根据现场情况确定。

（3）在电源分配盘与负载之间加装第三级电源防雷器，以保护负载设备不被浪涌过电压损坏。具体型号根据现场设备确定。

（4）所有的防雷器件都必须良好地进行接地处理，并且所有设备的接地都连接到公共地网上。

本 章 小 结

　　本学习情境从太阳能光伏并网技术的系统组成入手，对光伏并网技术的特点、光伏并网的组成及不同形式并网光伏系统进行了详细介绍和比较分析，充分展示了太阳能光伏并网的技术知识，对并网式光伏发电系统的配置及设计进行了详细讲解，针对并网逆变器分类及选择进行了详细说明，最后讲述了光伏阵列的安装方法及系统防雷措施。

　　要求学生熟悉太阳能光伏并网技术系统组成，了解不同并网系统的优缺点，并掌握光伏并网逆变器不同类型的优缺点，以及光伏并网系统设计的基础方法。

习　题　5

5-1　简述并网式光伏发电系统的结构并画出系统结构图。

5-2　对比太阳能并网发电系统组成有哪几种方式？各有什么特点？

5-3　优化太阳能并网发电系统需要考虑哪些因素？

5-4　描述并网逆变器有哪些功能？

5-5　简述逆变器分为几类，并描述各个类型的特点。

实 训 项 目 5

题目：光伏板接线及并网发电

1. 实训目的

（1）掌握光伏板接线方式。

（2）了解光伏板并网发电。

（3）通过对光伏板接线及操作，锻炼学生动手能力。

2. 实训内容及设备

（1）实训内容。

1）太阳能电池板接线并操作汇流箱。

2）操作并网逆变器柜，将光伏电能送至电网。

（2）实训设备。

螺丝刀、汇流箱、太阳能电池板、并网逆变器、万用表。

3. 实训步骤

（1）编写实训任务书。

（2）准备实训工具。

（3）断开汇流箱的空气开关，使用螺丝刀并且将 9 块光伏板的总线（光伏板输入接线）及光伏板输出接线接入汇流箱中（图 5-34）。

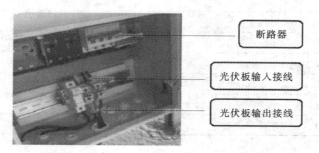

图 5-34　汇流箱接线示意图

（4）每块光伏板都有一个接线盒，接线盒引出的 2 根线上标有正极与负极。将一块光伏板的正极与另一块光伏板的负极对接，将 9 块光伏板串联，如图 5-35 所示。

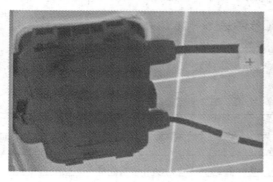

图 5-35　光伏板接线盒

（5）用万用表测量汇流箱光伏输入端电压，电压约 270V，断路器保持断开，进入室内，将光伏引进室内，接入电气柜中的光伏输入的断路器上端。

（6）用万用表测量市电电压 220VAC 是否接入断路器上端，确认接入后，打开断路器。

（7）打开室外汇流箱断路器，推上图 5-34 中断路器将光伏电压输入至室内。打开室内电气柜光伏输入断路器，将市电输入至电气柜中。

（8）按下面板上市电输入按钮，将市电输入至并网逆变器，再按下面板上光伏输入按钮，将光伏输入至并网逆变器中。并网逆变器自动检测电压，在电网正常和直流电压大于250V 时，逆变器开始自动运行，等待约 4min 自动将光伏电能并入电网，并网成功后GRID 绿灯亮。

4. 实训报告

（1）实训任务书。

（2）实训报告书。

5. 实训记录与分析（表 5 – 15）

表 5 – 15　　　　　　　　　　　　实 验 记 录 分 析 表

日　期			
时间 t			
光伏电压（V）			
光伏电流（A）			
并网电压（V）			
并网电流（A）			
并网功率（W）			

6. 问题讨论

（1）观察并网功率，简述环境对光伏并网功率的影响。

（2）思考在操作接线过程中，需注意哪些安全事项。

（3）仔细观察并网逆变器的界面，在并网启动时并网逆变器检测哪些参数？

技能考核（参考表 5 – 16）

（1）观察事物的能力。

（2）操作演示能力。

表 5 – 16　　　　　　　　　　　　实 验 考 核 表

考 核 要 求	考 核 等 级	评 语
熟悉系统构成，准确描述	优	
熟悉系统构成，描述不充分	良	
了解系统构成，能够描述	中	
了解系统构成，不能描述	及格	
不了解系统构成，不能描述	不及格	

学习情境 6　光伏发电系统设计及案例分析

【教学目标】

- ◆ 掌握离网式光伏发电系统的设计。
- ◆ 掌握并网式光伏发电系统设计。
- ◆ 掌握几种典型的光伏发电系统设计案例。

【教学要求】

知识要点	能力要求	相关知识	所占分值（100分）	自评分数
离网式光伏发电系统设计	1. 了解设计依据； 2. 掌握设备的计算和选型	太阳辐照度的相关知识	25	
并网式光伏发电系统设计	1. 了解设计的原则； 2. 掌握并网逆变器的设计和选型； 3. 掌握光伏阵列的设计； 4. 掌握并网系统的其他电气设计	1. 光伏板的选型要求； 2. 光伏阵列的倾角和方位角的概念； 3. 并网逆变器的原理	35	
光伏发电系统案例分析	1. 熟悉并网式光伏发电系统的组成和典型系统实例； 2. 熟悉离网式光伏发电系统的组成和典型系统实例	1. 光伏发电系统的组成； 2. 光伏阵列实现	40	

任务 1　离网式光伏发电系统设计

【学习目标】

- ◇ 掌握离网式光伏发电系统设计的方法。
- ◇ 掌握离网式光伏发电系统设备选型的原则。

光伏发电系统的设计与计算涉及的影响因素较多，不仅与光伏电站所在地区的光照条件、地理位置、气候条件、空气质量有关，也与电器负荷功率、用电时间有关，还与需要确保供电的阴雨天数有关，其他尚与光伏组件的朝向、倾角、表面清洁度、环境温度等因素有关。而这些因素中，例如光照条件、气候、电器用电状况等主要因素均极不稳定，因此严格地讲，离网光伏电站要十分严格地保持光伏发电量与用电量之间的始终平衡是不可能的。离网电站的设计计算只能按统计性数据进行设计计算，而通过蓄电池电量的变化调节两者的不平衡使之在发电量与用电量之间达到统计性的平衡。

6.1.1　设计计算依据

（1）光伏电站所在地理位置（纬度）、年平均光辐射量 F 或年平均每日辐射量 f（表6-1）。

表 6-1　　　　　　　　　我国不同地区水平面上光辐射量与日照时间资料

地区类别	地　区	年平均光辐射量 F		年平均光照时间 H（h）	年平均每天辐射量 f（MJ/m²）	年平均每天光照时间 h（h）	年平均每天峰值小时数 h_1（h）
		MJ/m²	kWh/m²				
一	宁夏北部、甘肃北部、新疆南部、青海西部、西藏西部、（印度、巴基斯坦北部）	6680～8400	1855～2333	3200～3300	18.3～23.0	8.7～9.0	5.0～6.3
二	河北西北部、山西北部、内蒙古南部、宁夏南部、甘肃中部、青海东部、西藏东南部、新疆西部	5852～6680	1625～1855	3000～3200	16.0～18.3	8.2～8.7	4.5～5.1
三	山东、河南、河北东南部、山西南部、新疆北部、吉林、辽宁、云南、陕西北部、甘肃东南部、江苏北部、安徽北部、台湾西南部	5016～5852	1393～1625	2200～3000	13.7～16.0	6.0～8.2	3.8～4.5
四	湖南、湖北、广西、江西、浙江、福建北部、广东北部、陕西南部、江苏南部、安徽南部、黑龙江、台湾东北部	4190～5016	1163～1393	1400～2200	11.5～13.7	3.8～6.0	3.2～3.8
五	四川、贵州	3344～4190	928～1163	1000～1400	9.16～11.5	2.7～3.8	2.5～3.2

注　1. 1kWh＝3.6MJ。

　　2. $f＝F(MJ/m²)/365$ 天。

　　3. $h＝H/365$ 天。

　　4. $h_1＝F(kWh)/365(天)/1000(kW/m²)$。

　　5. 表中所列为各地水平面上的辐射量，在倾斜光伏组件上的辐射量比水平面上辐射量多。

设 $y＝$ 倾斜光伏组件上的辐射量/水平面上辐射量＝1.05～1.15，故倾斜光伏组件面上辐射量为：

$$倾斜光伏组件面上辐射量＝y×水平面上的辐射量$$

（2）各种电器负荷电功率 w 及其每天用电时间 t。

（3）确保阴雨天供电天数 d。

（4）蓄电池放电深度 DOD（蓄电池放电量与总容量之比）。

6.1.2　设计计算

1. 每天电器用电总量 Q

$$Q = W_1 \times t_1 + W_2 \times t_2 + \cdots \quad (\text{kWh}) \tag{6-1}$$

2. 光伏组件总功率 P_m

$$P_m = a \times Q / F \times y \times \eta / 365 \times 3.6 \times 1 \tag{6-2a}$$

或

$$P_m = a \times Q / f \times y \times \eta / 3.6 \times 1 \tag{6-2b}$$

或

$$P_m = a \times Q / h_1 \times y \times \eta \tag{6-2c}$$

式中　P_m——光伏组件峰值功率，W_p 或 kW_p（标定条件：光照强度 $1000W/m^2$，温度 $25℃$，大气质量 AM1.5）；

$\quad\quad a$——全年平均每天光伏发电量与用电量之比，此值 $1 \leqslant a \leqslant d$；

$\quad\quad \eta$——发电系统综合影响系数（表 6-2）。

表 6-2　　　　　　　　　　光伏发电系统各种影响因素分析表

系数代号	系数名称	损　失　率	备　　注
η_1	组件表面清洁度损失	约 3%	
η_2	温升损失	0.4%/℃	
η_3	方阵组合损失	约 3%	
η_4	最大功率点偏离损失	约 4%	
η_5	组件固定倾角损失	约 8%	
η_6	逆变器效率		85%～93%
η_7	线　损	约 3%	
η_8	蓄电池过充保护损失	约 3%	
η_9	充电控制器损耗	约 8%	
η_{10}	蓄电池效率		80%～90%
合计 η	1）离网交流系统 2）离网直流系统 3）并网系统	$\eta_1 \times \eta_2 \times \cdots \eta_{10}$ $\eta_1 \times \cdots \times \eta_5 \times \eta_7 \times \cdots \times \eta_{10}$ $\eta_1 \times \eta_2 \times \cdots \times \eta_7$	$\eta = 52\%～56\%$ $\eta = 59\%～63\%$ $\eta = 72\%～78\%$

3. 蓄电池容量 C

交流供电　　　　$C = d \times Q / DOD \times \eta_6 \times \eta_9 \times \eta_{10} \quad (\text{kWh}) \tag{6-3a}$

直流供电　　　　$C = d \times Q / DOD \times \eta_9 \times \eta_{10} \quad (\text{kWh}) \tag{6-3b}$

4. 蓄电池电压 V、安时数 Ah、串联数 N 与并联数 M 设计

$$\text{蓄电池总安时数 } Ah = \text{蓄电池容量 } C / \text{蓄电池组电压 } V \tag{6-4}$$

蓄电池电压根据负载需要确定，通常有如下几种：1.2V、2.4V、3.6V、4.8V、6V、12V、24V、48V、60V、110V、220V。

$$\text{蓄电池串联数 } N = \text{蓄电池组电压 } V / \text{每只蓄电池端电压 } v \tag{6-5}$$

$$\text{蓄电池并联数 } M = \text{蓄电池总安时数 } AH / \text{每只蓄电池 } AH \text{ 数} \tag{6-6}$$

5. 光伏组件串联与并联设计

光伏组件串联电压和组件串联数根据蓄电池串联电压确定（表 6-3～表 6-5）：

表 6 - 3　　　　　　　　　　（晶体硅）光伏组件串联电压和组件串联数

蓄电池组端电压（V）	12		24		48		220	
充电电压（V）	17		34		68		308	
光伏组件最大功率电压（V）	16.5~17.5	16.5~17.5	34	16.5~17.5	34	16.5~17.5	34	
光伏组件串联数	1	2	1	4	2	18	9	

表 6 - 4　　　　　　　　　　（晶体硅）光伏组件端电压与电池片串联数

蓄电池电压（V）	1.2	2.4	3.6	4.8	6	9
光伏组件端电电（充电电压）（V）	1.68	3.36	5.04	6.72	8.4	12.6
串联电池片数	4	8	10	14	18	26

表 6 - 5　　　　　　　　　　（CIS 薄膜）光伏组件端电压与电池片串联数

蓄电池电压（V）	1.2	2.4	3.6	4.8	6	9
光伏组件端电压（充电电压）（V）	1.68	3.36	5.04	6.72	8.4	12.6
串联电池片数	6	10	16	22	26	40

$$光伏组件并联数 M = 光伏组件总功率 P_m / 每块组件峰值功率 \times 组件串联数 \qquad (6-7)$$

6. 充电控制器选用

主要根据下列要求选用：

（1）最大输入电压≥光伏方阵串联空载电压 1.2~1.5 倍。

（2）最大输入电流≥光伏方阵并联短路电流 1.2~1.5 倍。

（3）输入并联支路数≥光伏方阵并联数。

（4）额定功率≥最大负载功率总和 1.2~1.5 倍。

（5）输出最大电流≥最大负载电流 1.2 倍。

充电控制器应具有过充、欠压保护，防反充和接反保护功能。

7. 逆变器选用

主要根据下列要求选用：

（1）最大输入电压≥蓄电池串联电压。

（2）额定功率≥负载最大功率 1.2~1.5 倍（对于感性负载，需考虑启动电流）。

（3）输出电压＝负载额定电压。

（4）输出电流波形根据负载要求可以为方波或准正弦波或正弦波。

逆变器应具有输出过电压和过电流保护。

6.1.3　离网电站实际发电举例

西藏昌都地区一座总功率 $P_m = 30kW_p$ 离网光伏电站，经 910 天运行，累计发电 74332kWh，平均每天发电量 $g = 74332kWh/910 = 81.68kWh$。

理论计算：

昌都地处西藏东南部，查表 6-1，年平均辐射量为 1625~1855kWh/m²，取 $F=$

1700kWh/m² 或 $h_1=4.6h$。

（1）年发电量 $G=P_m\times F\times y\times \eta/1kW=30kW_p\times 1700kWh\times 1.1\times 0.54/1kW=30294kWh$。

每天发电量 $g=G/365=30294/365=83kWh$

（2）每天发电量 $g=P_m\times h_1\times y\times \eta=30kW_p\times 4.6h\times 1.1\times 0.54=81.97kWh$。

理论计算发电量 81.97kWh 与实际发电量 81.68kWh 十分接近，表明理论计算的正确性。

任务 2　并网式光伏发电设计

【学习目标】

◇　掌握并网式光伏发电系统设计的方法。

◇　掌握并网式光伏发电系统设备选择原则。

◇　掌握并网式光伏发电系统的其他电气设计。

6.2.1　设计原则

（1）太阳能光伏发电系统的安装不能破坏建筑造型，不能破坏装饰性艺术风格，不能造成结构的重新返工。

（2）太阳能工程必须保证建筑物的安全。太阳能系统不仅仅要保证自身系统的安全可靠，同时要确保建筑的安全可靠。必须考虑安装条件、安装方式和安装强度，包括太阳能光伏电池板在屋面安装时对屋面负荷的影响问题，特别是太阳能电池板自身载荷和抗风能力、抗冰雹冲击等工程应用问题。其中，太阳能电池板与屋面结合的抗风负荷问题是最大的工程风险，特别是需要屋面承受空气层流所产生的巨大风力。

（3）光伏发电系统应当在可靠满足负载需要的前提下，进行合理的配置。尽量减少系统规模，降低投资费用。

（4）光伏发电系统设计必须要求其高可靠性能。保证在较恶劣条件下的正常使用，同时要求系统的易操作和易维护性，便于用户的操作和日常维护。

（5）整套光伏发电系统设计、制造和施工要求低成本，设备的标准化、模块化设计，提高备件的通用互换性，要求系统预留扩展接口便于以后规模容量的扩大。

（6）具体实施时，太阳光伏发电组件板要用适当的方位角和倾斜角安装。确保太阳能电池组件得到最优化的性能。安装地点的选择应能够满足组件在当地一年中光照时间最少天内，太阳光从上午 9：00 到下午 3：00 能够照射到组件。

（7）组件安装结构要经得住风雪等环境应力。安装孔位要能保证容易安装和有机械的受力，推荐使用正确的安装结构材料可以使得组件框架、安装结构和材料的腐蚀减至最小。

6.2.2　并网式光伏发电系统设计

并网光伏发电系统的设计比离网光伏发电系统简单，这不仅是因为并网光伏发电系统不需要蓄电池和充电控制器，也因为其供电对象是较稳定的电网。故无须考虑发电量与用电量之间的平衡，也不需要考虑负载的电阻、电感特性，通常只需根据光伏组件总功率计算其发电量。反之，根据需要的发电量设计并网发电系统设置。

1. 设计依据

（1）光伏发电系统所在地理位置（纬度）。

（2）当地年平均光辐射量。

（3）需要年发电量或光伏组件总功率或投资规模或占地面积等。

（4）并网电网电压、相数。

2. 并网发电系统设计计算

（1）发电量或组件总功率计算。

年平均每天发电量 $\qquad g = P_m \times h_1 \times y \times \eta$ （kWh）

或 $\qquad g = P_m \times F(MJ/m^2) \times y \times \eta / 3.6 \times 365 \times 1$ （kWh）

或 $\qquad g = P_m \times F(kWh/m^2) \times y \times \eta / 365$ （kWh）

平均年发电量 $\qquad G = g \times 365$ （kWh）

（2）并网逆变器选用。

并网逆变器的选用主要根据下列要求：

1）逆变器额定功率 $= (0.85 \sim 1.2)P_m$。

2）逆变器最大输入直流电压 ＞ 光伏方阵空载电压。

3）逆变器最输入直流电压范围 ＞ 光伏方阵最小电压。

4）逆变器最大输入直流电流 ＞ 光伏方阵短路电流。

5）逆变器额定输入直流电压 ＝ 光伏方阵最大功率电压。

6）额定输出电压 ＝ 电网额定电压。

7）额定频率 ＝ 电网频率。

8）相数 ＝ 电网相数。

并网逆变器的输出波形畸变、频率误差等应满足并网技术要求。此外，必须具有短路、过压、欠压保护和防孤岛效应等功能。

6.2.3　光伏组件方阵设计

1. 光伏组件水平倾角设计

并网光伏供电系统有着与独立光伏系统不同的特点。在有太阳光照射时，光伏供电系统向电网发电，而在阴雨天或夜晚光伏供电系统不能满足负载需要时又从电网买电。这样就不存在因倾角的选择不当而造成夏季发电量浪费、冬季对负载供电不足的问题。在并网光伏系统中需要关心的问题就是如何选择最佳的倾角使太阳能电池组件全年的发电量最大。光伏组件水平倾角的设计主要取决于光伏发电系统所处纬度和对一年四季发电量分配的要求。通常该倾角值为当地的纬度值。

（1）对于一年四季发电量要求基本均衡的情况，可以按表6-6的方式选择组件倾角。

表 6-6　　　　　　　　　　光伏电站所处纬度和水平倾角的关系

光伏发电系统所处纬度	光伏组件水平倾角
纬度 0°～25°	倾角等于纬度
纬度 26°～40°	倾角等于纬度加 5°～10°
纬度 41°～55°	倾角等于纬度加 10°～15°
纬度＞55°	倾角等于纬度加 15°～20°

（2）在我国大部分地区通常可以采用所在纬度加 7°的组件水平倾角。

对于要求冬季发电量较多情况，可以采用所在纬度加 11°的组件水平倾角。

对于要求夏季发电量较多情况，可以采用所在纬度减 11°的组件水平倾角。

（3）并网发电系统的最佳安装倾角一般小于当地纬度 5°～10°。

2. 光伏方阵倾角与朝向对发电量的影响

光伏方阵倾角与朝向对发电量有很大影响，一般光伏方阵应面向正南方（北半球），合理的倾角在前面已论述。

但在有些场合，组件的倾角和朝向不一定理想。这就会对光伏方阵对发电量的产生明显的影响。可参考图 3-18 光伏方阵的朝向对发电量影响的大致关系图。

3. 光伏方阵前后两排间距或与前方遮挡物之间的间距设计

光伏方阵前后间距或与前方遮挡物之间的间距如果不合理设计，则会影响光伏系统的发电量，尤其在冬季。

光伏方阵前后间距或与前方遮挡物之间的间距的设计与光伏系统所在纬度、前排方阵或遮挡物高度有关。

$$D=0.707H/\tan[\arcsin(0.648\cos\Phi-0.399\sin\Phi)]$$

式中　D——前后间距；

　　　Φ——光伏系统所处纬度（北半球为正，南半球为负）；

　　　H——为后排光伏组件底边至前排遮挡物上边的垂直高度。

举例：设 $\Phi=32°$

$$D=0.707H/\tan[\arcsin(0.648\cos32°-0.399\sin\Phi32°)]$$
$$=0.707H/\tan[\arcsin(0.648×0.848-0.399×0.529)]$$
$$=0.707H/\tan[\arcsin(0.549-0.211)]$$
$$=0.707H/\tan(\arcsin0.338)$$
$$=0.707H/\tan18.6°$$
$$=0.707H/0.336$$
$$=2.1H$$

4. 光伏方阵总功率与占地面积的关系

光伏方阵总功率与占地面积的关系取决于光伏组件的安装方式、光伏组件种类（晶体硅或薄膜电池）及其光伏组件光电转换效率。组件安装方式可分为两种：

（1）覆盖型：如覆盖在坡屋面或平屋面或墙面上的安装方式。这种方式能安装的光伏方阵总功率较多。根据组件不同光电转换率，大致如下：

1）晶体硅组件（光电转换率 $15\% \sim 17\%$）：$130 \sim 145 W_p/m^2$。

2）薄膜电池（光电转换率 $5\% \sim 7\%$）：$43 \sim 60 W_p/m^2$。

（2）锯齿型：在平屋顶或平地上安装倾斜光伏组件方式。这种安装方式，有利于提高光伏方阵的发电量。但根据前面所述，为防止前排遮挡后排，前后排之间必须有一定间距。这种间距随着光伏发电系统所在纬度的增大而增加。对于我国大部分地区而言，每平方米能安装的组件功率仅为覆盖型的一半，即：

1）晶体硅组件（光电转换率 $15\% \sim 17\%$）：$65 \sim 72 W_p/m^2$。

2）薄膜电池（光电转换率 $5\% \sim 7\%$）：$22 \sim 30 W_p/m^2$。

有了上列各项数据，就可以计算不同组件安装方式情况下，光伏组件总功率所需安装面积。反之，已知面积，可以计算能安装的最大光伏方阵总功率。

5. 单块光伏组件的规格（表6-7）

表6-7　　　　　　　　　　　　太阳能电池组件规格表

序号	规格型号	峰值功率（W_p）	峰值电压（V）	峰值电流（A）	开路电压（V）	短路电流（A）	重量（kg）
1	5(17)PR240×290	5	17	0.3	21.0	0.33	1.0
2	10(17)PR285×350	10	17.5	0.57	21.0	0.66	1.2
3	10(8.5)PR430×300	10	8.5	1.17	11.00	1.20	1.75
4	8(17)PR329×290	8	17.5	0.45	21.0	0.5	1.2
5	15(17)PR400×350	15	17.5	0.86	21.0	1.0	2.3
6	20(17)PR610×291	20	17.5	1.1	21.0	1.3	2.3
7	20(17)PR541×422	20	17.5	1.1	21.0	1.3	2.9
8	25(17)PR541×422	25	17.5	1.4	21.0	1.6	2.9
10	30(17)PR535×510	30	17.5	1.7	21.0	2.0	4.1
11	35(17)PR610×541	35	17.5	2.0	21.0	2.3	4.1
12	40(17)PR610×541	40	17.5	2.3	22.0	2.5	4.1
13	40(17)PR660×540	40	17.5	2.3	21.0	2.6	5.6
15	50(17)PR800×541	50	17.5	2.9	22.0	3.1	5.6
16	50(17)PR770×660	50	17.5	2.9	21.0	3.4	7.7
17	55(17)PR770×660	55	17.5	3.1	21.0	3.6	7.7
18	60(17)PR660×770	60	17.5	3.4	22.0	3.8	7.7
19	65(17)PR770×660	65	17.5	3.7	22.0	4.1	7.7
20	70(17)PR1010×660	70	17.5	4.0	22.0	4.4	7.7
21	75(17)PR1010×660	75	17.5	4.3	22.0	4.7	7.7
22	75(17)PR790×790	75	17.5	4.3	22.0	4.7	7.6
23	80(17)PR1010×660	80	17.5	4.6	22.0	5.1	7.7
24	85(17)PR1172×541	85	17.5	4.9	22.0	5.3	7.7
25	90(17)PR1010×660	90	17.5	5.1	22.0	5.5	7.7

续表

序号	规格型号	峰值功率（W_p）	峰值电压（V）	峰值电流（A）	开路电压（V）	短路电流（A）	重量（kg）
34	110(17)PR1470×680	110	17.5	6.3	22.0	7.0	12.0
35	120(17)PR1470×680	120	17.5	6.9	22.0	7.6	12.0
36	165(35)PR1580×808	165	35	4.7	44.0	5.1	15.7
37	170(35)PR1580×808	170	35	4.9	44.0	5.3	15.7
38	175(35)PR1580×808	175	35	5	44.0	5.5	15.7
39	180(35)PR1580×808	180	35.5	5.07	44.0	5.5	15.7
40	185(35)PR1580×808	185	35.5	5.21	44.0	5.5	15.7
41	175(23)PR1310×990	175	23	7.2	29.0	8.2	15.4
42	220(29)PR1650×990	220	29	7.59	36.5	8.15	19.8
43	280(35)PR1970×990	280	35.5	7.89	45.0	8.35	26.0

6.2.4 电气设计

1. 室外汇流箱

由于光伏组件安装在室外，所以需要考虑防雷、防水和防腐蚀。直流防雷汇流箱可以减少光伏阵列到逆变器之间的连接线，并且可以直接安装在光伏支架上，可以防水、防锈、防晒，满足室外安装要求。根据不同的光伏矩阵的汇流箱，有 6 路汇成 1 路，3 路汇成 1 路等的汇流箱。根据实际情况，考虑光伏最大开路电压，每路光伏阵列需配有光伏专用高压直流熔丝进行保护。直流输出母线的正极对地、负极对地、正负极之间配有光伏专用高压防雷器。直流输出母线端需配有可分断的直流断路器进行对光伏板的保护。

2. 直流配电柜

需考虑光伏组件串联起来的电压范围，并联时有多少组光伏组件串联，每路光伏阵列最大电流，在配电柜中需选择直流断路器，根据直流电源的额定电压、接地方式（A、B、C 型）和计算所得短路电流值，最终确定断路器的级数和接线方式。需安装直流防雷模块，并且在接线端子的选型时要考虑端子允许通过的最大电流。选配每路光伏矩阵的电流监控，并选配通信接口将电流采集数据传输给监控电脑。

3. 并网逆变器的选择

并网逆变器选择需要根据室外光伏总功率，兆瓦级的光伏组件需要多个并网逆变器并联使用。并网逆变器需考虑并网时直流的启动电压，光伏组件的直流端需大于并网逆变器的直流输入，否则并网逆变器无法启动，但是各种并网逆变器的直流输入有一定的范围，这个需要根据不同的并网逆变器而定，所以在光伏矩阵的直流输入不能超过并网逆变器的直流输入范围。

4. 交流配电柜

交流配电柜要满足光伏发电输入和输出功率要求，能够在光伏发电系统与市电网之间切换。在出现光伏发电系统输出功率不足、输出电压过低等条件时自动切换到市电网线路。交流配电柜应适应于三相低压交流电网 AC380V/50Hz。应配置相应电气保护装置如断路器、熔断器。同时配置防雷装置，以防市电网雷击串入。

5. 监控装置

采用高性能工业控制 PC 机作为系统的监控主机，配置光伏并网系统多机版监控软件。

采用 RS485 通信方式，连续每天 24h 不间断对所有并网逆变器的运行状态和数据进行监测。光伏并网系统的监测软件可连续记录运行数据如直流电压、直流电流、直流功率、交流电压、交流电压、交流电流、交流功率、当前发电功率、日发电量、总发电量等。还要记录故障记录，如电网电压过高、电网电压过低、电网频率过高、电网频率过低、直流电压过高等。

6. 光伏系统连接电缆线及防护材料

光伏系统中电缆的选择主要考虑如下因素：

1）电缆的绝缘性能。

2）电缆的耐热阻燃性能。

3）电缆的防潮、防光。

4）电缆的敷设方式。

5）电缆芯的类型：铜芯、铝芯。

6）电缆的大小规格。

光伏系统中不同的部件之间的连接，因为环境和要求的不同，选择的电缆也不相同。以下分别列出不同连接部分的技术要求：

1）组件与组件之间的连接。必须进行测试，耐热 90℃，防酸、防化学物质、防潮、防曝晒。电缆使用在户外，直接暴露在阳光下，光伏系统的直流部分应选用耐氧化、耐高温、耐紫外线的电缆。

2）方阵内部和方阵之间的连接。可以露天或者埋在地下，要求防潮、防曝晒。建议穿管安装，导管必须耐热 90℃。

3）方阵和逆变器之间的接线。必须进行测试，耐热 90℃，防酸、防化学物质、防潮、防曝晒。电缆使用在户外，直接暴露在阳光下，光伏系统的直流部分应选用耐氧化、耐高温、耐紫外线的电缆。

电缆大小规格设计，必须遵循以下原则：

1）交流负载的连接，选取的电缆额定电流为计算所得电缆中最大连续电流的 1.25 倍；逆变器的连接，选取的电缆额定电流为计算所得电缆中最大连续电流的 1.25 倍；方阵内部和方阵之间的连接，选取的电缆额定电流为计算所得电缆中最大连续电流的 1.56 倍。

2）考虑温度对电缆的性能的影响。

3）考虑电压降不要超过 2%。

4）适当的电缆尺径选取基于两个因素：电流强度与电路电压损失。完整的计算公式为：

$$线损＝电流×电路总线长×线缆电压因子$$

任务3 并网光伏发电案例分析

【学习目标】

◇ 通过项目案例能够了解光伏并网发电的设计实际意义。

◇ 通过案例进一步了解光伏并网发电设计方法。

◇ 通过案例加深了解光伏并网发电设计理念。

6.3.1 项目背景

以新广州火车站站顶 600kW 太阳能并网发电示范工程设计为例，新广州火车站站房位于广州市番禺区钟村镇，广州市是广东省省会，广东省政治、经济、科技、教育和文化的中心。广州市地处中国大陆南方，广东省的中南部，珠江三角洲的北缘，接近珠江流域下游入海口。其范围是东经 112°57′～114°3′，北纬 22°26′～23°56′，总面积 7434.4km²。

6.3.2 项目需求

1. 地理方位

广州属丘陵地带。地势东北高，西南低，北部和东北部是山区，中部是丘陵、台地，南部是珠江三角洲冲积平原。中国的第三大河——珠江从广州市区穿流而过。

2. 气候环境

广州地处亚热带，横跨北回归线，年平均温度 22.8℃，最低温度 0℃左右，最高温度 38℃，气候宜人，是全国年平均温差最小的大城市之一。广州属亚热带季风气候，由于背山面海，具有温暖多雨、光热充足、夏季长、霜期短等特征。全年水热同期，雨量充沛，利于植物生长，为四季常绿、花团锦簇的"花城"广州提供了极好的条件。年均降雨量为 1982.7mm，平均相对湿度为 68%。全年中，4—6 月为雨季，8—9 月天气炎热，多台风，10—12 月气温适中，是旅游的最佳季节。

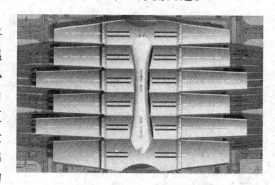

图 6-1 组件在屋顶排布示意图

3. 现场安装条件

新广州车站站房不是正南朝向，方位角约为 45°。新建光伏系统拟建在新火车站站顶通风口两侧，总共安装建筑面积为 5846.4m²，分为 24 个子方阵，每个子方阵面积大约为 243.6～260.4m²。每个光伏阵列每侧长 58～62m，宽 4.2m，光伏组件紧贴屋顶弧面安装，光伏组件的安装倾角平均为 6°左右，如图 6-1 所示。

6.3.3　光伏板组件的质量要求

（1）高效率：单晶硅组件的转换效率≥14％，达 140W/m²。

（2）低衰减，长寿命：单晶电池组件正常发电的寿命长达 25 年，且衰减很小，10 年后输出功率下降≤10％。

（3）无螺钉内置角键连接，紧固密封，抗机械强度高。

（4）高透光率低铁钢化玻璃封装，透光率和机械强度高。

（5）采用密封防水多功能接线盒，确保组件使用安全。

（6）具备良好的耐候性，防风，防雹。

（7）有效抵御湿气和盐雾腐蚀，不受地理环境影响。

6.3.4　组件产品的详细基本参数（表 6-8）

表 6-8	组件详细参数及示意图

- 型号：YL 180（35）
- 尺寸结构：1580×808
- 重量：15.7kg
- 在温度 25℃ 100W/m² AM1.5 的标准条件下的峰值参数：

标准功率：180W

峰值电压：36V

峰值电流：5.0A

短路电流：5.4A

开路电压：45V

光电池数量：72 片

- 峰值功率温度系数：－0.45％/℃
- 短路电流温度系数：0.03％/℃
- 开路电压温度系数：－0.34％/℃
- 温度范围：－45～＋85℃
- 功率误差范围：±3％
- 表面最大承重：105N/mm²
- 承受冰雹：直径 25mm
- 接线盒类型：

防护等级：IP65

连接线长度（正）0.9m，（负）0.9m

- 组件效率：14.1％
- 组件功率与面积比为：141W/m²
- 功率与质量比：11.5W/kg
- 填充因子：0.74
- 框架结构：铝合金

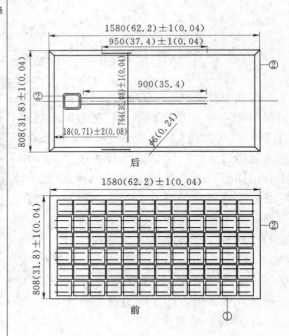

组件参数见表 6-9。

表 6 - 9　　　　　　　　**组 件 参 数 表**

功率与面积比	141W/m²	组件效率	14.1%
功率与质量比	11.5W/kg	电池片效率	16.8%
填充因子	0.74		

说明：组件测试条件均在符合 GB/T 6495.1—1996 标准的 A 级模拟器，在标准试验条件下（电池温度：25 ± 2℃，辐照度：1000W/m²，标准太阳光谱辐照度符合 GB/T 6495.3—1996 规定）进行。绝缘试验、温度系数的测量、额定工作温度的测量、额定工作温度下的性能、低辐照度下的性能、室外曝露试验、热斑耐久实验、紫外试验、热循环试验、湿—冷试验、湿—热试验、引线端强度试验、扭曲试验、机械载荷试验、冰雹试验均严格按符合 GB/T 9535—1998 规定的条件进行。

组件的结构如图 6-2 所示。

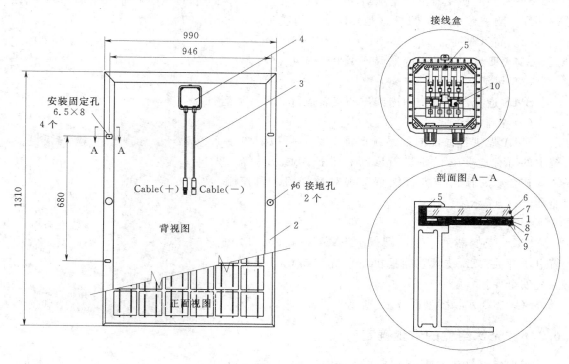

图 6-2　组件结构示意图

1—太阳能电池片；2—铝边框；3—接插件；4—接线盒；5—焊带；6—钢化玻璃；7—EVA；
8—玻璃纤维；9—TPT 背板；10—旁路二极管

太阳能电池组件内部采用电池片串联组合，电极连线采用铜基体镀锡层带，双电极引出，充分保证大电流通过时的低阻性，有利于功率输出。太阳能电池组件抗冲击性能佳，符合 IEC 国际标准。采用轻便的阳极氧化铝合金框架，上面有 4 个安装孔，2 个接地孔，便于安装和接地。太阳能电池组件输出为 PV‐JB/2 型接线盒，耐老化，防水防潮性能好。接线盒内带有旁路二极管能减少局部阴影而引起的损害。组件实物见图

6-3。

图6-3　组件实物图

6.3.5　光伏并网逆变器的特点

光伏并网逆变器采用德国 SMA 的 100kW 光伏并网逆变器。世界上第一台批量流水线生产的光伏逆变器就是 SMA 的产品，SMA 已从光伏领域的先驱者，进一步成为光伏领域的技术领军者。除了领先创新的高科技产品，SMA 还推行全球化全面完善的售后服务体系，为客户提供可靠、满意的产品和服务。

其特点如下：

（1）高效率。

SMA 并网逆变器具有全球最高的转换效率，就 SC-100 这一型号而言，最大效率为 97.6%，欧洲效率为 97%。这是其他型号的逆变器无法比拟的。

（2）高可靠性。

SMA 研发生产的逆变器保证至少 20 年的运行寿命。

（3）灵活。

SMA 逆变器能够在室内或户外安装运行，可灵活运行。

（4）控制全面。

SMA 提供各种不同的系统监测设备，可以对电站系统中的所有逆变器设备进行诊断和维护。通过计算机网络，在全球的任何地方都能够实现对系统的实时控制和监测。

（5）安全性高。

SMA 逆变器采用了电网保护 SMA grid guard2 和直流电子开关 ESS 技术，能提供目前光伏市场上最可靠的系统安全保护。

SC-100 实物图如图 6-4 所示。

图6-4　　SC-100实物图

6.3.6　光伏组件的数量确定

根据每个光伏阵列每侧长 58~62m，宽 4.2m，光伏组件紧贴屋顶弧面安装的情况，选用 180（35）D1580×808 组件，组件串从中间部分留有 2m 的检修通道，组件横向之间留有 0.02m 的间隙，纵向留有 0.06m 的间隙，则：

在横向可布置组件数 $X=[60-2-0.02×(X-1)]/1.58$，解得：$X≈36$ 块，每侧18 块

在纵向可布置组件数 $Y=[4.2-0.06×(Y-1)]/0.808$ 解得：$Y≈4$ 块

下面用 SMA 软件进行验证。

1. 18 块组成一个组件串

从图 6-5 所示的模拟结果看，选择 18 串×36 并组件方阵时，额定功率比为 90%，

不能满足额定功率比为 95%～115% 的要求，因而需要减少组件数量。

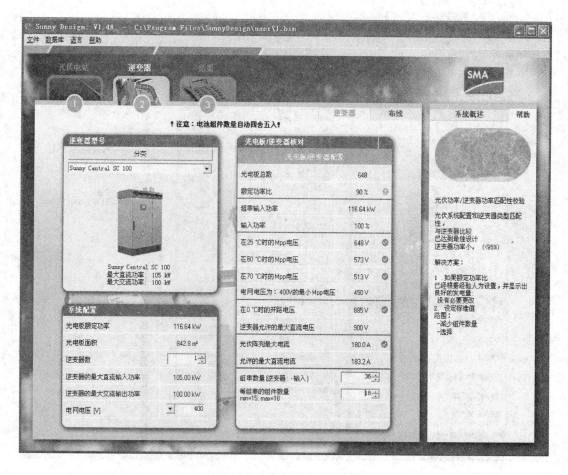

图 6-5　SAM 软件验证界面

2.17 块组成一个组件串

从图 6-6 所示的模拟结果看，选择 17 串×36 并组件方阵时，额定功率比为 95%，刚刚满足额定功率比为 95%～115% 的要求，可以使用，但不太理想。

3.16 块组成一个组件串

从图 6-7 所示的模拟结果看，选择 16 串×36 并组件方阵时，额定功率比为 101%，处于额定功率比为 95%～115% 的中间位置，非常理想。

从上面的模拟可以看出，采用 16 串×36 并是合理方案。

6.3.7　太阳辐射测试数据——对 100kW 太阳能方阵详细验证

参考离新建火车站 20km 的五山气象站的数据，进行模拟验证。

根据近十年来的太阳辐射数据（表 6-10），可以了解广州市番禺区钟村镇的太阳辐射情况如图 6-8 所示。

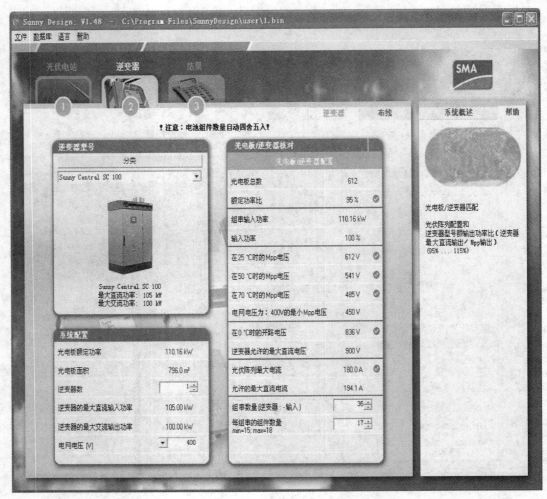

图 6-6　SAM 软件验证界面

表 6-10　广州地面气象站 1998～2007 年水平面上逐月太阳总辐射原始数据　　　单位：0.1MJ/m²

	1	2	3	4	5	6	7	8	9	10	11	12
1998	18461	16436	23200	33674	30737	31310	43592	43846	40658	41308	31635	30235
1999	27087	31704	22206	34051	30348	45469	41139	35188	38900	41989	35896	32699
2000	25985	22460	27826	24866	39381	46424	49119	40958	48978	36354	31660	35413
2001	25590	25658	31602	19408	40616	34176	41649	46545	48710	40143	39526	29339
2002	27305	29318	27905	37103	43672	43287	39687	43883	34646	36226	33363	25588
2003	34387	24494	25166	34549	41046	36646	58402	44877	41134	47049	34081	38921
2004	26213	28797	21632	35259	43182	50262	45974	44374	46114	49184	35169	32956
2005	22369	12984	23418	24580	35025	31311	47380	41992	40343	45989	34590	30978
2006	27667	24017	22526	28731	34499	34063	42622	46013	42001	37122	30674	36717
2007	30783	23940	19499	28260	45198	38250	54994	44795	44670	43152	40890	29946

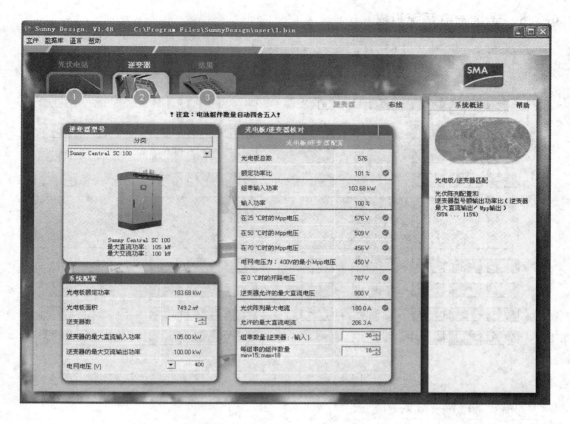

图 6-7　SAM 软件验证界面

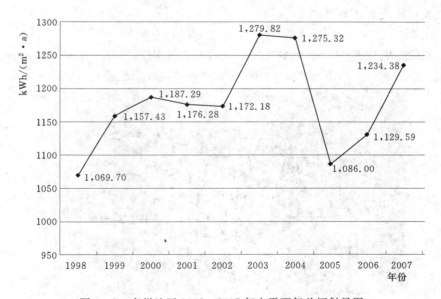

图 6-8　广州地区 1998—2007 年水平面年总辐射量图

6.3.8 光伏发电系统组成

1. 光伏矩阵排列（图6-9）

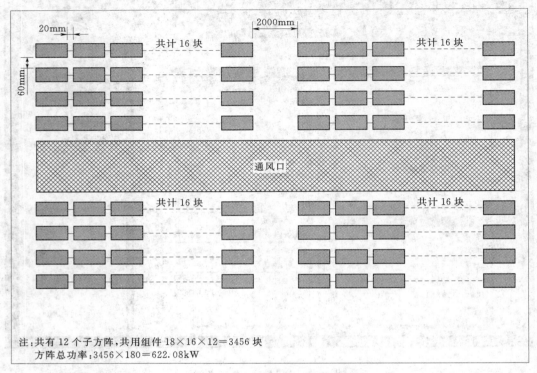

注：共有12个子方阵，共用组件18×16×12=3456块
　　方阵总功率：3456×180=622.08kW

图6-9　一个子方阵组件排布图

2. 汇流箱及交直流配电柜

（1）汇流箱。

为了使系统更加匹配，选用 SMA 的带监控汇流箱，型号：Sunny Control（String Monitor），每12路用一个汇流箱，一个100kW系统用3个汇流箱（图6-10）。

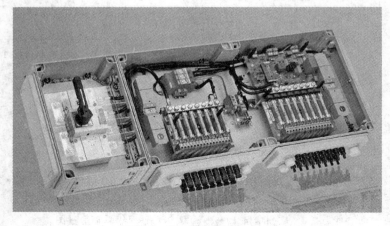

图6-10　汇流箱实物图

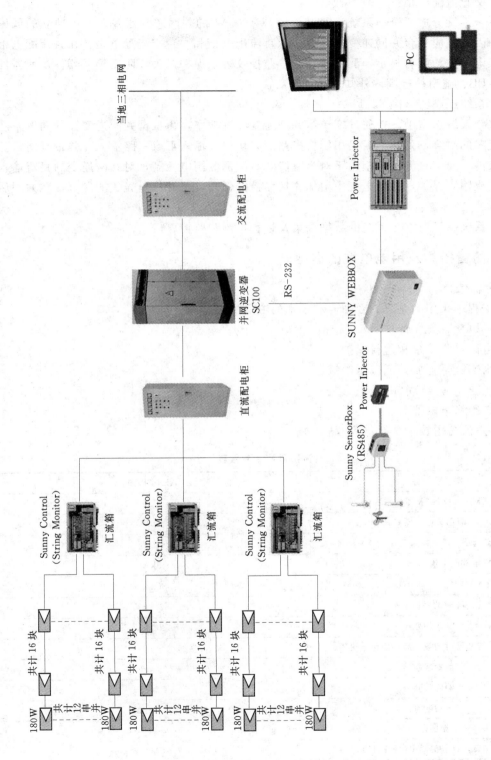

图 6 - 11　系统原理图

（2）交直流配电柜。

把整个系统分成 6 个子系统，通过 6 台 SC100kW 的并网逆变器并入 6 个独立的低压并网点。因此对应每台并网逆变器，配一台直流配电柜和一台交流配电柜。在直流配电柜和交流配电柜中均配有显示、测量、计量、监控仪表，保护开关、防雷等元器件，元器件均采用 ABB、施耐德等国内外知名品牌。

（3）系统原理图（图 6-11）。

在整个系统选型中，首先确定单组并网逆变器的功率，再根据并网逆变器的功率来确定光伏矩阵的组合排列。汇流箱用于将多路的光伏组件输入汇成一路输入，并带有防雷防反接的保护。而交直流配电柜用于对交流侧和直流侧的用电控制，对并网逆变的直流输入保护和交流输入保护，在配电柜中增加测量监控的仪表，可计算出光伏的发电量和并网后的发电量。

通信系统用于对整套系统的数据采集及远程控制和监控。

6.3.9 防雷措施及用电电缆的选型

1. 防雷保护

1）工程中采用的是具有欧洲专利技术的浪涌保护器。

2）可以交、直流保护。

3）可以单相、多相进行保护。

4）高速能量释放，低残压等级。

5）快速响应（≤100ns）。

6）高绝缘电阻值。

（1）直流防雷技术参数（表 6-11）。

表 6-11　　　　　　　　　　　直流防雷技术参数表

技 术 参 数	VAL-MS400
IEC 类别/VDE 规格等级/EN 类型	II/C/T2
额定工作电压 U_n	400V
防雷器设定电压（最大持续工作电压）U_c：DC	585V
额定放电电流 I_n（8/20）μs	15kA
最大放电电流 I_{max}（8/20）μs	30kA
I_n 时的保护电平	≤2.8kV
5kA 的残压	≤2.3kV
无前置熔断器时的载断后续短路电流值	—
前置熔断器	125AgL
响应时间 t_a	≤24ns
漏电流	≤0.25mA
温度范围	-40~+80℃
防护等级，符合 IEC60529/EN60 529	IP20

技 术 参 数	VAL－MS400
绝缘外壳材料	PA
阻燃等级，符合 UL94	V0
遥信触点：最大允许工作电压 U_{max}	125V DC
与之配合的采用 AEC 技术的 B 级防雷器	2.5
螺纹	M5/M2
扭矩	4.5Nm/0.25Nm
认证	认证见厂家提供资料
检验标准	IEC 61643－1：1998－02，prEN61 643－1 E DIN VDE0675part6：1989－11/A1：1996－03/A2：1996－10 UL 1449ed. 2

（2）交流防雷技术（表 6－12）。

表 6－12 交流防雷技术参数表

技术参数	VAL－MS230IT
IEC 类别/VDE 规格等级/EN 类型	II/C/T2
额定工作电压 U_n	230V
防雷器设定电压（最大持续工作电压）U_c	385V
额定放电电流 I_n（8/20）μs	20kA
最大放电电流 I_{max}（8/20）μs	40kA
I_n 时的保护电平	≤1.9kV
5kA 的残压	≤1.35kV
无前置熔断器时的载断后续短路电流值	—
前置熔断器	125AgL
响应时间 t_a	≤25ns
漏电流	≤0.25mA
温度范围	－40～＋80℃
防护等级，符合 IEC60529/EN60 529	IP20
绝缘外壳材料	PA
阻燃等级，符合 UL94	V0
遥信触点：最大允许工作电压 U_{max}	125V DC
与之配合的采用 AEC 技术的 B 级防雷器	2.5
螺纹	M5/M2
扭矩	4.5Nm/0.25Nm
认证	认证见厂家提供资料
检验标准	IEC 61643－1：1998－02，prEN61 643－1 E DIN VDE0675part6：1989－11/A1：1996－03/A2：1996－10 UL 1449ed. 2

2. 电线、电缆参数

直流侧采用耐压等级高，绝缘性能好，机械强度大，抗紫外线的硅橡胶电缆，在交流侧使用电力电缆。

（1）硅橡胶电缆。

1）基本要求：

A. 硅橡胶绝缘电机引接线：抗紫外线性能。

B. 额定电压：1000V。

C. 额定温度：$-60 \sim +180℃$。

D. 导体：镀锡铜丝。

E. 绝缘体：硅橡胶。

2）参数（表 6-13）。

表 6-13 硅 橡 胶 电 缆 参 数 表

导体		绝　　缘						最大单体电阻20℃时（Ω/km）	参考重量（kg/km）	
标称截面（mm²）	导体结构（No./mm）	标称厚度（mm）		标称外径（mm）		最大外径（mm）				
		500V	1000V	500V	1000V	500V	1000V		500V	1000V
4	56/0.30	1.2	1.4	5.0	5.4	5.7	6.2	5.09	56	60
10	84/0.40	1.4	1.6	7.4	7.8	8.5	9.0	1.95	128	134

其他规格见表 6-14。

表 6-14 硅橡胶绝缘电机引接线

商品特性	用硅橡胶弹性体制造的交流额定电压1140V以下的F级，H级电机引接线，在150℃以下可使用40年，在180℃以下可使用10年，在200℃以下可使用2年，应用硅橡胶为绝缘层，可使用电流强度增强1倍，或大幅度降低导线和整个电线的截面和重量，在电机中用硅橡胶为绝缘体，能使其寿命增加10倍，或者在不改变电机尺寸和重量的情况下可提高30%～40%功率
应用领域	硅橡胶绝缘电机引接线电线适用于交流额定电压：1140V及以下的F级，H级绝缘电机和电器引接线，广泛用于航海、国防、火车等大功率电机上

硅橡胶电缆结构如图 6-12 所示。

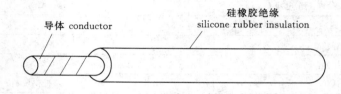

图 6-12 硅橡胶电缆结构示意图

硅橡胶绝缘电机引接线的技术参数见表 6-15，导体结构参数见表 6-16。

表 6 - 15　　　　　　　　　　硅橡胶绝缘电机引接线技术参数表

安装最小弯曲半径	10×电缆直径	绝缘电阻	20 G Ohms×cm
温度范围	−60～+180℃	颜色要求	黑色
工作电压	500V/1000V /1100V	质量认证	VDE，UL，IEC 等国际标准
测试电压	2000V	导体结构	见表 6 - 19

表 6 - 16　　　　　　　　　　导 体 结 构 参 数 表

导体		绝　　　缘						最大导体电阻20℃时（Ω/km）	参考重量（kg/km）	
标称截面（mm²）	导体结构（No./mm）	标称厚度（mm）		标称外径（mm）		最大外径（mm）				
		500V	1000V	500V	1000V	500V	1000V		500V	1000V
0.75	24/0.20	1.0	1.2	3.1	3.5	3.6	4.0	26.7	15.4	18.0
1.0	32/0.20	1.0	1.2	3.3	3.7	3.8	4.3	20.0	18.4	21.2
1.5	30/0.25	1.0	1.2	3.6	4.0	4.1	4.6	13.7	24.2	27.2
2.5	49/0.25	1.0	1.2	4.0	4.4	4.6	5.1	8.21	35	38
4	56/0.30	1.2	1.4	5.0	5.4	5.7	6.2	5.09	56	60
6	84/0.30	1.2	1.4	6.0	6.4	6.9	7.3	3.39	79	84
10	84/0.40	1.4	1.6	7.4	7.8	8.5	9.0	1.95	128	134
16	126/0.40	1.4	1.6	8.9	9.8	10.2	10.2	1.24	190	197
25	196/0.40	1.6	1.8	10.3	10.7	11.8	12.3	0.795	291	299
35	276/0.40	1.8	2.0	12.1	12.5	13.9	14.4	0.565	404	413
50	396/0.40	2.0	2.2	14.3	14.7	16.4	16.9	0.393	575	580
70	360/0.50	2.0	2.2	16.4	16.8	18.8	19.3	0.277	775	788
95	475/0.50	2.2	2.4	18.9	19.3	21.7	22.2	0.21	1042	1057
120	608/0.50	2.2	2.4	20.5	20.8	23.5	23.9	0.164	1295	1332
150	756/0.50	2.4	2.6	22.8	23.2	26.2	26.7	0.132	1610	1628
185	925/0.50	2.4	2.6	24.8	25.2	28.5	29	0.108	1959	1978
240	1221/0.50	2.6	2.8	28.8	28.6	32.4	32.9	0.0817	2529	2552

（2）电力电缆。

交流侧宜使用阻燃聚氯乙烯绝缘电线电缆，阻燃电线有别于普通电线，具有以下优点：

1）阻燃电线其中所用的阻燃绝缘料是 ZR - PVC/C，阻燃护套料是 ZR - PVC/ST4，氧指数均大于 30，其他性能均符合 GB 5023—97 的规定。

2）阻燃电线电缆具有不易着火或着火后防止延燃的特点，为预防火灾提供了安全保证。

阻燃聚氯乙烯绝缘的技术指标：

1）额定电压：300/300V、300/500V、450/750V、0.6/1kV。

2）电线长期允许工作温度不超过 90℃。

3）电缆敷设温度应不低于 0℃，外径（D）小于 25mm 电缆的允许弯曲半径应不小于 4D。

6.3.10 安装方式及基础设计

为了使太阳能组件很好地和建筑物、周围环境结合，不仅不能破坏原有建筑物、周围环境的风格，还要使其更加美丽，更具特色，这就对支架结构提出了更高的要求。为此，根据实际要求开发出了太阳能组件安装铝合金型材，这种型材不仅重量轻，机械强度高，用途广泛，而且表面光滑，色泽圆润，安装非常方便，也能起到非常好的美化作用。

（1）根据此工程实际的安装位置和条件，采用 T 形支架和原有站顶支撑结构相结合，不必破坏原有防水层及结构。

（2）所有的支架都会经过载重、抗风压、雪压等严格计算，保证足够的强度。

（3）采用专业太阳能组件安装用铝合金型材和角钢、C 形钢组合，采用压接的方式安装组件，这种安装方法既容易又省力，既安全又美观，拆卸非常方便，非常适合屋顶施工难度大的地方安装。

（4）铝合金采用氧化镀膜的防腐方式，其他支架采用热镀锌加静电喷涂技术，抗腐蚀性能非常好，保证使用年限大于 20 年。

（5）所有连接件采用 316 不锈钢材质，均采用符合国标的标准件，更换容易。

组件安装方式如图 6-13 所示。

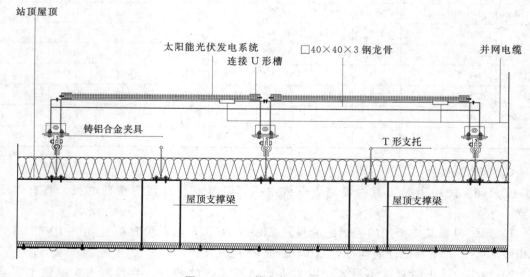

图 6-13 组件安装方式示意图

任务4　离网式光伏发电案例分析

◇　通过案例分析了解光伏离网发电的设计方案。

◇　通过案例分析了解光伏离网发电系统设备的选择。

6.4.1　项目需要

1. 客户基本要求

1 区西面、南面数码管及方块灯约 2.3kW，2 区北西南三面数码管约 4.2kW，6 区数码管及南网 LOGO 牌约 13.9kW，西面弧面楼方块灯及水母灯约 3.0kW，共计约 23.4kW。按照太阳能供电 60% 的要求，则由太阳能提供的负载功率为 14.04kW。用户负载信息统计见表 6-17。

表 6-17　　　　　　　　　　　　用 户 负 载 信 息 表

负载功率（kW）	14.04	工作电压	交流侧电压（V）	220
工作时间（h）	4	备电天数（d）	2	
使用地点	广西贵港	标准平均日照（h）	3.59	

2. 地理资料

贵港市中心位于北纬 23°06′41.51″，东经 109°35′56.14″，地处中国大陆南部，广西东南部，西江流域的中游。

贵港地处北温带与热带过渡区，横跨北回归线，年平均温度 22℃，最热月（7 月）平均气温 28.4℃，最冷月（1 月）平均气温 13.2℃，极端最低温度 0℃，最高温度 39.1℃。属南亚热带季风气候，气候宜人，是全国年平均温差最小的大城市之一，具有温暖多雨、光热充足、夏季长、霜期短等特征。全年水热同期，雨量充沛，利于植物生长。年均降雨量为 1982.7mm，平均相对湿度为 68%。全年中，4—6 月为雨季，8—9 月天气炎热，多台风，10—12 月气温适中。

3. 气象资料

气象资料以 NASA 数据库中气象数据为参考，见表 6-18。

表 6-18　　　　　　　　　　　　工 程 地 气 象 资 料 表

月　份 项　目	空气温度（℃）	相对湿度（%）	每日太阳辐射 [kWh/(m²·d)]	风速（m/s）	地面温度（℃）
1	10.5	74.1	2.23	2.7	10.7
2	12.1	78.0	2.40	2.9	12.3
3	15.3	81.6	2.92	3.0	15.7
4	19.9	85.4	3.47	3.0	20.6

项　目 月　份	空气温度 (℃)	相对湿度 (%)	每日太阳辐射 [kWh/(m² · d)]	风速 (m/s)	地面温度 (℃)
5	23.3	84.8	4.09	2.6	23.9
6	25.7	84.8	4.31	2.4	26.4
7	26.4	84.4	4.71	2.3	27.1
8	26.3	82.9	4.64	2.1	27.0
9	24.5	78.1	4.34	2.3	24.9
10	21.4	69.2	3.80	2.8	21.9
11	17.1	66.2	3.24	2.6	17.5
12	12.7	66.1	2.91	2.6	12.9
年平均	19.6	78	3.59	2.6	20.1

6.4.2　设备选型计算

1. 蓄电池容量的计算

在独立供电系统中储能主要依靠铅酸蓄电池，蓄电池容量的简单计算可利用下面的公式：

深循环蓄电池放电深度：0.7。

逆变效率：0.94。

蓄电池容量计算公式如下：

$$C_{bat} = 负载功率×工作时间×备电时间÷系统电压÷逆变效率÷放电深度$$
$$= 14040×4×2÷220÷0.94÷0.7$$
$$= 775.9 Ah$$

实际选择蓄电池规格如下：

型号：JGFM800 - 2。

容量：800Ah。

蓄电池的数量：110 块。

2. 太阳能组件容量的计算

太阳能组件容量的计算可依据下面的公式：

$$光伏方阵总功率 = 每天用电量÷标准日照÷系统转换效率$$
$$= 14040×4÷3.59÷0.65 = 24067 W$$

实际选择太阳能组件的规格如下：

型号：YL280P - 35b。

容量：25200 W_p。

组件的数量：90 块。

3. 太阳能控制器容量的计算

系统额定电压：DC220V。

实际选择太阳能控制器的规格为：

型号：SD220 150。

容量：$33000W_p$。

控制器的数量：1 台。

4. 逆变器容量的计算

由于我国当地的用电电压为 AC220V，所以选择输出电压为 AC220V 的离网逆变器，经过对用户用电器的统计可知，用户的最大功率为 23.4kW，考虑到在启动过程时有较大的冲击电流，同时考虑系统临时增加负载的情况，所以逆变器功率应相对选择较大的。

实际选择逆变器的规格为：

型号：SN220 30K3SD1。

容量：30kVA。

逆变器的数量：1 台。

6.4.3 系统设备的技术参数

1. 蓄电池的技术参数

本方案选用了 110 块 JGFM800-2 型蓄电池，其主要技术参数见表 6-19。

表 6-19　　　　　　　　　蓄电池的技术参数

蓄电池型号：JGFM800-2		
1	标准条件下的额定容量 C_{10}	800Ah
2	标准条件下的额定工作电压	2V
3	标准条件下的蓄电池自放电率（28 天）	<3%
4	标准条件下的浮充电寿命	≥10 年
5	浮充电压范围	2.25～2.3V
6	浮充电流值及范围	2mA/Ah
7	充电（恒压）电压范围	2.35～2.4V
8	充电电流范围	≤30A
9	允许工作环境温度范围	-15～+45℃
10	推荐使用环境温度	5～+35℃
11	允许工作环境湿度范围	95%RH
13	蓄电池寿命终止容量	<80%
14	体积	365mm×410mm×176mm（总高度×长×宽）
15	重量	49kg
16	海拔高度	<5000m

2. 太阳能组件的技术参数

本方案选用 280W 的多晶硅太阳能组件，共计 90 块，总功率为 25200W。其主要技术参数见表 6-20。

表 6 - 20	太阳能组件的技术参数	

太阳能组件型号：YL280P - 35b		
1	太阳能组件生产厂家	保定天威英利新能源有限公司
2	太阳能电池种类	多晶硅
3	峰值功率	$280W_p$
4	开路电压 V_{oc}	45.0V
5	短路电流 I_{sc}	8.35A
6	工作电压 V_{mppt}	35.5V
7	工作电流 I_{mppt}	7.89A
8	最大外形尺寸	1970mm×990mm×50mm

3. 控制器的技术参数

控制器选择合肥阳光的 SD220 150，其主要技术参数见表 6 - 21。

表 6 - 21	太阳能控制器的技术参数		

太阳能控制器型号：SD220 150			
1	额定电压（DC）（V）		220
2	负载最大电流（A）		150
3	充电最大电流（A）		25
4	充电路数		6
5	最大开路电压（DC）		320
6	过充（VDC）	保护	264
		恢复	216
7	过放（VDC）	断开	198
		恢复	226
8	负载过压	断开	320
		恢复	280
9	空载电流（mA）		<50
10	显示方式		LCD 显示
11	电压降落	太阳能组件与蓄电池之间（V）	1.35
		蓄电池与负载之间（V）	0.1
12	机械尺寸	深×宽×高（mm×mm×mm）	482×266×455
13	使用环境（℃）		-20～+50
14	海拔高度（m）		≤5000

4. 逆变器的设计

逆变器选择合肥阳光的 SN220 30K3SD1，其主要技术参数见表 6 - 22。

表 6 – 22　　　　　　　　　　　逆 变 器 的 技 术 参 数

型号 S1500 – 248		
1	额定容量（kVA）	30
2	直流输入	
3	额定输入电压（V）	220
4	直流电压输入范围（V）	180～300
5	交流输出	
6	额定电压（V）	220
7	额定频率（Hz）	50
8	输出波形	正弦波
9	过载能力	150%　10s
10	电压稳定精度（AC）	AC220V±3%
11	频率稳定精度	50±0.05
12	波形失真率（THD）	≤5%（线性负载）
13	动态响应（0～100%）	5%
14	功率因数（PF）	0.8
15	逆变效率	94%
16	峰值系数（CF）	3∶1
17	环境	
18	使用环境温度（℃）	－20～＋50
19	使用海拔（m）	≤5000
20	防护等级	IP20
21	尺寸（深×宽×高）（mm）	800×2260×600

6.4.4　方阵的安装倾角

为了保证系统有足够高的效率，电池组件必须按一定的倾角安装。根据计算本系统的最佳倾角为 30°。

6.4.5　系统说明

本系统为市电互补型独立系统，负载的 60% 能量由太阳能来提供，其余 40% 电能由市电来补充。白天通过光伏组件将光能转换成电能，并储蓄在蓄电池中，晚上由蓄电池经逆变器供 LED 亮化灯负载。通过太阳能控制器来检测蓄电池的放电深度，当达到设定值时停止放电，逆变器自动切换为市电输出。

本 章 小 结

　　本学习情境详细地讲述了离网式和并网式光伏发电系统设计的方法，并介绍了两个典型设计案例。加深了对光伏发电系统结构的认识，进一步熟悉了光伏发电系统的设计流程。本章充分展示了光伏发电系统在实际运用中的重要作用，如何为整个系统选择合理的设备进行了案例说明。

　　要求学生掌握光伏发电系统中的太阳能电池阵列的设计，并网光伏发电系统中的逆变器的选型及系统防雷措施。熟悉光伏发电系统的组成，并了解光伏发电的规范及标准，对整套系统的实现有充分的了解。

习 题 6

6-1　简述离网式光伏发电系统的设计依据，并画出简单的系统图。

6-2　简述并网发电系统设计原则，并画出简单的系统图。

6-3　简述并网发电系统各个设备的选型思路。

6-4　简述离网发电系统各个设备选型方法。

实 训 项 目 6

课 程 设 计 任 务 书

题目：广州某办公楼太阳能供电系统设计

1. 原始资料

（1）地理资料。

　　广州是中国南方最大的海滨城市，位于东经 113.17°，北纬 23.1°，地处中国大陆南部，广东省南部，珠江三角洲北缘。地处低纬，属南亚热带季风气候区。地表接受太阳辐射量较多，同时受季风的影响，夏季海洋暖气流形成高温、高湿、多雨的气候；冬季北方大陆冷风形成低温、干燥、少雨的气候。年平均气温为 21.4～21.9℃，年降雨量平均为 1623.6～1899.8mm，北部多于南部。太阳高度角较大，使太阳辐射总量较高，日照时数比较充足。年太阳辐射总量在 4400～5000MJ/m² 之间，年日照时数在 1770～1940h 之间，地域分布均呈现自东南向西北递减趋势。在时间分配上，夏季最多，春季最少。

（2）气象资料。

　　气象资料以 NASA 数据库中气象数据为参考，见表 6-23。

表 6 - 23　　　　　　　　　　　　　　广州气象资料表

月份	空气温度（℃）	相对湿度（%）	每日的太阳辐射（水平线）[℃/(m² · d)]	大气压力（kPa）	风速（m/s）	土地温度（℃）	每月的采暖度日数（℃ · d）	供冷度日数（℃ · d）
1	14.1	69.7	2.15	99.9	2.2	12.6	121	127
2	14.6	76.1	1.74	99.7	2.2	14.4	95	129
3	17.8	80.4	1.87	99.4	2.2	17.8	6	242
4	22.2	82.5	2.36	99.0	2.1	21.7	0	366
5	25.8	81.3	2.88	98.7	2.1	24.7	0	490
6	27.9	82.0	3.22	98.4	2.3	26.7	0	537
7	28.9	79.6	3.70	98.3	2.3	27.3	0	586
8	28.8	78.8	4.13	98.3	1.9	27.1	0	583
9	27.5	74.8	4.09	98.7	2.0	25.1	0	525
10	24.7	68.3	3.84	99.3	2.3	22.8	0	456
11	20.2	64.1	3.15	99.7	2.3	18.9	0	306
12	15.6	63.5	2.79	99.9	2.2	14.2	74	174
年平均	22.4	75.1	3.00	99.1	2.2	21.1	297	4520

（3）用户负载信息。

1 区西面、南面数码管及方块灯约 2.5kW，2 区北西南三面数码管约 5kW，3 区数码管及南网 LOGO 牌约 15kW，西面弧面楼方块灯及水母灯约 3.0kW，共计约 25.5kW。按照太阳能供电 70% 的要求设计。用户负载信息见表 6 - 24。

表 6 - 24　　　　　　　　　　　　用户负载信息表

负载功率（kW）	17.85	工作电压	交流侧电压（V）	220
工作时间（h）	4	备电天数（d）		2
使用地点	广州	标准平均日照（h）		3

2. 设计成果

设计报告书一份

附录：课程设计报告（范本）

一、设计题目

二、设计目的

三、设计任务及要求

四、设计报告书（参考课程内容）

五、设备选型及设备清单

六、设计小结

七、参考文献及资料

学习情境 7　光伏发电系统操作使用与管理维护

【教学目标】

◆ 掌握光伏发电系统的操作使用。
◆ 掌握光伏发电系统的管理维护。

【教学要求】

知识要点	能力要求	相关知识	所占分值（100分）	自评分数
光伏发电系统的操作使用	1. 掌握光伏电站供电的操作使用； 2. 掌握备用电源的补充充电的操作使用	光伏系统各设备的功能及结构	50	
光伏发电系统的管理维护	1. 掌握光伏电站的管理方法； 2. 掌握光伏方阵的维护管理； 3. 掌握蓄电池的维护管理； 4. 掌握逆变器的维护管理； 5. 掌握配电柜和测量控制柜的维护管理	1. 安全生产的规定； 2. 电站的管理制度	50	

任务 1　太阳能光伏发电系统操作使用

【学习目标】

◇ 掌握光伏电站供电的操作使用方法。
◇ 掌握启动柴油发电机组补充充电的操作使用方法。

以西藏某光伏发电站为例，对独立型太阳能光伏电站的具体操作使用程序作一介绍。

7.1.1　光伏电站供电的操作使用

（1）直流控制柜的操作使用：开机前应先观察直流控制柜上蓄电池组的电压是否正常，即蓄电池组的电压应在 280V 以上，如蓄电池组电压正常，即将直流控制柜机柜内的输出空气开关打到"ON 开"位置。注意：在平时不用柴油发电机组充电的情况下，直流柜可以始终处于开机状态，不关机。

（2）逆变器的操作使用：将逆变器机柜内蓄电池组空气开关和主电路空气开关按顺序

先后打到"ON 开"位置。按前面板上的"MENU"键 2 次，使 LCD（液晶显示屏）跳到主画面上；选择数字"8"，按"↵"（回车）键，显示屏上显示"输入密码"，选择数字"66"，再按"↵"键，显示屏上显示"系统开机"，约 23s 后，面板上"BYPASS"灯灭，"DC/AC"灯亮，逆变器正常输出。此时，将机柜内的输出空气开关打到"ON 开"位置。

（3）交流配电柜和配电箱的操作使用：先将交流输出配电箱内的 3 个空气开关打到"ON 开"位置。然后按下交流配电柜上"主逆变器"一路的绿色"开"按钮，观察三相指示灯（黄、绿、红）是否全亮，如全亮，说明不缺相，可以将配电柜内的输出空气开关打到"ON 开"位置，观察前面板上的交流电压表数值。如果三相指示灯有不亮的，严禁开机，应及时查找原因。当使用备用逆变器或柴油发电机组供电时，与上述程序相同。在使用柴油发电机供电时，还应注意等到柴油发电机组输出电压稳定后再输出供电。

（4）电站送电后，应随时观察逆变器显示屏上的电流值，逆变器各相最大输出电流不应超过 70A。如发现电流过大，则应及时关机，并查找过载或短路原因。

（5）送完电，应按顺序关机。关机顺序为：交流配电柜→逆变器→直流控制柜。

在上述操作中应注意如下各项：

（1）如设备不能正常工作，则应按说明书查找原因并排除故障。

（2）逆变器如需白天开机，应特别注意直流输入电压不能超过 315V。

（3）当发生欠电压告警后，应及时停止使用逆变器供电，关闭直流控制柜，经太阳能电池方阵或启动柴油发电机组充电后，蓄电池组电压回升到 DC272V 以上，欠电压告警解除。这时，仍不能恢复逆变器供电，必须等到直流控制柜面板上的充满指示灯（充满 1～充满 16）全亮，即蓄电池组电压回升到 DC312V 以上时，再恢复使用逆变器供电。

（4）逆变器、直流控制柜和交流配电柜的开机、关机必须按操作程序进行。严禁非正常程序开机、关机。

7.1.2　启动柴油发电机组补充充电的操作使用

由于连续阴雨天或冬季日照不足等原因造成蓄电池组电压低于 DC240V 时，则需启动柴油发电机组经整流充电柜对蓄电池组进行补充充电，其操作程序如下：

（1）首先应将面板上的"调节"旋钮逆时针转到 0。

（2）将直流控制柜内的输出空气开关打到"OFF 关"位置，关掉直流控制柜。

（3）启动柴油发电机组。此时三相的三色（黄、绿、红）指示灯均应亮，如有任何一灯不亮，则说明缺相，应检查线路和柴油发电机组。

（4）将充电柜内的输入空气开关打到"ON 开"位置，观察三相电压是否平衡、正常。

（5）如三相电压平衡、正常，则按下充电柜面板上绿色"开机"按钮。

（6）顺时针缓慢旋转面板中的"调节"旋钮，同时注意面板中输出电流和输出电压指示。当输出电流值已达到预定的充电电流值（50～100A）时，停止调节。充电柜会稳定在这个电流值上进行充电。

（7）随着充电时间的延长，充电电流会逐渐减小，应随时调整"调节"旋钮，保持充电电流，直到蓄电池组电压（可从直流控制柜面板上观察到）达到 315V，当蓄电池组电压达到 315V 时，将自动切断充电回路。

（8）当充电柜充满自动断电后，应将面板中"调节"旋钮逆时针转到 0，然后断开主回路空气开关 QF。

（9）需用手动关机时，首先应逆时针将面板中的"调节"旋钮转到 0，然后按动"关机"按钮，最后关断柜内的空气开关 QF 并关闭柴油发电机组即可。

在上述操作中应注意如下各项：①在开机前或关机后一定要将面板上的"调节"钮逆时针旋转到 0。②充电电流最大不应超过 150A。若失控，应及时将输入空气开关关断。③在用柴油发电机组给蓄电池组充电时，注意关闭直流控制柜输出空气开关和逆变器的输入空气开关。直流控制柜和逆变器绝对禁止开机。此时如需供电，只需按下交流配电柜上柴油发电机组供电一路的绿色"开"按钮，即可由柴油发电机组直接供电。

任务 2　太阳能光伏发电系统管理维护

〉〉〉〉【学习目标】

◇　掌握独立型光伏电站管理的方法。
◇　掌握太阳能电池方阵维护管理的规定。
◇　掌握蓄电池维护管理的规定。
◇　掌握逆变器维护管理的规定。
◇　掌握配电柜和测量控制柜的维护管理的规定。

下面对有关管理维护的几个重点问题加以介绍。

7.2.1　独立型太阳能光伏电站管理

1. 人员配置

（1）可根据电站容量、设备数量及每天供电时间等具体情况，设站长 1 人及技工若干人。

（2）凡电站工作人员，必须按其职务和工作性质熟悉并执行管理维护规程。

（3）电站操作人员必须具备应会的电工知识，了解电站各部分设备的性能，并经过运行操作技能的专门培训，经考核合格后，方可上岗操作。

2. 值班制度

值班人员是值班期间电站安全运行的责任人，所发生的一切事故均应由值班人员负责处理。值班人员值班时应遵守下列事项：

（1）值班人员应随时注意各种设备的运行情况，定时巡回检查，并按时填写各项值班记录。

（2）值班时不得离开工作岗位。必须离开时，应有人代替值班，并经站长允许。

（3）严格按照规程和制度进行操作，注意安全工作。

（4）未经批准，不得拆卸电站设备。

（5）值班时不得喝酒、游玩、睡觉。

（6）未经有关部门批准，不得放人进入电站参观；要保证经批准的参观人员的人身安全。

3. 交接班制度

两班以上运行供电时，交接班人员必须严格执行交接班制度：

（1）按时交接班。

（2）交班人员应认真清点工具、仪表，查看有无损坏或短缺，向接班人员点交。

（3）交班人员应向接班人员介绍运转情况，并填写运转情况记录。

（4）在接班人员接清各项工作后，交班人员方可离开工作岗位。

（5）交班时如发生事故，应分清情况，由交接班人员共同处理，严重事故应立即报告上级。

（6）未正式交班前，接班人员不得随意操作，交班人员不得随意离开岗位。

4. 生产管理

（1）电站应根据充分发挥设备效能和满足用电需要的原则，制定发供电计划。

（2）要制定必要的生产检查制度，以保证发供电计划的完成。

（3）电站应按规定时间送电、停电，不得随意借故缩短或增加送电时间。因故必须停电时，应尽可能提前通知用户。在规定时间以外因故送电时，必须提前发出通知。严禁随意向外送电，以免造成事故。

（4）电站应采取措施，保证用户安全用电，合理用电。应经常向用户进行安全用电和合理用电的宣传教育。

（5）电站应制定必要的奖惩制度。

7.2.2　太阳能电池方阵维护管理

（1）应保持太阳能电池方阵采光面的清洁，如积有灰尘，应先用清水冲洗，然后用干净的纱布将水迹擦干，切勿用有腐蚀性的溶剂冲洗或用硬物擦拭。遇风沙和积雪后，经及时进行清扫。一般应至少每月清扫 1 次。

（2）值班人员应注意太阳能电池方阵周围有没有新生长的树木、新立的电杆等遮挡太阳光的地物，以免影响太阳能电池组件充分地接受太阳光。一经发现，要报告电站负责人，及时加以处理。

（3）带有向日跟踪装置的太阳能电池方阵，应定期检查跟踪装置的机械和电性能是否正常。

（4）太阳能电池方阵的支架，可以固定安装，也可按季节的变化调整电池方阵与地面的夹角，以便太阳能电池组件更充分地接收太阳光。通常的调整角度是：①春分以后的接收角是当地的纬度$-11°48'$；②秋分以后的接收角是当地的纬度$+11°48'$；③全年平均的接收角是当地的纬度$+5°$。

（5）要定期检查太阳能电池方阵的金属支架有无腐蚀，并根据当地具体条件定期进行油漆。方阵支架应良好接地。

（6）在使用中应定期（如每 1 个月）对太阳能电池方阵的光电参数包括其输出功率进行检测，以保证方阵不间断地正常供电。

（7）遇到大雨、冰雹、大雪等情况，太阳能电池方阵一般不会受到损坏，但应对电池组件表面及时进行清扫、擦拭。

（8）应每月检查1次太阳能电池组件的封装及接线接头，如发现有封装开胶进水、电池变色及接头松动、脱线、腐蚀等，应及时进行处理。不能处理的，应及时向领导报告。

7.2.3 蓄电池组维护管理

下面对固定式铅酸蓄电池组的维护管理加以介绍。阀控式铅酸蓄电池不需加水，维护管理比较简单。

1. 蓄电池室环境要求

蓄电池室应经常保持适当的室内温度（10～30℃），并保持良好的通风和照明，在没有取暖设备的地区，已考虑了蓄电池允许的降低容量，最低温度可接近0℃；否则，应将蓄电池室建成被动式太阳房，以保温防冻，或采取其他保温措施。

2. 电池安装

（1）电池应按照图纸的要求进行安装。安装电池的平台或机架，应采用耐酸材料或涂抹耐酸材料，台架上应有绝缘设施。

（2）电池与墙壁之间的距离，一般不小于30cm；平台或机架的间距（即中间过道的宽度），要根据电池外形尺寸的大小来确定，一般不小于80cm。

3. 电解液配制及灌注

（1）配制电解液用的浓硫酸、净化水以及配制好的电解液，应符合所选蓄电池使用维护说明书规定的标准。

（2）新电池用的电解液密度为1.200g/mL（25℃）。在配制时，如浓硫酸的密度为1.835g/mL，则与水的体积比为1：4.5，与水的重量比为1：2.7。浓硫酸与净化水的配比，可查所选用蓄电池使用维护说明书中的参考表。

（3）电解液的密度随温度的变化而变化，所以电解液的密度应注明温度才算准确。如被测电解液的温度不是25℃时，可按下式换算成25℃的密度

$$D_{25} = D_t + a(t-25)$$

式中　D_{25}——换算成25℃时的密度；

　　　D_t——电解液温度为t℃时测得的密度；

　　　t——测量密度时电解液的实际温度；

　　　a——温度系数（查所选用蓄电池使用维护说明书中的浓硫酸与净化水配比参数表）。

（4）配制电解液时，先将所需数量的净化水倒入耐酸、耐温的干净容器内，再将一定数量的浓硫酸缓缓地倒入水中，并用耐酸棒不断地搅拌至均匀。切不可将水倒入浓硫酸中，以免溅出伤人。

（5）灌注电解液。

1）如果是固定用干荷电密闭防酸雾铅酸电池，要先将电池盖与防酸雾帽之间的防潮塑料薄膜去掉，再拧紧防酸雾帽。如果是固定用干荷电消氢铅酸蓄电池，要先将消氢帽拧下，把下部密封4个小孔的胶带纸和注液盖小孔上的胶带纸全部去掉，再拧上消氢帽。

2) 待配置好的电解液温度下降到 30℃ 以下时，即可向电池内灌注。液面高度应保持在最高和最低液面之间。

3) 非干荷电电池在灌注电解液后应静置 4～6h，待温度下降至 30℃ 以下时，即可进行初充电。电池从开始注入电解液开始充电，其间隔时间不得超过 12h。干荷电电池在灌注电解液后应静置 30min，在用直流电压表逐只测量电池的机型无误后，即可投入运行。

4. 电池初充电

非干荷电电池在灌注电解液后，须对电池进行初充电。初充电是否良好十分重要，将直接影响蓄电池的容量和使用寿命。因此，应严格按照所选用蓄电池使用维护说明书的规定进行。

(1) 用直流电源对电池进行充电。充电设备的输出电压应比电池组的额定电压高 50% 左右。

(2) 充电时，电池的正极必须与电源的正极相接，电池的负极必须与电源的负极相接，绝对不能接错，以免损坏电池。

(3) 充电电流和时间，应按照所选用蓄电池使用维护说明书规定办理。初充电分两个阶段进行，在第一阶段充电至单体电池的端电压普遍升到 2.4V 时，应转为第二阶段充电，至充入电量为 10h 率额定容量的 5 倍左右，并具备下列特征时，则充电完毕：①各单体电池的端电压升至 2.5V 以上，并且稳定 3h 以上不变；②电解液密度稳定 3～6h 不变；③极板上下均充分冒出气泡，电解液呈近似乳白色。

5. 电池正常充电

电池在正常放电之后的再充电称电池的正常充电。正常充电的方法与初充电的方法基本相同，其充电的电流值和充电时间，按所选蓄电池使用维护说明书的规定办理。所充入的电量主要根据电池前次放出电量的多少而定。一般充入的电量应约为前次放出电量的 1.2～1.3 倍左右；但前 5 次正常充电，其充入电量应约为放出电量的 1.5 倍左右。电池放电后应及时进行充电，一般不宜超过 24h，否则将影响电池的性能和使用寿命。

6. 电池的半浮充电

太阳能光伏电站的储能蓄电池一般采用半浮充电方式运行，即太阳能电池方阵在有太阳时不断地向蓄电池充电，负荷的用电由蓄电池输出的直流电压经过逆变器变换为交流电压供给，在连续阴雨天较长，太阳能电池方阵向蓄电池充电不足时，可启用备用电源柴油发电机组经整流器整流后向蓄电池充电。

被半浮充的单体电池的电压一般应保持在 2.16～2.18V，电压太高，半浮充电流过大，将使电池长期处于过充状态；电压太低，半浮充电流过小，又会使电流长期处于充电不足状态，应根据情况认真选择半浮充电压，以使电池经常保持充足电的状态。

7. 电池均衡充电

(1) 由于电池组在使用过程中各单体电池有时会产生端电压、电解液密度和容量等的不均衡现象，为使各单体电池都达到均衡一致的良好状态，在下列情况之一时，应及时进行均衡充电：①经常充电不足或很少进行全充放电的电池；②长期搁置或极板经过检修的电池；③放电后在 24h 以内未及时充电或使用已达到 3 个月以上的电池；④因故使电池组放出近一半的容量，持续时间达半个月以上时；⑤放电电流值经常过大或放电终止电压经常低于规定时。

（2）均衡充电的方法为：在正常充电完毕后静置 1h，再用初充电第二阶段的电流继续充电，直至电解液发生剧烈的气泡时，再停充 1h，如此重复 2～3 次，直至各电池的端电压、电解液密度以保持 3h 不变，而且间隔 1h 再行充电时，一接通电源，电池的电解液便立即产生强烈的气泡，即可停止。

8．日常检查与维护

（1）值班人员或蓄电池专责人员要定期进行外部检查。一般应每班或每天检查 1 次，检查项目包括：①室内的温度、通风和照明；②蓄电池壳和盖的完整性；③电解液液面的高度，有无漏出壳外；④典型蓄电池的电解液比重和电压，电解液温度是否正常；⑤母线与极板的连接是否完好，有无腐蚀，有无凡士林油；⑥室内清洁情况；⑦充电电流值是否适当；⑧各种工具、仪表及安装工具是否完整。

（2）蓄电池专责人员应每月进行 1 次较详细的检查，检查内容包括：①每个电池的电压及电解液比重；②每个电池的液面高度；③极板有无硫化、弯曲和短路；④沉淀物的厚度；⑤极板、极柱等是否完好；⑥蓄电池绝缘是否良好。检查结果应记录在蓄电池运行记录簿中。

（3）蓄电池日常维护工作的项目是：①清扫灰尘，保持室内清洁；②清除漏出的电解液；③定期给连接端子涂凡士林；④充注蒸馏水或电解液、调整电解液液面高度和密度；⑤及时检修不合格的"落后"电池（即电池组充电慢、放电块的电池）；⑥记录蓄电池的运行状况。

9．电解液纯度分析

蓄电池电解液的纯度，一般应每年进行 1 次分析。电解液可从若干个典型电池中抽取。

10．停用处理

预计蓄电池将停用 3 个月以上时，在停用前应充电，并每隔 1 个月充电 1 次。停用期间应保持电解液液面高出极板 10mm 以上，并应每个月测量 1 次电解液的密度。如停用超过 3 个月以上时，应将电解液密度降至 1.06g/mL，使用前再恢复正常值。

11．技术保安

（1）蓄电池室内禁止点火、吸烟和安装能发生电气火花的器具。在蓄电池室门上应有"火灾危险"、"严禁烟火"等标志。

（2）在配置电解液和向蓄电池注入电解液时，必须遵守下列规定：①配制电解液时，应将硫酸徐徐注入蒸馏水中，同时用玻璃棒不断搅拌，以便混合均匀，迅速散热；禁止把水向硫酸内倾倒，以免产生剧烈反应爆炸；②要带防护眼镜和口罩，以防止酸液溅到脸部；③要戴胶皮手套，用胶皮围裙，穿胶皮靴，以防止酸液腐蚀衣物和皮肤；④硫酸飞沫落到衣服上、脸上或手上时，应立即用 5％的碳酸钠溶液清洗，然后再用清水冲洗，并及时用清水擦干溢出蓄电池的硫酸电解液；⑤硫酸应保存在玻璃瓶中，玻璃瓶要放在筐内，筐上要有提耳，以便搬运。

（3）在蓄电池室内进行焊接工作时，须遵守下列规定：①在充电完毕后 2h 以上方可进行焊接工作；②焊接时必须有充分连续的通风；③应用石棉板将焊接地点与其他蓄电池隔离开来，以防止火星飞向蓄电池；④在蓄电池充电期间，严禁在蓄电池室内进行焊接极板工作。

7.2.4   逆变器维护管理

1.逆变器操作使用

（1）应严格按照逆变器使用维护说明书的要求进行设备的连接和安装。在安装时应认真检查：①线径是否符合要求；②各部件及端子在运输中有否松动；③应绝缘处是否绝缘良好；④系统接地是否符合规定。

（2）应严格按照逆变器使用维护说明书的规定操作使用。尤其是：在开机前注意输入电压是否正常；在操作时要注意开关机的顺序是否正确，各表头和指示灯是否正常。

（3）逆变器一般均有断路、过电流、过电压、过热等项目的自动保护，因此在发生这些现象时，无需人工停机；自动保护的保护点一般在出厂时已设定好，无需进行调整。

（4）逆变器机柜内有高压，操作人员一般不得打开柜门，柜门平时应锁死。

（5）在室温超过 30℃ 时，应采取散热降温措施，以防止设备发生故障，延长设备使用寿命。

2.逆变器维护检修

（1）应定期检查逆变器各部分的接线是否牢固，有无松动现象，尤其应认真检查风扇、功率模块、输入端子、输出端子以及接地等。

（2）一旦告警停机，不准马上开机，应查明原因并修复后再行开机，检查应按逆变器维护手册的规定步骤进行。

（3）操作人员必须经过专门培训，应达到能够判断一般故障的产生原因并能进行排查，如能熟练地更换熔丝、组件以及损坏的电路板等。未经培训的人员，不得上岗操作使用设备。

（4）如发生不易排除的事故或事故的原因不清，应做好事故的详细记录，并及时通知生产工厂给予解决。

7.2.5   配电柜和测量控制柜的维护管理

（1）配电柜和测量控制柜的具体操作使用和维护检查，按设备使用维护说明书和技术说明书要求进行。

（2）值班人员对配电柜的巡回检查内容为：

1）仪表、开关和熔断器有无损伤。

2）各部件接点有无松动、发热和烧损现象。

3）触电保安器动作是否灵敏。

4）接触开关的触点是否有损伤。

5）检查接地情况，用兆欧表测试外壳接地电阻应小于 10Ω。

6）柜体有无锈斑。

（3）配电柜检修内容为：

1）清扫配电柜，修理、更换损坏的部件和仪表。

2）更换和紧固各部件接线端子。

3）修理损坏的引线绝缘。

4）箱体如有锈斑，应清除锈斑并涂防锈漆。检修后，必须检查接线和极性完全正确后方可通电试验。

（4）值班人员应定时记录测量控制柜指示的有关数据。

（5）测量控制柜的维护管理应注意以下各点：

1）各种仪表显示是否正常，按钮是否起作用。

2）各处接点有无松动、发热和烧损现象。

3）各参数控制限是否准确，如控制限不准确，说明门限值偏离了原设定值，应及时纠正。门限值不得任意调整，以防调乱，使控制失灵。只有在严重偏离门限值的情况下，才允许进行调整。

4）接地是否良好。

（6）由于测量控制柜内有直流高压，非值班人员不经允许不得打开机柜。

本　章　小　结

　　本学习情境详细地讲述了太阳能光伏发电系统的操作使用方法和电站运行维护管理的相关规定。详细说明了光伏电站的操作使用的相关规定，并对备用电源柴油发电机组对蓄电池充电的操作方法进行了说明。从光伏电站整体的管理制度，到系统的主要部件光伏阵列、蓄电池组、逆变器等的维护管理进行了充分描述。

　　要求学生掌握太阳能光伏发电系统的操作使用程序和启动备用电源的操作使用程序，掌握光伏电站的管理规定，并熟悉光伏阵列、蓄电池组、逆变器等的维护管理。

习　题　7

7-1　简述独立式光伏电站的操作使用方法。

7-2　简述柴油发电机组补充充电的操作程序。

7-3　简述独立式光伏电站管理的相关规定。

7-4　简述光伏方阵的维护管理规定。

7-5　简述蓄电池组充放电注意事项。

7-6　简述逆变器的操作使用方法。

参 考 文 献

[1]　王长贵，王斯成．太阳能光伏发电实用技术［M］．北京：化学工业出版社，2009．

[2]　杨金焕，于化丛，葛亮．太阳能光伏发电应用技术［M］．北京：电子工业出版社，2009．

[3]　张兴，曹仁贤．太阳能光伏并网发电及其逆变控制［M］．北京：机械工业出版社，2010．

[4]　太阳光发电协会．太阳能光伏发电系统的设计与施工［M］．刘树民，宏伟，译．北京：科学出版社，2006．